Helmut Späth

Elektrische Maschinen

Eine Einführung in die Theorie des Betriebsverhaltens

Springer-Verlag Berlin Heidelberg GmbH 1973

Dr.-Ing. HELMUT SPÄTH
Oberingenieur am Elektrotechnischen Institut
der Universität Karlsruhe

Mit 98 Abbildungen

ISBN 978-3-540-06349-0 ISBN 978-3-642-80772-5 (eBook)
DOI 10.1007/978-3-642-80772-5

Ursprünglich erschienen bei Springer-Verlag Berlin Heidelberg New York 1973
Softcover reprint of the hardcover 1st edition 1973

Library of Congress Catalog Card Number 73-10504

Vorwort

Das vorliegende Buch gibt eine Einführung in die Systemanalyse der wichtigsten elektrischen Maschinen. Unter Systemanalyse soll hier folgendes methodische Vorgehen verstanden werden: Die elektrische Maschine als reales physikalisches System wird mit Hilfe vereinfachender Annahmen in ein physikalisches Modell überführt, dessen Verhalten einer übersichtlichen mathematischen Beschreibung zugänglich sein soll. Die Systemparameter des physikalischen Modells, insbesondere die Induktivitäten, müssen aus dessen Konstruktionsdaten und den Materialeigenschaften berechnet werden können. Da die meisten Maschinen und damit auch die Maschinenmodelle bezüglich ihres Aufbaus bestimmte Symmetrieeigenschaften besitzen, die sich auch auf die Struktur ihrer Systemparameter auswirken, endet die Systemanalyse nicht mit der direkten Beschreibung des Modells durch das sog. mathematische Originalsystem. Wegen der Symmetrieeigenschaften der Systemparameter kann man das Originalsystem mit Hilfe eines mathematischen Formalismus in ein einfacheres mathematisches System transformieren. Dieses Verfahren führt bei der Berechnung des stationären und des dynamischen Betriebsverhaltens von Drehstrommaschinen zu einer starken Reduktion des mathematischen Aufwands. Die im transformierten System auftretenden Variablen sind, wie am Begriff des Strom-Raumzeigers demonstriert wird, auch einer direkten physikalischen Deutung zugänglich.

Besonderer Wert wird auf die methodischen Zusammenhänge und die Systematik der Darstellung gelegt. Die Berechnung der Systemparameter wird auf wenige wichtige vorkommende Fälle beschränkt. Da es sich um eine Einführung in die Systemanalyse elektrischer Maschinen handelt, wurden im Interesse einer guten Verständlichkeit verhältnismäßig einfache Modelle der wichtigsten Maschinentypen ausgewählt. Inwieweit die dabei getroffenen Vernachlässigungen und Annahmen zu verantworten sind, hängt davon ab, welche Ansprüche man im Einzelfall an die Übereinstimmung zwischen berechneten und gemessenen Betriebsgrößen stellt. Nur mit Hilfe des Experiments kann man endgültig über die Zulässigkeit von vereinfachenden Annahmen entscheiden.

Vorausgesetzt werden die elementaren Grundlagen der Matrizenrechnung, der

Elektrodynamik und der Wechselstromlehre. Von Vorteil ist es für den Leser, wenn ihm die Grundlagen der klassischen Theorie des stationären Betriebsverhaltens der Maschinen bekannt sind. Gezielte Literaturhinweise können als zusätzliche Erläuterungen oder zum weiteren Studium nur am Rande erwähnter Sachverhalte genutzt werden, wobei die angegebene Liste keinen Anspruch auf Vollständigkeit erhebt. Die deduktive Anlage des Buchs stellt an das Auffassungsvermögen des Studierenden keine geringen Ansprüche, führt aber mit Sicherheit zu einer umfassenden Einsicht in die Zusammenhänge dieses Fachgebiets.

Dieses Buch richtet sich an Studierende und Ingenieure, die sich über die Methoden der Berechnung des Betriebsverhaltens von elektrischen Maschinen informieren wollen. Es kann auch für Antriebs- und Regelungstechniker von Nutzen sein, die sich für das Verhalten der elektrischen Maschinen als Strecken oder Stellglieder in Steuerungs- und Regelungssystemen interessieren.

Für die vorzügliche Ausführung der Schreibarbeiten danke ich Frau Frieda Engelmohr und für seine aufopfernde Mitwirkung bei der Herstellung des Schriftsatzes Herrn cand. el. Robby Ang.

Karlsruhe, im August 1973

Helmut Späth

Inhaltsverzeichnis

1. Leistungsbilanz in einem Antriebssystem 1

2. Systemanalyse rotierender elektrischer Maschinen ohne Kommutator ... 5

   2.1 Originalsystem 5
   2.2 Allgemeine Durchführung einer leistungsinvarianten Transformation 8

3. Berechnung von Induktivitäten 16

   3.1 Berechnung von Luftspaltfeldinduktivitäten 16
   3.2 Berechnung von Nutfeldinduktivitäten 28

4. Drehstromasynchronmaschine 33

   4.1 Drehstromasynchronmaschine mit Schleifringläufer (Systemanalyse) 33
   4.2 Drehstromasynchronmaschine mit Käfigläufer (Systemanalyse) 41
   4.3 Stationärer Betrieb der Drehstromasynchronmaschine am unsymmetrischen Netz 52
   4.4 Stationärer Betrieb der Drehstromasynchronmaschine am symmetrischen Netz 64
   4.5 Physikalische Deutung der Strom-Raumzeiger mit Hilfe des Drehfeldes 70
   4.6 Verfahren der Drehzahlverstellung von Drehstromasynchronmaschinen 73
   4.7 Dynamisches Verhalten der Drehstromasynchronmaschine 81
   4.8 Drehstromasynchronmaschine mit Stromverdrängungsläufer 92

5. Drehstromsynchronmaschine 96

   5.1 Drehstromsynchronmaschine mit ausgeprägten Polen (Systemanalyse) 96
   5.2 Stationärer symmetrischer Betrieb der Drehstromsynchronmaschine mit ausgeprägten Polen 107
   5.3 Stationärer Betrieb des Turbogenerators am symmetrischen Netz .. 120
   5.4 Dynamisches Verhalten der Drehstromsynchronmaschine 122

6. Gleichstrommaschine 140

   6.1 Fremderregte kompensierte Gleichstrommaschine (Systemanalyse). 140
   6.2 Stark vereinfachte Erklärung der Stromwendung 155
   6.3 Stationärer Vierquadrantenbetrieb der fremderregten Gleichstrommaschine 158

6.4 Dynamisches Verhalten der fremderregten kompensierten Gleichstrommaschine 162
6.5 Gleichstromreihenschlußmaschine 166

7. Transformator 170

7.1 Klassisches Ersatzschaltbild des Wechselstromtransformators 170
7.2 Ersatzschaltbild des Wechselstromtransformators nach Schlosser 178
7.3 Ersatzschaltbild des Mehrwicklungs-Wechselstromtransformators 181
7.4 Stationärer Betrieb des Wechselstromtransformators mit sinusförmigen Wechselspannungen 186
7.5 Parallelschalten von Wechselstromtransformatoren (stationärer Betrieb) 191
7.6 Wechselstrom-Spartransformator 194
7.7 Drehstromtransformator (stationärer Betrieb) 196
7.8 Wachstumsgesetze 210

Literaturverzeichnis 213

Namen- und Sachverzeichnis 215

1. Leistungsbilanz in einem Antriebssystem

Der Grundtyp eines starkstromtechnischen Systems besteht aus einer rotierenden elektrischen Maschine, die durch Leitungen mit einer Spannungsquelle oder einem Netz *elektrisch* und deren Läufer über die Welle durch eine Kupplung mit dem Läufer einer zweiten Maschine *mechanisch* verbunden ist (Abb. 1. 1). Die Wellenverbindung der beiden Rotoren wird vereinfachend als starr angenommen.

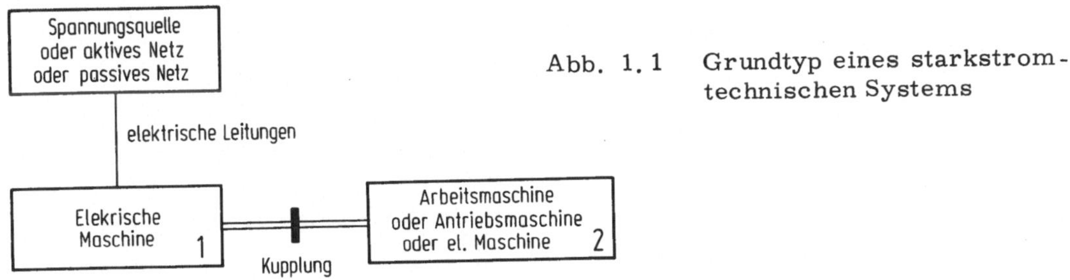

Abb. 1. 1 Grundtyp eines starkstromtechnischen Systems

Die zweite Maschine kann eine *Arbeitsmaschine* (z. B. Werkzeugmaschine, Pumpe, Walzenantrieb), eine *Antriebsmaschine* (z. B. Dampfturbine, Wasserturbine, Dieselmotor) oder im Fall eines Umformersatzes ebenfalls eine elektrische Maschine (z. B. Einphasensynchrongenerator, Gleichstromgenerator) sein. Die drei wichtigsten Fälle, die durch dieses allgemeine Modell eines starkstromtechnischen Antriebssystems beschrieben werden, sind in Tab. 1. 1 aufgeführt. Dabei ist unter einem aktiven Netz ein elektrisches Netz zu verstehen, das elektrische Energie sowohl aufnehmen als auch abgeben kann, im Gegensatz zum passiven Netz, das nur Energie aufnehmen kann.

Tabelle 1. 1

Elektrische Maschine 1 angeschlossen an:	Betriebsart der elektrischen Maschine 1:	Maschine 2:
Spannungsquelle oder aktives Netz	*Motor* oder Bremse	Arbeitsmaschine
aktives oder passives Netz	*Generator*	Antriebsmaschine
Spannungsquelle oder aktives Netz	Motor oder Generator	elektrische Maschine: Generator oder Motor

Im Diagramm von Abb. 1.2 sind die Energieflüsse in den beiden mechanisch gekuppelten Maschinen dargestellt. Für die eingezeichneten Richtungen werden die Ener-

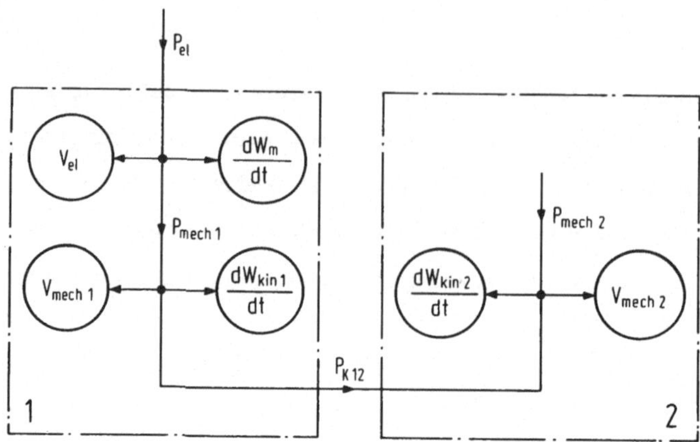

Abb. 1.2 Energieflußdiagramm eines Antriebssystems

gieflüsse oder Leistungen positiv gezählt, negatives Vorzeichen bedeutet eine Umkehrung der Richtung des Energieflusses. In dem Diagramm treten folgende Leistungen auf:

P_{el} die mit der Umgebung über Leitungen ausgetauschte elektrische Leistung

V_{el} die in den Wicklungen und im aktiven Eisen auftretende elektrische Verlustleistung

$\frac{dW_m}{dt}$ die Änderung der in der Maschine gespeicherten magnetischen Energie W_m nach der Zeit

P_{mech} die innere mechanische Leistung, die sich als Produkt aus der Winkelgeschwindigkeit Ω des Rotors und dem am aktiven Teil des Rotors angreifenden, bei der elektrischen Maschine elektromagnetisch erzeugten inneren Drehmoment M_i berechnet; Maschine 2 ist im Fall $P_{mech\,2} > 0$ Antriebsmaschine und im Fall $P_{mech\,2} < 0$ Arbeitsmaschine.

V_{mech} die mechanische Verlustleistung der Maschine (z. B. infolge Lagerreibung und Ventilation)

$\frac{dW_{kin}}{dt}$ die Änderung der im Rotor der Maschine gespeicherten kinetischen Energie W_{kin} nach der Zeit.

Aus dem Energieflußdiagramm von Abb. 1.2 ergibt sich die elektromechanische Leistungsbilanz der elektrischen Maschine 1

$$P_{el} = V_{el} + \frac{dW_m}{dt} + P_{mech\,1} \qquad (1.1)$$

und die mechanische Leistungsbilanz des gesamten Antriebssystems

$$P_{mech\,1} + P_{mech\,2} = V_{mech\,1} + V_{mech\,2} + \frac{dW_{kin\,1}}{dt} + \frac{dW_{kin\,2}}{dt} . \qquad (1.2)$$

Die über die starre mechanische Kupplung von der Maschine 1 zur Maschine 2 übertragene mechanische Leistung ist

$$P_{K12} = P_{mech\,1} - V_{mech\,1} - \frac{dW_{kin\,1}}{dt} \qquad (1.3a)$$

oder

$$P_{K12} = -(P_{mech\,2} - V_{mech\,2} - \frac{dW_{kin\,2}}{dt}) . \qquad (1.3b)$$

Sämtliche mechanischen Leistungen lassen sich als Produkte aus einem Drehmoment und der bei einem starren mechanischen Verband gemeinsamen Winkelgeschwindigkeit Ω darstellen:

$$\begin{aligned} P_{mech\,1} &= M_{i1}\Omega , \qquad & P_{mech\,2} &= M_{i2}\Omega \\ V_{mech\,1} &= M_{v1}\Omega , \qquad & V_{mech\,2} &= M_{v2}\Omega \\ P_{K12} &= M_K\Omega . \end{aligned} \qquad (1.4)$$

Während die mechanischen Verlustmomente M_{v1}, M_{v2} nur von der Winkelgeschwindigkeit Ω abhängen, werden die inneren Drehmomente M_{i1}, M_{i2} außer von Ω noch von anderen Betriebsgrößen bestimmt. Für die kinetischen Energien der beiden Läufer erhält man mit den axialen Trägheitsmomenten J_1 und J_2

$$W_{kin\,1} = \frac{1}{2} J_1 \Omega^2 , \qquad W_{kin\,2} = \frac{1}{2} J_2 \Omega^2$$

und daraus

$$\frac{dW_{kin\,1}}{dt} = M_{b1}\Omega , \qquad \frac{dW_{kin\,2}}{dt} = M_{b2}\Omega \qquad (1.5)$$

mit den Beschleunigungsdrehmomenten

$$M_{b1} = J_1 \frac{d\Omega}{dt} , \qquad M_{b2} = J_2 \frac{d\Omega}{dt} .$$

Durch Einsetzen der Drehmomentbeziehungen (1. 4) und (1. 5) in die mechanische Leistungsbilanz (1. 2) folgt die D r e h m o m e n t e n b i l a n z

$$M_{i1} + M_{i2} = M_{v1} + M_{v2} + (J_1 + J_2) \frac{d\Omega}{dt} \tag{1.6}$$

und aus (1. 3) für das von der Kupplung aufzunehmende Drehmoment

$$M_K = M_{i1} - M_{v1} - M_{b1} ,$$

oder

$$M_K = - (M_{i2} - M_{v2} - M_{b2}) .$$

Wird ein Antrieb mit konstanter Winkelgeschwindigkeit Ω gefahren, dann ist die in den Läufern gespeicherte kinetische Energie zeitlich konstant, sodaß keine Beschleunigungsdrehmomente auftreten. In diesem Fall vereinfachen sich die mechanische Leistungsbilanz (1. 2) und die Drehmomentenbilanz (1. 6) entsprechend.

Handelt es sich bei dem beschriebenen System um ein aus Motor (Maschine 1) und Arbeitsmaschine (Maschine 2) bestehendes Antriebssystem, dann ist im normalen Betrieb

$$P_{el} > 0 , \quad P_{mech\,1} > 0 , \quad P_{mech\,2} < 0 , \quad P_{K12} > 0 .$$

Ist Maschine 1 ein Generator und Maschine 2 eine Antriebsmaschine, dann gilt für normalen Betrieb

$$P_{el} < 0 , \quad P_{mech\,1} < 0 , \quad P_{mech\,2} > 0 , \quad P_{K12} < 0 .$$

Zur vollständigen Beschreibung des Antriebssystems ist die Angabe des zeitlichen Verlaufs oder der Drehzahlabhängigkeit der inneren mechanischen Leistung oder des inneren Drehmoments von Maschine 2 erforderlich. Außerdem muß der Zusammenhang zwischen den in der elektromechanischen Leistungsbilanz (1. 1) enthaltenen Leistungen und den elektrischen Betriebsgrößen der Maschine 1 geklärt werden. Der Klärung dieses Zusammenhangs dient die folgende Systemanalyse.

2. Systemanalyse rotierender elektrischer Maschinen ohne Kommutator

2.1 Originalsystem

Die elektromagnetischen Vorgänge in einer elektrischen Maschine ohne Kommutator werden allgemein durch folgendes Spannungsgleichungssystem beschrieben, das in Matrizenschreibweise wiedergegeben ist:

$$(u) = (R)(i) + \frac{d}{dt}(\psi) \ . \tag{2.1}$$

Die Wicklungen der Maschine bestehen aus einzelnen durch Anfang und Ende gekennzeichneten Spulen oder Strängen, die sowohl galvanisch als auch magnetisch gekoppelt sein können. Die Strangenden sind entweder intern zusammengeschaltet oder am Klemmenkasten der Maschine zugänglich, wobei die Enden der Rotorstränge über Schleifringe und Bürsten herausgeführt werden müssen. Im einzelnen bedeuten die Größen im Spannungsgleichungssystem (2.1):

- (u), Vektor der Strangspannungen
- (i), Vektor der Strangströme
- (ψ), Vektor der magnetischen Spulenflüsse, dessen Änderung nach der Zeit den Vektor der in den Strängen induzierten Spannungen ergibt
- (R), Matrix der ohmschen Widerstände der Stränge, im Fall galvanischer Trennung sämtlicher Stränge eine Diagonalmatrix.

Die Richtungspfeile der Strangspannungen und -ströme werden so gewählt, daß positives Vorzeichen ihres Produkts Leistungsaufnahme und negatives Vorzeichen Leistungsabgabe des jeweiligen Strangs bedeutet. Da die Spulenflüsse sämtlicher Stränge im allgemeinen Fall von sämtlichen Strangströmen abhängen, kann man deren Vektor als Produkt aus einer quadratischen Induktivitätsmatrix (L) und dem Vektor der Strangströme darstellen:

$$(\psi) = (L)(i) \ . \tag{2.2}$$

Im allgemeinen Fall sind sowohl die Elemente von (R) als auch die von (L) selbst wiederum von den Strömen abhängig. Treten jedoch keine Stromverdrängungseffekte auf und werden die magnetische Feldstärke oder Spannung im aktiven Eisen sowie der Einfluß der Leitertemperatur auf die Widerstände vernachlässigt, dann sind die Elemente von (R) konstant und die Elemente von (L) nur von der Stellung des Rotors relativ zum Stator abhängig, die durch einen räumlichen Positionswinkel γ' bestimmt sein soll. (L) ist dann eine symmetrische quadratische Matrix:

$$(L) = (L)' \qquad \text{oder} \qquad L_{ik} = L_{ki} \ . \tag{2.3}$$

Für eine Maschine, die insgesamt drei galvanisch getrennte Wicklungsstränge besitzt, würde das Gleichungssystem (2.1) unter Beachtung von (2.2) mit den oben erläuterten Voraussetzungen folgende Form annehmen:

$$\begin{pmatrix} u_1 \\ u_2 \\ u_3 \end{pmatrix} = \begin{pmatrix} R_1 & & \\ & R_2 & \\ & & R_3 \end{pmatrix} \cdot \begin{pmatrix} i_1 \\ i_2 \\ i_3 \end{pmatrix} + \frac{d}{dt} \left\{ \begin{pmatrix} L_{11}(\gamma) & L_{12}(\gamma) & L_{13}(\gamma) \\ L_{12}(\gamma) & L_{22}(\gamma) & L_{23}(\gamma) \\ L_{13}(\gamma) & L_{23}(\gamma) & L_{33}(\gamma) \end{pmatrix} \cdot \begin{pmatrix} i_1 \\ i_2 \\ i_3 \end{pmatrix} \right\} . \tag{2.4}$$

Dabei ist γ der später noch zu erklärende elektrische Rotorpositionswinkel, der durch Multiplikation mit der Polpaarzahl p aus dem räumlichen Positionswinkel hervorgeht:

$$\gamma = p\,\gamma' \ .$$

Aus dem Spannungsgleichungssystem (2.1) erhält man durch Multiplikation mit (i)' von links die L e i s t u n g s g l e i c h u n g

$$(i)'(u) = (i)'(R)(i) + (i)' \frac{d}{dt}(\Psi) \ . \tag{2.5}$$

(i)'(u) ist die mit der Umgebung über Leitungen ausgetauschte elektrische Leistung der elektrischen Maschine

$$P_{el} = (i)'(u) \ . \tag{2.6}$$

(i)'(R)(i) sind die in den Wicklungen entstehenden Stromwärmeverluste

$$V_{el} = (i)'(R)(i) \ . \tag{2.7}$$

Für den Ausdruck $(i)' \frac{d}{dt}(\Psi)$ folgt damit aus dem Vergleich der Gl. (2.5) mit der Leistungsbilanz (1.1)

$$(i)' \frac{d(\Psi)}{dt} = \frac{dW_m}{dt} + P_{mech\,1} \ . \tag{2.8}$$

Da für die magnetische Energie wiederum unter Voraussetzung eines linearisierten magnetischen Kreises der Zusammenhang

$$W_m = \frac{1}{2}(i)'(\Psi) = \frac{1}{2}(i)'(L)(i) \tag{2.9}$$

gilt [1], ergibt sich aus (2.8) für die innere mechanische Leistung

$$P_{mech\,1} = \frac{1}{2}(i)' \frac{d(L)}{dt}(i)$$

und daraus mit der Winkelgeschwindigkeit

$$\Omega = \frac{d\gamma'}{dt} = \frac{1}{p}\frac{d\gamma}{dt} \tag{2.10}$$

nach (1.4) für das innere Drehmoment

$$M_{i\,1} = \frac{p}{2}(i)' \frac{d(L)}{d\gamma}(i) \quad . \tag{2.11}$$

Für das Beispiel Gl. (2.4) lauten dann die nach obigen allgemeinen Formeln ermittelten Größen folgendermaßen:

nach (2.6):

$$P_{el} = i_1 u_1 + i_2 u_2 + i_3 u_3 \ ,$$

nach (2.7):

$$V_{el} = R_1 i_1^2 + R_2 i_2^2 + R_3 i_3^2 \ ,$$

nach (2.9):

$$W_m = \frac{1}{2}\left(L_{11} i_1^2 + L_{22} i_2^2 + L_{33} i_3^2 + 2\,L_{12} i_1 i_2 + 2\,L_{23} i_2 i_3 + 2\,L_{13} i_1 i_3\right) \ ,$$

nach (2.11):

$$M_{i1} = \frac{p}{2}\left(\frac{dL_{11}}{d\gamma} i_1^2 + \frac{dL_{22}}{d\gamma} i_2^2 + \frac{dL_{33}}{d\gamma} i_3^2 + 2\frac{dL_{12}}{d\gamma} i_1 i_2 + 2\frac{dL_{23}}{d\gamma} i_2 i_3 + 2\frac{dL_{13}}{d\gamma} i_1 i_3\right) \ .$$

Im folgenden wird ein Beispiel einer Aufgabenstellung erläutert. Gegeben sind die Systemparameter eines elektrischen Antriebs, (R), (L), J_1 und J_2. Als Störgrößen wirken auf das System der Spannungsvektor (u), dessen Elemente als Funktionen der Zeit gegeben sind, und das innere Drehmoment $M_{i\,2}$ der Maschine 2, das als Funktion der Winkelgeschwindigkeit Ω vorliegen soll. Zu berechnen ist der zeitliche Verlauf der Elemente des Stromvektors (i) und der Winkelgeschwindigkeit Ω. Zur Veranschaulichung sei an den Hochlauf eines Antriebs gedacht, der durch das Einschalten der Motorspannungen ausgelöst wird. Zur Lösung steht folgendes Differentialgleichungssystem zur Verfügung, das aus den Beziehungen (1.6), (2.1), (2.2) und (2.11) gewonnen werden kann:

$$(u) = (R)(i) + \frac{d}{dt}[(L)(i)] \;, \tag{2.12}$$

$$M_{i2} = \frac{1}{p}(J_1 + J_2)\frac{d^2\gamma}{dt^2} - \frac{p}{2}(i)' \frac{d(L)}{d\gamma}(i) + M_v \;. \tag{2.13}$$

Das gesamte mechanische Verlustmoment $M_v = M_{v1} + M_{v2}$ wird üblicherweise vereinfachend als konstant angenommen oder überhaupt vernachlässigt.

Unter dieser Voraussetzung handelt es sich bei (2.12), (2.13) um ein nichtlineares Differentialgleichungssystem, da Produkte abhängiger Variablen oder von Funktionen abhängiger Variablen auftreten. Die Koeffizientenmatrix (L) enthält von γ abhängige und damit zeitvariante Elemente. Ist außer den Störgrößen (u) und M_{i2} auch der zeitliche Verlauf der Winkelgeschwindigkeit Ω und damit des Positionswinkels γ vorgegeben, dann ist das System (2.12) ein lineares Differentialgleichungssystem mit zeitvarianten Koeffizienten und für sich allein lösbar. Aus der Momentengleichung (2.11) kann danach durch Einsetzen des Stromvektors das innere Drehmoment der elektrischen Maschine 1 ermittelt werden. Ist die Winkelgeschwindigkeit Ω zeitlich konstant, dann reduziert sich Gl. (2.13) auf die einfache Form

$$M_{i2} = -M_{i1} + M_v \;.$$

Bei den meisten elektrischen Maschinen ist die Induktivitätsmatrix (L) so strukturiert, daß mit Hilfe einer linearen Transformation des Systems (2.12), (2.13) die Winkelabhängigkeit der Elemente von (L) beseitigt und außerdem der Kopplungsgrad reduziert werden kann. Der hierzu erforderliche mathematische Formalismus wird im nächsten Abschnitt erläutert.

2.2 Allgemeine Durchführung einer leistungsinvarianten Transformation

Zunächst sei angenommen, daß geeignete Transformationsmatrizen (C_u) und (C_i) zur linearen Transformation der Variablen (u) und (i) bekannt sind. Später wird für ein Beispiel die Ermittlung der Transformationsmatrizen erläutert. Die Transformationsvorschrift lautet

$$(u) = (C_u)\,(\underline{u}) \quad , \qquad (i) = (C_i)\,(\underline{i}) \quad . \tag{2.14}$$

Bedingung für die Transformation ist die Umkehrbarkeit der Transformationsbeziehungen

$$(\underline{u}) = (C_u)^{-1}\,(u) \quad , \qquad (\underline{i}) = (C_i)^{-1}\,(i) \quad , \tag{2.15}$$

d. h. die Transformationsmatrizen, die auch komplex sein können, müssen nichtsingulär oder regulär sein.

Leistungsinvariant wird die Transformation dann genannt, wenn für die Leistung gilt

$$P_{el} \equiv (i)'(u) = (\underline{i})^{*\prime}\,(\underline{u}) \quad . \tag{2.16}$$

Im Gegensatz zu [2] wird die Operation "konjugiert und transponiert" mit zwei getrennten Symbolen gekennzeichnet. Setzt man die Beziehungen (2. 15) in (2. 16) ein, dann resultiert daraus als Bedingung für die Leistungsinvarianz der Transformation

$$(C_i)^{-1} = (C_u)^{*\prime} \quad . \tag{2.17}$$

Ist die Transformationsmatrix (C_i) *hermitesch* [2],

$$(C_i) = (C_i)^{*\prime} \quad ,$$

was bei reellen Matrizen *symmetrisch* bedeutet, $(C_i) = (C_i)'$, dann folgt aus der Invarianzbedingung (2. 17)

$$(C_i)^{-1} = (C_u) \quad .$$

Ist (C_i) *unitär* [2],

$$(C_i)^{-1} = (C_i)^{*\prime} \quad ,$$

was bei reellen Matrizen *orthogonal* bedeutet, $(C_i)^{-1} = (C_i)'$, dann folgt aus (2. 17) für die Transformationsmatrizen

$$(C_i) = (C_u) \quad .$$

Diese beiden Fälle sind die wichtigsten vorkommenden Transformationsformen.

Setzt man die Transformationsbeziehungen (2.14) in das Spannungsgleichungssystem (2.1) und die Flußbeziehung (2.2) ein, dann erhält man aus (2.1) durch Multiplikation mit $(C_u)^{-1}$ von links das transformierte Spannungsgleichungssystem

$$(\underline{u}) = (\underline{R})(\underline{i}) + (\underline{F})(\underline{\Psi}) + \frac{d}{dt}(\underline{\Psi}) \tag{2.18}$$

und aus (2.2) die transformierte Flußbeziehung

$$(\underline{\Psi}) = (\underline{L})(\underline{i}) \quad . \tag{2.19}$$

Aus der Symmetrie der Matrix (L) nach (2.3) folgt für leistungsinvariante Transformation gemäß (2.17), daß die transformierte Induktivitätsmatrix hermitesch ist:

$$(\underline{L}) = (\underline{L})^{*\prime} \quad .$$

Zwischen den Systemparametern des transformierten Systems und denen des Originalsystems bestehen folgende Zusammenhänge:

$$(\underline{R}) = (C_u)^{-1}(R)(C_i) \quad , \tag{2.20}$$

$$(\underline{L}) = (C_u)^{-1}(L)(C_i) \quad . \tag{2.21}$$

Außerdem wird die Matrix $(\underline{F})$ durch die Beziehung

$$(\underline{F}) = (C_u)^{-1}\frac{d}{dt}(C_u) \tag{2.22}$$

erklärt, d.h. der Ausdruck $(\underline{F})(\underline{\Psi})$ tritt in dem Spannungsgleichungssystem (2.18) nur auf, wenn die Transformationsmatrix (C_u) zeitvariant ist.

An einem Beispiel, das bei der Drehstromasynchronmaschine Anwendung findet, soll gezeigt werden, wie man eine zweckmäßige Transformation zur Vereinfachung der Matrix (L) nach (2.21) findet. Die Hypermatrix (L) bestehe aus vier dreireihigen quadratischen Matrizen,

$$(L) = \begin{array}{|c|c|} \hline (L_{SS}) & (L_{SR}) \\ \hline (L_{RS}) & (L_{RR}) \\ \hline \end{array} \quad , \tag{2.23}$$

für die wegen der Symmetriebedingung (2.3) gelten muß:

$$(L_{SS}) = (L_{SS})' \quad , \qquad (L_{RR}) = (L_{RR})' \quad , \qquad (L_{RS}) = (L_{SR})' \quad .$$

Für die Matrix (L_{SR}), die zyklisch sein soll,

$$(L_{SR}) = (Z) = \begin{array}{|c|c|c|} \hline A & B & C \\ \hline C & A & B \\ \hline B & C & A \\ \hline \end{array} \quad , \tag{2.24}$$

wird eine zweckmäßige Transformation gesucht.

Nach einem Satz der Matrizenrechnung [2] läßt sich dann und nur dann eine Matrix unitär auf die Diagonalform $(\Lambda) = \mathrm{Diag}(\lambda_i)$ ihrer Eigenwerte transformieren, wenn die Matrix normal ist. Die Bedingung der Normalität wird von der zyklischen Matrix (Z) erfüllt:

$$(Z)^{*'} (Z) = (Z) (Z)^{*'} \quad .$$

Die Transformationsvorschrift lautet dann

$$(X)^{*'} (Z)(X) = (\Lambda) \quad . \tag{2.25}$$

Die unitäre Transformationsmatrix (X) ist die durch spaltenweise Zusammenfassung der n normierten Eigenvektoren der Matrix (Z) entstehende Eigenvektormatrix

$$(X) = \begin{array}{|c|c|c|c|} \hline (x_1) & (x_2) & \ldots\ldots & (x_n) \\ \hline \end{array} \quad . \tag{2.26}$$

Dabei ist n der Rang der zu transformierenden Matrix. Die Eigenvektoren sind die Lösungsvektoren der im folgenden erläuterten Eigenwertaufgabe. Als Eigenwerte λ_i der zu transformierenden Matrix bezeichnet man die Wurzeln ihrer charakteristischen Gleichung, einer algebraischen Gleichung n-ten Grades,

$$\det [(Z) - \lambda (E)] = 0 \quad , \tag{2.27}$$

wobei (E) die n-reihige Einheitsmatrix bedeutet. Nur für diese n Werte λ_i des Parameters λ hat die Eigenwertaufgabe, das homogene Gleichungssystem

$$[(Z) - \lambda (E)] (x) = (0) \quad , \tag{2.28}$$

nichttriviale Lösungen, die Eigenvektoren (x_i) der Matrix (Z). Diese Eigenvektoren sind bis auf einen willkürlichen Faktor bestimmbar. Die Unbestimmtheit kann man beseitigen, indem man die Eigenvektoren so normiert, daß ihre Norm 1 wird,

$$(x_i)^{*'} (x_i) = 1 \quad . \tag{2.29}$$

Die charakteristische Gleichung (2. 27) mit (Z) nach (2. 24)

$$\det \begin{vmatrix} A-\lambda & B & C \\ C & A-\lambda & B \\ B & C & A-\lambda \end{vmatrix} = 0$$

liefert die Gleichung

$$\lambda^3 - 3A\,\lambda^2 + 3(A^2 - BC)\,\lambda - (A^3 + B^3 + C^3 - 3ABC) = 0 \quad .$$

Diese kubische Gleichung hat ein Paar konjugiert komplexer Wurzeln und eine reelle Wurzel, die mit Hilfe der Cardanoschen Formel [3] ermittelt werden können:

$$\begin{aligned} \lambda_1 &= A + \underline{a}^2 B + \underline{a}\, C \\ \lambda_2 &= A + \underline{a}\, B + \underline{a}^2 C = \lambda_1^* \\ \lambda_3 &= A + B + C \end{aligned} \tag{2.30}$$

mit

$$\underline{a} = e^{j\,2\pi/3} = -\frac{1}{2}(1 - j\sqrt{3}) \quad . \tag{2.31}$$

Die Lösungsvektoren der Eigenwertaufgabe nach (2. 28)

$$\begin{vmatrix} A-\lambda_i & B & C \\ C & A-\lambda_i & B \\ B & C & A-\lambda_i \end{vmatrix} \cdot \begin{vmatrix} x_{i1} \\ x_{i2} \\ x_{i3} \end{vmatrix} = \begin{vmatrix} 0 \\ 0 \\ 0 \end{vmatrix} \tag{2.32}$$

ergeben sich dann nach der Normierung gemäß (2. 29):

$$(x_1) = \frac{1}{\sqrt{3}} \begin{vmatrix} 1 \\ \underline{a}^2 \\ \underline{a} \end{vmatrix} , \quad (x_2) = \frac{1}{\sqrt{3}} \begin{vmatrix} 1 \\ \underline{a} \\ \underline{a}^2 \end{vmatrix} , \quad (x_3) = \frac{1}{\sqrt{3}} \begin{vmatrix} 1 \\ 1 \\ 1 \end{vmatrix} \quad . \tag{2.33}$$

Daraus folgt mit (2. 26) für die unitäre Transformationsmatrix

$$(X) = \frac{1}{\sqrt{3}} \begin{vmatrix} 1 & 1 & 1 \\ \underline{a}^2 & \underline{a} & 1 \\ \underline{a} & \underline{a}^2 & 1 \end{vmatrix} \quad . \tag{2.34}$$

2.2 Allgemeine Durchführung einer leistungsinvarianten Transformation

Das Ergebnis der Transformation nach (2.25),

$$(X)^{*'}\,(Z)\,(X) = \begin{array}{|c|c|c|}\hline \lambda_1 & & \\ \hline & \lambda_2 & \\ \hline & & \lambda_3 \\ \hline\end{array} \quad , \tag{2.35}$$

mit λ_1, λ_2, λ_3 nach (2.30) ist damit verifizierbar. Die Eigenwerte werden sämtliche reell, wenn die zyklische Matrix (Z) außerdem noch symmetrisch ist, d.h. wenn C = B ist. Dann wird nach (2.30)

$$\begin{aligned} \lambda_1 &= A - B \quad , \\ \lambda_2 &= A - B = \lambda_1 \quad , \\ \lambda_3 &= A + 2\,B \quad . \end{aligned} \tag{2.36}$$

Sind die Matrizen (L_{SS}) und (L_{RR}) symmetrisch und zyklisch, dann können mit der oben ermittelten Transformation alle Matrizen der Hypermatrix (L) nach (2.23) in Diagonalform überführt werden:

$$(\underline{L}) = \begin{array}{|c|c|}\hline (X)^{*'} & \\ \hline & (X)^{*'} \\ \hline\end{array} \cdot \begin{array}{|c|c|}\hline (L_{SS}) & (L_{SR}) \\ \hline (L_{SR})' & (L_{RR}) \\ \hline\end{array} \cdot \begin{array}{|c|c|}\hline (X) & \\ \hline & (X) \\ \hline\end{array} \quad ,$$

$$(\underline{L}) = \begin{array}{|c|c|}\hline (X)^{*'}\,(L_{SS})\,(X) & (X)^{*'}\,(L_{SR})\,(X) \\ \hline (X)^{*'}\,(L_{SR})'\,(X) & (X)^{*'}\,(L_{RR})\,(X) \\ \hline\end{array} \quad . \tag{2.37}$$

Durch Vergleich mit (2.21) folgen daraus die gesuchten unitären Transformationsmatrizen

$$(C_u) = (C_i) = \begin{array}{|c|c|}\hline (X) & \\ \hline & (X) \\ \hline\end{array} \quad . \tag{2.38}$$

Die Berechnung des inneren Drehmoments kann wegen der Leistungsinvarianz der Transformation analog zur Herleitung im Originalsystem erfolgen. Mit (2.16) erhält man aus dem Spannungsgleichungssystem (2.18) die Leistungsgleichung [4]

$$P_{el} \equiv (\underline{i})^{*'}\,(\underline{u}) = (\underline{i})^{*'}\,(\underline{R})\,(\underline{i}) + (\underline{i})^{*'}\,(\underline{F})\,(\underline{\psi}) + (\underline{i})^{*'}\,\frac{d}{dt}\,(\underline{\psi}) \tag{2.39}$$

mit

$$(\underline{i})^{*\prime}\,(\underline{R})\,(\underline{i}) = V_{el} \tag{2.40}$$

nach (2. 7) und

$$(\underline{i})^{*\prime}\,(\underline{F})\,(\underline{\psi}) + (\underline{i})^{*\prime}\,\frac{d}{dt}(\underline{\psi}) = \frac{dW_m}{dt} + P_{mech\,1} \; . \tag{2.41}$$

Da für die magnetische Energie nach (2. 9)

$$W_m = \frac{1}{2}(\underline{i})^{*\prime}\,(\underline{\psi}) = \frac{1}{2}(\underline{i})^{*\prime}\,(\underline{L})\,(\underline{i}) \tag{2.42}$$

gilt, folgt aus (2. 41) für die innere mechanische Leistung

$$P_{mech\,1} = \frac{1}{2}(\underline{i})^{*\prime}\,\frac{d(\underline{L})}{dt}(\underline{i}) + \mathrm{Re}\left\{(\underline{i})^{*\prime}\,(\underline{F})\,(\underline{\psi})\right\}$$

und daraus mit (1. 4) und (2. 10) für das innere Drehmoment

$$M_{i\,1} = \frac{p}{2}(\underline{i})^{*\prime}\,\frac{d(\underline{L})}{d\gamma}(\underline{i}) + \frac{p}{d\gamma/dt}\,\mathrm{Re}\left\{(\underline{i})^{*\prime}\,(\underline{F})(\underline{\psi})\right\} \; . \tag{2.43}$$

Gelingt es, die Winkelabhängigkeit der Induktivitätsmatrix (L) durch eine zeitvariante Transformation zu beseitigen, dann wird $d(\underline{L})/d\gamma = (0)$ und die Drehmomentbeziehung reduziert sich auf die einfache Form:

$$M_{i1} = \frac{p}{d\gamma/dt}\,\mathrm{Re}\left\{(\underline{i})^{*\prime}\,(\underline{F})(\underline{\psi})\right\} \; . \tag{2.43a}$$

Im Fall einer zeitinvarianten Transformation verschwindet nach (2. 22) die Matrix $(\underline{F})$ und das innere Drehmoment berechnet sich aus der (2. 11) entsprechenden Beziehung

$$M_{i1} = \frac{p}{2}(\underline{i})^{*\prime}\,\frac{d(\underline{L})}{d\gamma}(\underline{i}) \; . \tag{2.43b}$$

Das im Abschnitt 2. 1 erläuterte Beispiel einer Aufgabenstellung führt wiederum bei Annahme eines konstanten mechanischen Verlustmoments M_v mit (1. 6), (2. 18), (2. 19) und (2. 43) zu folgendem transformierten Gleichungssystem

$$(\underline{u}) = (\underline{R})(\underline{i}) + (\underline{F})(\underline{L})(\underline{i}) + \frac{d}{dt}\left\{(\underline{L})(\underline{i})\right\} \; , \tag{2.44}$$

$$M_{i2} = \frac{1}{2}(J_1 + J_2)\frac{d^2\gamma}{dt^2} - \frac{p}{2}(\underline{i})^{*\prime}\,\frac{d(\underline{L})}{d\gamma}(\underline{i}) - \frac{p}{d\gamma/dt}\,\mathrm{Re}\left\{(\underline{i})^{*\prime}(\underline{F})(\underline{L})(\underline{i})\right\} + M_v \; , \tag{2.45}$$

wobei die transformierte Störgröße $(\underline{u})$ nach (2. 15) aus dem gegebenen Spannungsvektor (u) gewonnen wird. Der gesuchte Stromvektor (i) kann nach (2.14) aus dem Lösungsvektor $(\underline{i})$ berechnet werden. Ein formaler Vergleich mit dem System (2.12), (2.13) zeigt, daß eine Transformation insbesondere dann ein einfacheres Gleichungssystem liefert, wenn sie die Bedingung $d(\underline{L})/d\gamma = (0)$ erfüllt; dann wird aus (2.44) und (2.45):

$$(\underline{u}) = (\underline{R})(\underline{i}) + (\underline{F})(\underline{L})(\underline{i}) + (\underline{L})\frac{d}{dt}(\underline{i}) \quad , \tag{2.46}$$

$$M_{i2} = \frac{1}{p}(J_1 + J_2)\frac{d^2\gamma}{dt^2} - \frac{p}{d\gamma/dt}\operatorname{Re}\left\{(\underline{i})^{*\prime}(\underline{F})(\underline{L})(\underline{i})\right\} + M_v \quad . \tag{2.47}$$

Es handelt sich dann um ein nichtlineares Differentialgleichungssystem mit zeitinvarianter Koeffizientenmatrix $(\underline{L})$. Für den Fall, daß $\Omega(t)$ vorgegeben ist, ist (2.46) als lineares zeitvariantes System für sich lösbar und im Sonderfall konstanter Winkelgeschwindigkeit Ω als lineares zeitinvariantes System (z.B. mit Hilfe der Laplace-Transformation). Bei der Lösung des Systems (2.46), (2.47) ist es u.U. zweckmäßig, den Stromvektor $(\underline{i})$ nach (2.19) durch den Flußvektor $(\underline{\psi})$ zu ersetzen.

Im folgenden Abschnitt soll die Berechnung von Induktivitäten behandelt werden, deren Kenntnis notwendig ist, um die Systemgleichungen einzelner elektrischer Maschinen mit Hilfe des hier behandelten Formalismus aufstellen zu können. Die Herleitung beschränkt sich auf die wenigen Grundformen der bei den wichtigsten elektrischen Maschinen vorkommenden Induktivitäten.

3. Berechnung von Induktivitäten

3.1 Berechnung von Luftspaltfeldinduktivitäten

Bei der Berechnung von Luftspaltfeldinduktivitäten geht man von folgender Modellvorstellung aus. Die magnetische Feldstärke und damit die magnetische Spannung im Eisen werden vernachlässigt, d. h. es wird eine entsprechend große Permeabilität des Eisens vorausgesetzt. Der hierdurch entstehende Fehler wird nachträglich näherungsweise durch eine empirische pauschale Vergrößerung des geometrischen Luftspalts wieder korrigiert. Die Mantelflächen des Rotors und des Stators werden als glatt angenommen. Im Fall eines genuteten Stators oder Rotors werden die Nutdurchflutungen auf der glatten Mantelfläche in Nutschlitzmitte konzentriert oder über die Nutschlitzbreite verteilt angenommen. Denkt man sich die Nutdurchflutungen in Nutschlitzmitte konzentriert, dann besteht die daraus resultierende Ortsfunktion des Strombelags aus Impulsfunktionen oder δ-Funktionen [5], deren Integrale gleich den jeweiligen Nutdurchflutungen sind.

In Abb. 3. 1 ist ein zweipoliges Maschinenmodell dargestellt, auf dessen Stator und Rotor sich jeweils eine Durchmesserspule befindet. In Abb. 3. 2 sind in der Abwick-

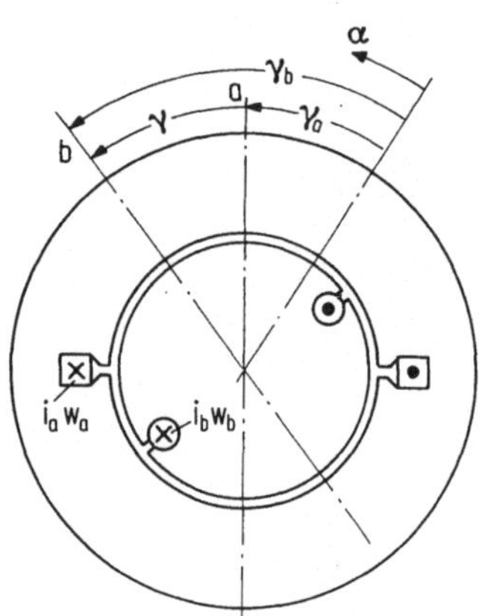

Abb. 3. 1 Zweipoliges Maschinenmodell mit zwei Durchmesserspulen

lung bezogen auf eine zunächst willkürlich gewählte Bezugsachse u. a. die Strombeläge a_a und a_b für einen Zeitpunkt und den Fall beliebiger Polpaarzahl p als 2π-periodische Funktionen des elektrischen Winkels α angegeben. Zwischen dem räumlichen Winkel α_r und dem elektrischen Winkel besteht der Zusammenhang

$$\alpha = p\,\alpha_r \quad .$$

Die Integrale der Strombelags-Impulsfunktionen über die Ortskoordinate $\alpha\tau_p/\pi$ sind

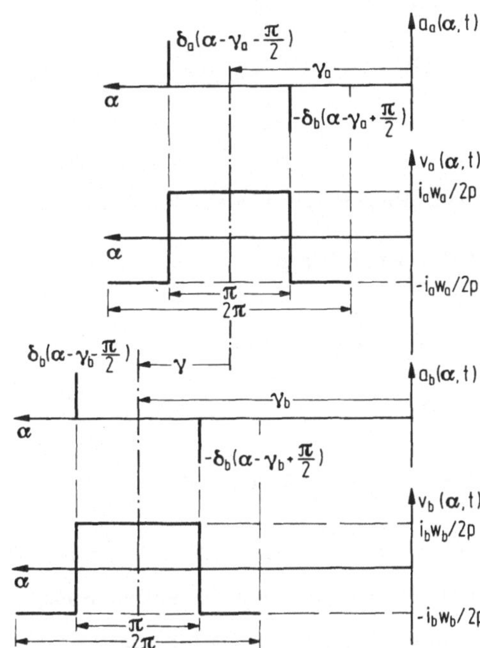

Abb. 3.2 Strombeläge und magnetische Spannungen des Zweispulenmodells (Abwicklung)

gleich den jeweiligen Nutdurchflutungen

$$\Theta_{na} = i_a w_a \quad , \qquad \Theta_{nb} = i_b w_b \quad .$$

Die Bestimmung der Luftspaltinduktivitäten beruht darauf, daß man den durch (2.9) gegebenen Ausdruck der magnetischen Energie mit dem Integral der magnetischen Energiedichte über das Luftspaltvolumen vergleicht:

$$W_m = \frac{1}{2}\int BH\,dV \quad ,$$

$$W_m = \frac{1}{2}\mu_0\int H^2\,dV \quad . \tag{3.1}$$

Das Volumenelement dV wird im Falle zylindrischer Statormantelfläche mit dem Bohrungsdurchmesser D, der aktiven Maschinenlänge l und dem Ersatzluftspalt $\delta''(\alpha,t) \ll D$ ausgedrückt (Abb. 3.3):

$$dV = \frac{1}{2} D \frac{1}{p}\, d\alpha\; l\; \delta''(\alpha,t) \quad . \tag{3.2}$$

Der Luftspalt kann bei Rotation des Läufers je nach Wahl der Bezugsachse auch eine Funktion der Zeit sein, wenn die Mantelflächen von Rotor und Stator nicht bei-

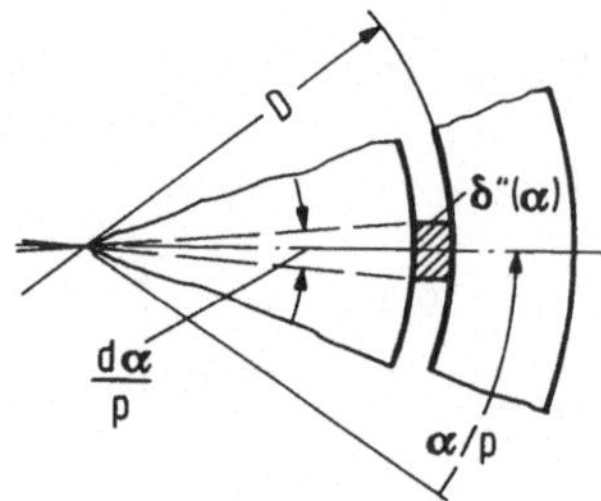

Abb. 3. 3 Zur Berechnung des Luftspalt-Volumenelements dV

de zylindrisch sind oder der Rotor exzentrisch gelagert ist.

Mit der Polteilung

$$\tau_p = \frac{\pi D}{2p} \tag{3.3}$$

folgt aus (3. 2)

$$dV = \frac{1}{\pi} l \; \tau_p \; \delta''(\alpha, t) \, d\alpha \quad . \tag{3.4}$$

Sind Stator und Rotor genutet, dann wird der geometrische Luftspalt δ zunächst mit Hilfe des sog. Carterschen Faktors [6, S. 165 bis 184] korrigiert und dann durch eine pauschale Berücksichtigung der magnetischen Spannung im Eisen vergrößert, um den Ersatzluftspalt δ'' zu erhalten ($\delta'' > \delta$).

Mit (3. 4) ergibt sich aus (3. 1)

$$W_m = \frac{1}{2\pi} \mu_0 \, l \, \tau_p \int\limits_{\alpha=0}^{\alpha=p2\pi} H^2 \, \delta''(\alpha, t) \, d\alpha$$

und im Fall von Polpaarsymmetrie (2π-Periodizität der Ersatzluftspaltfunktion $\delta''(\alpha, t)$ und der Wicklungsanordnungen in Stator und Rotor bezüglich α)

$$W_m = \frac{1}{2\pi} \mu_0 \, p \, l \, \tau_p \int\limits_{\alpha=0}^{\alpha=2\pi} H^2 \, \delta''(\alpha, t) \, d\alpha \quad . \tag{3.5}$$

Unter $H(\alpha, t)$ soll die mittlere Radialkomponente der magnetischen Feldstärke im Luftspalt verstanden werden. Sie ergibt multipliziert mit dem jeweiligen Ersatzluftspaltwert die *magnetische Spannung* im Luftspalt,

$$v(\alpha, t) = H(\alpha, t)\,\delta''(\alpha, t) \quad , \tag{3.6}$$

deren Verlauf in Abhängigkeit von α Felderregerkurve genannt wird. Einen Zusammenhang zwischen dem Strombelag $a(\alpha, t)$ und der Felderregerkurve $v(\alpha, t)$ gewinnt man durch Anwendung des Durchflutungsgesetzes (Abb. 3.4). Da das Umlaufintegral der magnetischen Feldstärke gleich der umfaßten Durchflutung sein muß, folgt für den in Abb. 3.4 angegebenen Umlauf unter der eingangs gemachten

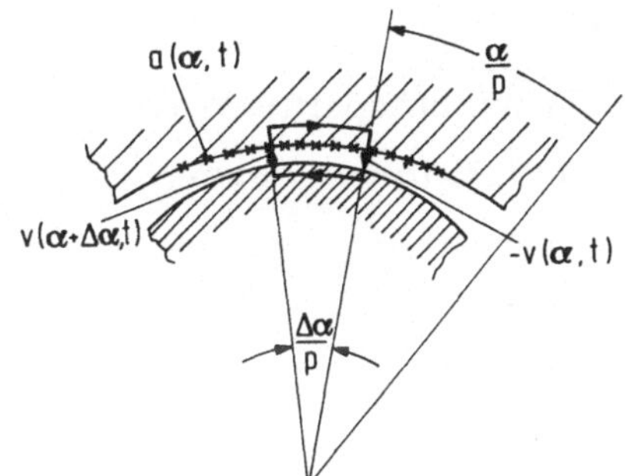

Abb. 3.4 Zur Anwendung des Durchflutungsgesetzes auf den Luftspalt einer Maschine

Voraussetzung, daß die magnetische Feldstärke H im Eisen verschwindet,

$$v(\alpha + \Delta\alpha, t) - v(\alpha, t) = a(\alpha, t)\,\frac{\tau_p}{\pi}\,\Delta\alpha$$

und daraus durch einen Grenzübergang

$$\frac{d\,v(\alpha, t)}{d\alpha} = \frac{\tau_p}{\pi}\,a(\alpha, t) \quad .$$

Die Integration liefert dann für die magnetische Spannung

$$v(\alpha, t) = \frac{\tau_p}{\pi} \int a(\alpha, t)\,d\alpha + C \quad . \tag{3.7}$$

Die Integrationskonstante C resultiert aus der für magnetische Felder allgemein gültigen Bedingung $\operatorname{div} \vec{B} = 0$, die gleichbedeutend ist mit der Forderung, daß z.B. der durch die Rotormantelfläche tretende magnetische Hüllenfluß verschwindet. Diese Bedingung ist im vorliegenden Fall eines ebenen Feldes (keine axiale Komponente der Induktion) erfüllt, wenn

$$\int_{\alpha=0}^{\alpha=2p\pi} H(\alpha, t)\,d\alpha = 0$$

oder mit (3.6)

$$\int_{\alpha=0}^{\alpha=2p\pi} \frac{v(\alpha,t)}{\delta''(\alpha,t)}\, d\alpha = 0$$

gilt. Im Fall von Polpaarsymmetrie folgt daraus die Bedingung

$$\int_{\alpha=0}^{\alpha=2\pi} \frac{v(\alpha,t)}{\delta''(\alpha,t)}\, d\alpha = 0 \quad . \tag{3.8}$$

Ist die Ersatzluftspaltfunktion $\delta''(\alpha, t)$ π-periodisch bezüglich α und läßt sich die Funktion (3.7) in der Form

$$v(\alpha,t) = K + \sum_{\nu=1}^{\nu=\infty} V_\nu \cos(2\nu-1)(\alpha-\zeta)$$

mit $K = \text{const}$, ζ als beliebigem zeitlich veränderlichen Winkel und V_ν als strom- und damit zeitabhängigen Amplituden darstellen, dann reduziert sich die Bedingung (3.8) auf

$$\int_{\alpha=0}^{\alpha=2\pi} v(\alpha,t)\, d\alpha = 0 ,$$

was gleichbedeutend ist mit der Forderung $K = 0$.

In Abb. 3.2 sind für das Zweispulenmodell die aus den Strombelägen gemäß obiger Vorschrift ermittelten Felderregerkurven dargestellt. Dabei ist zu beachten, daß das Integral einer Impulsfunktion eine Sprungfunktion liefert, deren Sprunghöhe gleich dem Integral der Impulsfunktion ist.

Ersetzt man in (3.5) die Feldstärke durch die magnetische Spannung nach (3.6), dann gilt für die magnetische Energie

$$W_m = \frac{1}{2\pi} \mu_0 \, p \, l \, \tau_p \int_{\alpha=0}^{\alpha=2\pi} \frac{1}{\delta''(\alpha,t)} v^2(\alpha,t)\, d\alpha \quad . \tag{3.9}$$

Sind zwei stromführende Spulen oder Wicklungsstränge a und b vorhanden, dann setzt sich die resultierende magnetische Spannung nach dem für den Luftspalt geltenden Superpositionsgesetz aus den beiden Felderregerkurven dieser Stränge zusammen:

$$v(\alpha,t) = v_a(\alpha,t) + v_b(\alpha,t) \quad . \tag{3.10}$$

Die Verläufe v_a und v_b können als Produkte aus dem Momentanwert des Strangstroms und einer von der Geometrie der Wicklungsanordnung und bei Bewegung des Rotors oder der Bezugsachse von der Zeit t abhängigen Funktion geschrieben werden:

$$v_a(\alpha, t) = g_a(\alpha, t)\, i_a(t) \quad ,$$
$$v_b(\alpha, t) = g_b(\alpha, t)\, i_b(t) \quad . \tag{3.11}$$

Mit (3.10) und (3.11) folgt dann aus (3.9) für die magnetische Energie des Luftspaltraums

$$W_m = \frac{1}{2\pi}\,\mu_0\, p\, l\, \tau_p \int_{\alpha=0}^{\alpha=2\pi} \frac{1}{\delta''(\alpha, t)} (g_a^2\, i_a^2 + 2\, g_a\, g_b\, i_a\, i_b + g_b^2\, i_b^2)\, d\alpha \quad .$$

Ein Vergleich mit dem aus (2.9) gewonnenen Ausdruck

$$W_m = \frac{1}{2} L_{aa}\, i_a^2 + L_{ab}\, i_a\, i_b + \frac{1}{2} L_{bb}\, i_b^2$$

liefert für die Luftspaltfeldwechselinduktivität zwischen den Strängen a und b

$$L_{ab} = \frac{1}{\pi}\,\mu_0\, p\, l\, \tau_p \int_{\alpha=0}^{\alpha=2\pi} \frac{1}{\delta''(\alpha, t)}\, g_a(\alpha, t)\, g_b(\alpha, t)\, d\alpha \quad . \tag{3.12}$$

Ersetzt man in (3.12) den Index b durch a, dann ergibt sich die Luftspaltfeldeigeninduktivität L_{aa} des Strangs a und im umgekehrten Fall L_{bb}, die Luftspaltfeldeigeninduktivität des Strangs b.

Im Fall der Schrägung, d.h. bei nicht axial verlaufenden Nuten oder Polkanten des Stators oder Rotors können g_a, g_b und δ'' auch Funktionen der axialen Koordinate y sein, sodaß zur Berechnung der magnetischen Energie des Luftspaltraums auch über die axiale Maschinenlänge l integriert werden muß. Legt man in Maschinenmitte y = 0 fest (Abb. 3.5), dann erhält man bei Schrägung an Stelle von (3.12) für die Luftspaltfeldwechselinduktivität das Doppelintegral

$$L_{ab} = \frac{1}{\pi}\,\mu_0\, p\, \tau_p \int_{\alpha=0}^{\alpha=2\pi} \int_{y=-l/2}^{y=l/2} \frac{1}{\delta''(\alpha, y, t)}\, g_a(\alpha, y, t)\, g_b(\alpha, y, t)\, d\alpha\, dy \quad . \tag{3.12a}$$

Für das Zweispulenmodell von Abb. 3.1 gewinnt man durch Fourieranalyse der in Abb. 3.2 dargestellten Felderregerkurven [7] mit (3.11) die Funktionen

$$
\begin{aligned}
g_a(\alpha,t) &= \frac{2w_a}{p\pi} \sum_{\lambda=1}^{\lambda=\infty} \frac{1}{\lambda} \sin\lambda\frac{\pi}{2} \cos\lambda(\alpha-\gamma_a) , \\
g_b(\alpha,t) &= \frac{2\,w_b}{p\pi} \sum_{\mu=1}^{\mu=\infty} \frac{1}{\mu} \sin\mu\frac{\pi}{2} \cos\mu(\alpha-\gamma_b) .
\end{aligned}
\tag{3.13}
$$

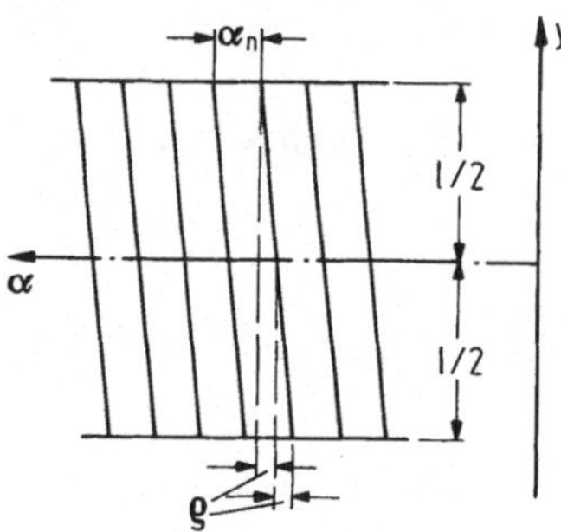

Abb. 3.5 Nutschrägung in der Abwicklung (l, aktive Maschinenlänge)

Mit (3.13) folgen aus (3.12) für konstanten Ersatzluftspalt δ'' die Wechselinduktivität

$$
L_{ab}(\gamma) = \frac{4}{\pi^2} \mu_0 w_a w_b \frac{l\tau_p}{p\delta''} \sum_{\nu=1}^{\nu=\infty} \frac{1}{\nu^2} \sin^2 \nu\frac{\pi}{2} \cos\nu\gamma \tag{3.14}
$$

mit dem Rotorpositionswinkel

$$
\gamma = \gamma_b - \gamma_a
$$

und die konstanten Eigeninduktivitäten

$$
L_{aa} = \frac{4}{\pi^2} \mu_0 w_a^2 \frac{l\tau_p}{p\delta''} \sum_{\nu=1}^{\nu=\infty} \frac{1}{\nu^2} \sin^2 \nu\frac{\pi}{2} ,
$$

$$
L_{bb} = \frac{4}{\pi^2} \mu_0 w_b^2 \frac{l\tau_p}{p\delta''} \sum_{\nu=1}^{\nu=\infty} \frac{1}{\nu^2} \sin^2 \nu\frac{\pi}{2}
$$

mit [7]

$$
\sum_{\nu=1}^{\nu=\infty} \frac{1}{\nu^2} \sin^2 \nu\frac{\pi}{2} = \frac{\pi^2}{8} .
$$

Bei Beschränkung auf die 1. Harmonische (ν=1) ergibt sich für die Wechselinduktivität nach (3.14) die Näherung

$$
L_{ab}(\gamma) \approx \hat{L}_{ab} \cos\gamma \tag{3.15}
$$

mit

$$
\hat{L}_{ab} = \frac{4}{\pi^2} \mu_0 w_a w_b \frac{l\tau_p}{p\delta''} .
$$

Der genaue Ausdruck der Wechselinduktivität $L_{ab}(\gamma)$ kann auch nach (3.12) punktweise durch Integration des Produkts der in Abb. 3.2 veranschaulichten Rechteckfunktionen für verschiedene Werte des Positionswinkels γ ermittelt werden. Man

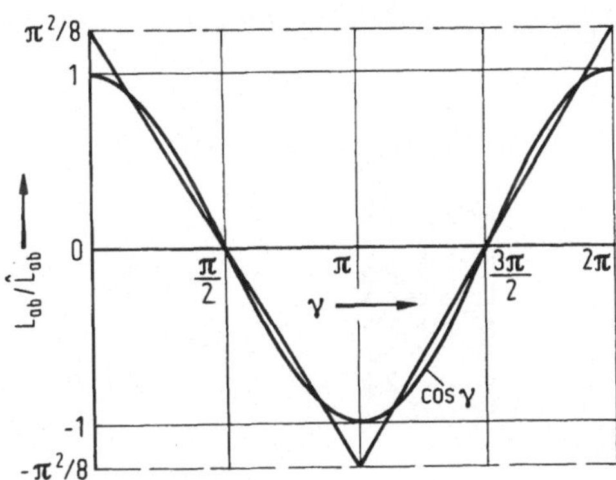

Abb. 3.6 Wechselinduktivität zwischen zwei Durchmesserspulen

erhält dann die in Abb. 3.6 zusammen mit der Näherung (3.15) dargestellte Dreieckfunktion mit dem Extremwert

$$L_{ab\,max} = \frac{1}{2}\,\mu_0\, w_a\, w_b\, \frac{l\,\tau_p}{p\,\delta''} \quad .$$

Das Verhältnis der Amplitude der 1. Harmonischen (3.15) zu diesem Extremwert ist

$$\frac{\hat{L}_{ab}}{L_{ab\,max}} = \frac{8}{\pi^2} \quad .$$

Maximale Kopplung oder Gegenkopplung der beiden Durchmesserspulen in Abb. 3.1 liegt also vor, wenn ihre Achsen den Winkel $\gamma=0$ oder $\gamma=\pi$ bilden. Vollständig entkoppelt sind sie, wenn der Winkel zwischen ihren Achsen $\gamma=\pi/2$ oder $\gamma=3\pi/2$ beträgt.

Im folgenden wird näher auf die Berechnung der Luftspaltfeldinduktivitäten symmetrischer dreisträngiger Zweischichtwicklungen eingegangen. Es handelt sich dabei um die bei Drehstrommaschinen am häufigsten verwendete Wicklungsart. Wie später noch gezeigt wird, dienen solche Wicklungen bei Speisung mit einem symmetrischen Drehstromsystem zur Erzeugung von "Drehfeldern". Sie setzen einen gleichmäßig genuteten Stator oder Rotor mit zylindrischer Mantelfläche voraus. Jede Nut enthält eine zur Oberschicht und eine zur Unterschicht gehörende Spulenseite, die beide die gleiche Zahl von Leitern besitzen (Abb. 3.7). Die zu einem Polpaar gehörenden N/p Spulenseiten der Oberschicht O oder der Unterschicht U werden gemäß Abb. 3.8 symmetrisch auf die drei Wicklungsstränge P1, P2, P3 verteilt. Jede der sechs Zonen der Ober- oder der Unterschicht eines Polpaars besteht dann aus $q = N/2pm$ = ganz Nuten, wobei die Strangzahl $m = 3$ ist. Zur Unterdrückung bestimmter höherer Harmonischer in den Felderregerkurven der Wicklungsstränge wird die Wicklung **gesehnt**, d. h. der Zonenplan der Unterschicht ist gegenüber dem der Oberschicht um τ_p-s verschoben, wobei diese Verschiebung ein ganzzahliges Vielfaches der

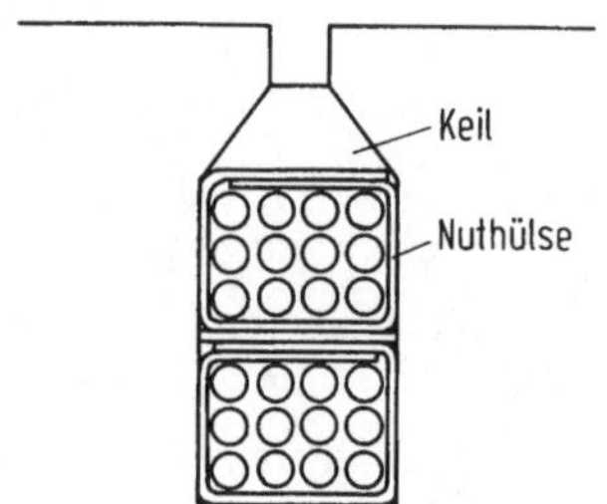

Abb. 3.7 Nut einer Zweischichtwicklung

Nutteilung τ_n sein muß, für die

$$\tau_n = \frac{2p\ \tau_p}{N} \tag{3.16}$$

mit der Polteilung τ_p nach (3.3) gilt. Sämtliche Spulenseiten werden so zu Spulen der Weite s zusammengefaßt, daß jede Spule aus einer Spulenseite der Oberschicht und einer der Unterschicht besteht. In Abb. 3.8 ist der Wicklungsstrang P1 für ein Polpaar in der Abwicklung dargestellt, wobei die Leiter der Oberschicht dick und die der Unterschicht dünn ausgezogen sind. Abb. 3.8 enthält außerdem die Strombeläge der Oberschicht und der Unterschicht des Strangs P1, sowie die daraus gemäß (3.7) unter Annahme π-periodischen Luftspaltverlaufs ermittelte Felderregerkurve des Strangs P1. Die Integrale der Strombelags-Impulsfunktionen der beiden Schichten sind gleich der einer Spulenseite entsprechenden Durchflutung

$$\Theta_{P1,u} = \Theta_{P1,o} = \frac{wm}{N}\, i_{P1} = \frac{w}{2pq}\, i_{P1} \quad , \tag{3.17}$$

wobei w die Zahl der in Reihe geschalteten Windungen eines Strangs ist.

Symmetrie der Wicklung bedeutet, daß sich der Strombelag und die Felderregerkurve des Strangs P2 bzw. P3 bei gleichem Strangstrom durch Verschieben der entsprechenden Kurven des Stranges P1 um $2\pi/3$ bzw. $4\pi/3$ ergeben.

Für den Fall, daß zur Verbesserung des Drehmomentverhaltens eine Nutschrägung um den elektrischen Winkel

$$2\rho = b_s \frac{\pi}{\tau_p}$$

mit b_s als geometrischer Schrägung vorliegt (Abb. 3.5), folgt mit y als axialer Koordinate für die Felderregerkurve des Strangs P1 die Fourieranalyse [6, S. 126 bis 134]

$$v_{P1}(\alpha, y, t) = i_{P1}(t) \frac{2w}{p\pi} \sum_{\lambda=1}^{\lambda=\infty} \frac{1}{\lambda} \xi_\lambda \cos\lambda(\alpha - p\frac{y}{1/2} - \gamma_{P1}) \quad . \tag{3.18}$$

Dabei ist ξ_λ der sog. Wicklungsfaktor

$$\xi_\lambda = \frac{\sin(\lambda q \alpha_n/2)}{q \sin(\lambda \alpha_n/2)} \sin(\lambda \frac{\pi}{2} \frac{s}{\tau_p}) \sin^2(\lambda \frac{\pi}{2}) \tag{3.19}$$

mit dem elektrischen Nutenwinkel α_n, dem der Nutteilung τ_n nach (3.16) entspre-

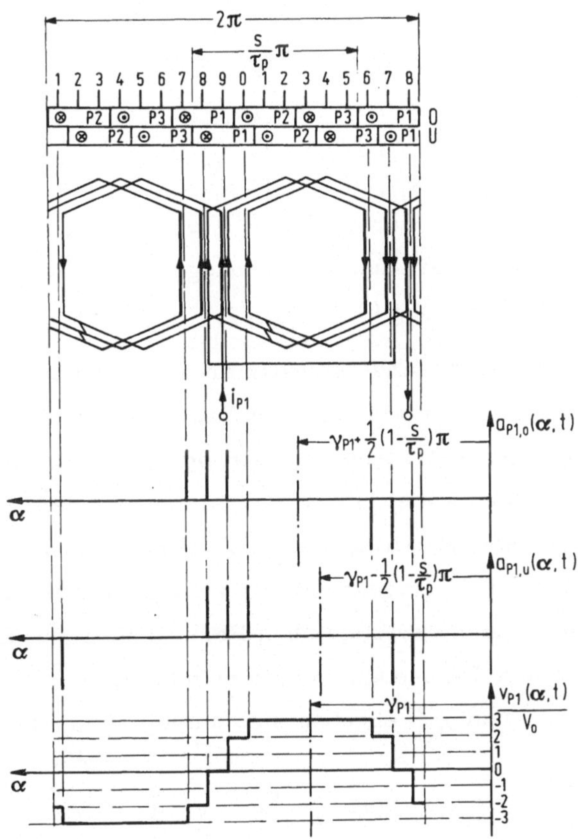

Abb. 3.8 Dreisträngige gesehnte Zweischichtwicklung mit der Felderregerkurve eines Strangs ($N = 18$, $p = 1$, $q = 3$, $s/\tau_p = 8/9$, Bezugsgröße $V_0 = i_{P1}\, w/2pq$)

chenden elektrischen Winkel:

$$\alpha_n = \frac{\pi}{qm} \quad .$$

Die Felderregerkurve v_{P1} enthält, da ξ_λ nach (3.19) für gerade Werte von λ verschwindet, nur Harmonische ungeradzahliger Ordnung. Durch Beschränkung auf die 1. Harmonische (λ=1) erhält man aus (3.18) die Näherung

$$v_{P1}(\alpha, y, t) \approx i_{P1}(t) \frac{2\, w \xi_1}{p\pi} \cos(\alpha - p\frac{y}{1/2} - \gamma_{P1}) \quad . \tag{3.20}$$

Ein Vergleich mit (3.11) bzw. (3.13) zeigt, daß die sog. wirksame Windungszahl $w\xi_1$ des Wicklungsstrangs P1 der Windungszahl einer Durchmesserspule entspricht, deren Felderregerkurve die gleiche 1. Harmonische enthält wie die des Wicklungsstrangs P1.

Nach (3.19) kann die Sehnung s/τ_p so gewählt werden, daß auch eine bestimmte ungeradzahlige Harmonische der Felderregerkurve verschwindet. Die Bedingung hierfür lautet

$$\frac{s}{\tau_p} = \frac{2g}{\lambda} \quad ; \qquad g = \text{ganz} \quad .$$

Mit der Forderung $s < \tau_p$ resultiert daraus für $\lambda = 3$ $s/\tau_p = 2/3$, für $\lambda = 5$ $s/\tau_p = 4/5$ und für $\lambda = 7$ $s/\tau_p = 6/7$. Realisierbar sind nur Sehnungen mit Spulenweiten s, die ein ganzzahliges Vielfaches der Nutteilung (3.16) sind.

Im folgenden soll die Luftspaltfeldwechselinduktivität zwischen zwei Wicklungssträngen a und b ermittelt werden, die im allgemeinen Fall zwei mit den Indizes P und Q bezeichneten verschiedenen symmetrischen dreisträngigen Zweischichtwicklungen gleicher Polpaarzahl angehören, wobei sich z. B. die eine auf dem Stator und die andere auf dem Rotor einer Maschine mit konstantem Ersatzluftspalt δ'' befindet. In Abb. 3.9 ist die relative Lage der beiden Wicklungsstränge durch die Positionswinkel ihrer Strangachsen relativ zu einer willkürlichen Bezugsachse gekennzeichnet. Die Felderregerkurven der Stränge Pa und Qb und die gemäß (3.11) definierten stromunabhängigen Funktionen g_{Pa} und g_{Qb} ergeben sich analog zu (3.18):

$$g_{Pa}(\alpha, y, t) = \frac{2w_P}{p\pi} \sum_{\lambda=1}^{\lambda=\infty} \frac{1}{\lambda} \xi_{P\lambda} \cos\lambda(\alpha - p_P \frac{y}{1/2} - \gamma_{Pa}) \quad , \tag{3.21}$$

$$g_{Qb}(\alpha, y, t) = \frac{2w_Q}{p\pi} \sum_{\mu=1}^{\mu=\infty} \frac{1}{\mu} \xi_{Q\mu} \cos\mu(\alpha - p_Q \frac{y}{1/2} - \gamma_{Qb}) \quad . \tag{3.22}$$

Die beiden Wicklungsfaktoren $\xi_{P\lambda}$ und $\xi_{Q\mu}$ sind durch (3.19) definiert, wobei die Größen q, s und α_n mit dem das Wicklungssystem kennzeichnenden Index P oder Q zu versehen sind. Gehören die beiden Stränge ein und derselben Zweischichtwicklung an, dann ist Q durch P oder umgekehrt zu ersetzen.

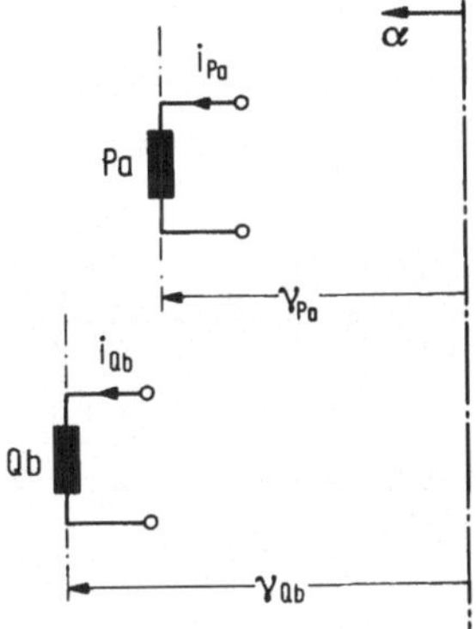

Abb. 3.9 Zur Berechnung der Wechselinduktivität zwischen zwei Wicklungssträngen

Mit (3.21) und (3.22) folgt dann bei $\delta'' = \text{const}$ aus (3.12a) für die gesuchte Wechselinduktivität

$$L_{Pa,Qb} = \frac{4\mu_0\, l\, \tau_p\, w_P\, w_Q}{\pi^2\, p\, \delta''} \sum_{\nu=1}^{\nu=\infty} \frac{1}{\nu^2}\, \xi_{P\nu}\, \xi_{Q\nu}\, \chi_\nu \cos\nu(\gamma_{Pa} - \gamma_{Qb}) \tag{3.23}$$

mit dem Schrägungsfaktor

$$\chi_\nu = \frac{\sin\nu(\rho_P - \rho_Q)}{\nu(\rho_P - \rho_Q)} \quad . \tag{3.24}$$

Liegt keine Schrägung vor oder sind Stator und Rotor um den gleichen Winkel im gleichen Sinn geschrägt, dann wird der Schrägungsfaktor $\chi_\nu = 1$. In der Praxis schrägt man entweder den Rotor um etwa eine Statornutteilung oder den Stator um etwa eine Rotornutteilung. Wählt man z.B. $2\rho_P = \alpha_{nQ}$ und $\rho_Q = 0$, dann verschwinden nach (3.24) mit

$$\nu \frac{1}{2} \alpha_{nQ} = g\pi \quad ; \qquad g = 1, 2, 3, \ldots\ldots$$

diejenigen Harmonischen der Wechselinduktivität (3.23), für die

$$\nu = g \frac{N_Q}{p} \quad ; \qquad g = 1, 2, 3, \ldots\ldots$$

gilt.

Die Wechselinduktivität zwischen zwei Strängen derselben symmetrischen Zweischichtwicklung P wird, wenn man in (3.23) und (3.24) Q durch P ersetzt,

$$L_{Pab} = \frac{4\,\mu_0\,l\,\tau_p\,w_P^2}{\pi^2\,p\,\delta''}\sum_{\nu=1}^{\nu=\infty}\frac{1}{\nu^2}\,\xi_{P\nu}^2\cos\nu(\gamma_{Pa}-\gamma_{Pb}) \quad , \tag{3.25}$$

wobei $(\gamma_{Pa}-\gamma_{Pb})$ zeitlich konstant ist. Für b=a erhält man daraus die Luftspaltfeldeigeninduktivität eines Strangs

$$L_{Paa} = \frac{4\,\mu_0\,l\,\tau_p\,w_P^2}{\pi^2\,p\,\delta''}\sum_{\nu=1}^{\nu=\infty}\frac{1}{\nu^2}\,\xi_{P\nu}^2 \quad . \tag{3.26}$$

Für den Fall, daß $(\gamma_{Pa}-\gamma_{Qb})$ zeitabhängig ist, beschränkt man sich häufig zur Vereinfachung der Rechnung auf die 1. Harmonische der Wechselinduktivität (3.23) als Näherung:

$$L_{Pa,Qb} \approx \frac{4\,\mu_0\,l\,\tau_p}{\pi^2\,p\,\delta''}\,w_P\,\xi_{P1}\,w_Q\,\xi_{Q1}\,\chi_1\cos(\gamma_{Pa}-\gamma_{Qb}) \tag{3.27}$$

Der Verzicht auf die Berücksichtigung der höheren Harmonischen bei den zeitabhängigen Wechselinduktivitäten ist bei den meisten Maschinen Bedingung dafür, daß durch eine Transformation, wie im Abschnitt 2.2 formal erläutert, die Zeitinvarianz der Induktivitätsmatrix erreicht werden kann.

3.2 Berechnung von Nutfeldinduktivitäten

Durch die Luftspaltfeldinduktivitäten wird die Induktionswirkung des Luftspaltfelds der einzelnen Spulen oder Wicklungsstränge einer Maschine erfaßt. Ihrer Berechnung lag ein Modell zugrunde, bei dem die Durchflutungen auf den glatt (ungenutet) angenommenen Mantelflächen des Stators oder Rotors als Strombeläge konzentriert sind. In diesem Modell ist also die Wirkung der in der wirklichen Maschine vorhandenen Nutfelder ebenso unberücksichtigt geblieben wie die Wirkung der durch die Stirnverbindungen der Spulen verursachten Felder. Im folgenden werden die Nutfeldinduktivitäten symmetrischer dreisträngiger Zweischichtwicklungen ermittelt, für deren Sehnung die praktisch immer erfüllte Bedingung

$$2/3 \leqq s/\tau_p \leqq 1$$

gilt. Die mit S bezeichneten Nutfeldinduktivitäten werden für den Fall, daß keine Stromverdrängungseffekte in den Leitern auftreten, gemäß (2.9) über die in den

Nuten des Wicklungssystems P gespeicherte magnetische Energie definiert:

$$W_{mn} = \frac{1}{2} \begin{bmatrix} i_{P1} & i_{P2} & i_{P3} \end{bmatrix} \cdot \begin{bmatrix} S_{11} & S_{12} & S_{13} \\ S_{12} & S_{22} & S_{23} \\ S_{13} & S_{23} & S_{33} \end{bmatrix} \cdot \begin{bmatrix} i_{P1} \\ i_{P2} \\ i_{P3} \end{bmatrix} ,$$

woraus folgt

$$W_{mn} = \frac{1}{2}(S_{11}\, i_{P1}^2 + S_{22}\, i_{P2}^2 + S_{33}\, i_{P3}^2 + 2\,S_{12}\, i_{P1}\, i_{P2} + 2\,S_{13}\, i_{P1}\, i_{P3} + 2\,S_{23}\, i_{P2}\, i_{P3}) \,. \tag{3.28}$$

Die magnetische Energie in den Nuten wird außerdem gemäß (3.1) aus den Nutabmessungen und dem Verlauf des magnetischen Feldes in den Nuten ermittelt. Durch Vergleich mit (3.28) gewinnt man dann die einzelnen Induktivitäten. Zunächst wird die magnetische Energie in einer Nut der Zweischichtwicklung berechnet (Abb. 3.10). Der Leiterstrom der Oberschicht sei i_o, der der Unterschicht i_u. Beide Spulenseiten besitzen nach (3.17) $z_n/2 = wm/N$ Leiter. Die Durchflutung wird über den Spulenseitenquerschnitt gleichmäßig verteilt angenommen (keine Stromverdrängung). Vernachlässigt man die magnetische Feldstärke oder Spannung im Eisen, dann erhält man mit Hilfe des Durchflutungsgesetzes für die senk-

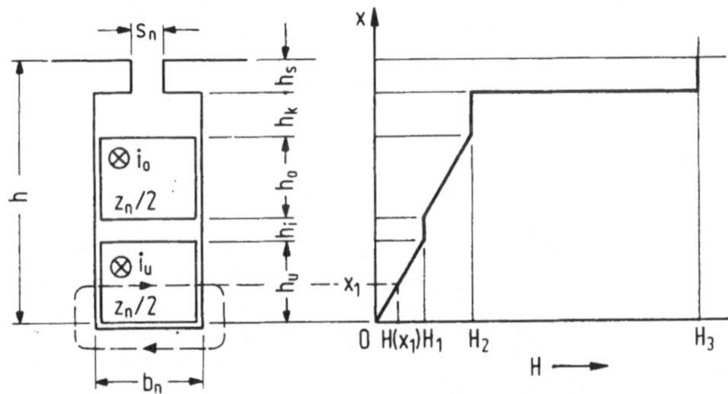

Abb. 3.10 Magnetische Feldstärke in der Nut einer Zweischichtwicklung

recht zur Nutflanke gerichtete Feldstärke H(x) in der Nut den in Abb. 3.10 dargestellten Verlauf. Für den eingezeichneten Umlauf an der Stelle x_1 liefert das Durchflutungsgesetz

$$H(x_1)\, b_n = \frac{1}{2} z_n\, i_u\, x_1 \frac{1}{h_u} \quad .$$

Mit dieser Querkomponente der Feldstärke wird das Nutfeld genügend genau beschrieben. Die in Abb. 3.10 angegebenen Feldstärkewerte sind dann

$$H_1 = \frac{1}{2} z_n i_u \frac{1}{b_n} ,$$

$$H_2 = \frac{1}{2} z_n (i_u + i_o) \frac{1}{b_n} ,$$

$$H_3 = \frac{1}{2} z_n (i_u + i_o) \frac{1}{s_n} .$$

Die magnetische Energie einer Nut berechnet sich dann gemäß (3. 1) zu

$$W_{m1} = \frac{1}{2} \mu_0 l \left(b_n \int_{x=0}^{x=h-h_s} H^2 \, dx + s_n \int_{x=h-h_s}^{x=h_s} H^2 \, dx\right) .$$

Führt man die Integration abschnittsweise durch, dann erhält man

$$W_{m1} = \frac{1}{8} \mu_0 l z_n^2 (\lambda_{nu} i_u^2 + 2 \lambda_{nou} i_u i_o + \lambda_{no} i_o^2)$$

mit

$$\lambda_{nu} = \frac{h_u}{3 b_n} + \frac{h_i + h_o + h_k}{b_n} + \frac{h_s}{s_n} ,$$

$$\lambda_{nou} = \frac{h_o}{2 b_n} + \frac{h_k}{b_n} + \frac{h_s}{s_n} , \qquad (3.29)$$

$$\lambda_{no} = \frac{h_o}{3 b_n} + \frac{h_k}{b_n} + \frac{h_s}{s_n} .$$

Um die Energie aller Nuten ermitteln zu können, muß die Belegung der einzelnen Nuten durch die einzelnen Stränge in Abhängigkeit von der Sehnung ermittelt werden. Sie wird in Tab. 3. 1 wiedergegeben.

Für die in Abb. 3. 8 dargestellte Zweischichtwicklung wird mit $s/\tau_p = 8/9$ und $N = 18$:

$$N\left(\frac{s}{\tau_p} - \frac{2}{3}\right) = 4 , \qquad N\left(1 - \frac{s}{\tau_p}\right) = 2 .$$

Summiert man gemäß Tab. 3. 1 die magnetischen Energien W_{m1} sämtlicher N Nuten, dann erhält man

$$W_{mn} = \frac{1}{8}\mu_0 \, l \, z_n^2 N \left\{ \left[\frac{1}{3}(\lambda_{nu} + \lambda_{no}) + \left(\frac{s}{\tau_p} - \frac{2}{3}\right) 2\lambda_{nou}\right](i_{P1}^2 + i_{P2}^2 + i_{P3}^2) - \left(1 - \frac{s}{\tau_p}\right) 2\lambda_{nou}(i_{P1} i_{P2} + i_{P2} i_{P3} + i_{P3} i_{P1})\right\} . \tag{3.30}$$

Tabelle 3.1

Nutenzahl pro Strang		$N(\frac{s}{\tau_p} - \frac{2}{3})$	$N(1 - \frac{s}{\tau_p})$
Strang P1 O	i_o	$\pm i_{P1}$	$\pm i_{P1}$
	i_u	$\pm i_{P1}$	$\mp i_{P3}$
Strang P2 O	i_o	$\pm i_{P2}$	$\pm i_{P2}$
	i_u	$\pm i_{P2}$	$\mp i_{P1}$
Strang P3 O	i_o	$\pm i_{P3}$	$\pm i_{P3}$
	i_u	$\pm i_{P3}$	$\mp i_{P2}$

Der Vergleich der Ausdrücke (3.28) und (3.30) liefert dann die gesuchten Nutfeldinduktivitäten

$$S_{ii} = 3\mu_0 \, l \, \frac{w^2}{N}\left[\lambda_{nu} + \lambda_{no} + 3\left(\frac{s}{\tau_p} - \frac{2}{3}\right) 2\lambda_{nou}\right] , \tag{3.31}$$

$$S_{ik} = -3\mu_0 \, l \, \frac{w^2}{N} \, 3\left(1 - \frac{s}{\tau_p}\right) \lambda_{nou} \tag{3.32}$$

mit i, k = 1, 2, 3. Sowohl die Nutfeldeigeninduktivitäten S_{ii} der drei Stränge als auch die Nutfeldwechselinduktivitäten S_{ik} sind untereinander gleich. Die Nutfeldinduktivitätsmatrix einer dreisträngigen symmetrischen Zweischichtwicklung hat somit die Form

$$(L_n) = \begin{array}{|c|c|c|} \hline S_{ii} & S_{ik} & S_{ik} \\ \hline S_{ik} & S_{ii} & S_{ik} \\ \hline S_{ik} & S_{ik} & S_{ii} \\ \hline \end{array} . \tag{3.33}$$

Die Ermittlung der Faktoren λ_{nu}, λ_{nou} und λ_{no} für andere Nutformen ist der Literatur zu entnehmen [6, S. 266 bis 273].

Auf die Berechnung der Stirnfeldinduktivitäten wird hier verzichtet, da diese quantitativ meist von untergeordneter Bedeutung sind. Normalerweise berücksichtigt man nur die Stirnfeldeigeninduktivitäten, was einem Zuschlag zu S_{ii} in (3. 33) gleichkommt [6, S. 279 bis 291].

4. Drehstromasynchronmaschine

4.1 Drehstromasynchronmaschine mit Schleifringläufer (Systemanalyse)

Die Statoren von Drehstromasynchronmaschinen sind mit Drehstromwicklungen, meist dreisträngigen symmetrischen Zweischichtwicklungen, ausgestattet, die von einem vorhandenen Drehspannungssystem gespeist werden. Der Luftspalt ist konstant und der Rotor besitzt im Fall der Schleifringläufermaschine eine an Schleifringe angeschlossene dreisträngige Wicklung wie der Stator oder im Fall der Käfigläufermaschine eine mehrsträngige kurzgeschlossene von außen unzugängliche Käfigwicklung. Die Schleifringwicklung wird entweder ebenfalls kurzgeschlossen (eventuell über äußere Widerstände) oder an eine zweite Spannungsquelle angeschlossen (doppeltgespeiste Maschine, Maschinen- oder Stromrichterkaskade [8]). Asynchronmaschinen werden normalerweise als Motoren eingesetzt; selbständiger Generatorbetrieb (ohne führendes Netz) ist nicht möglich.

Zunächst sollen die allgemeinen Systemgleichungen einer Schleifringläufermaschine ermittelt werden. Diese werden später gemäß Abschn. 2.2 einer zweckmäßigen Transformation unterworfen und danach auf interessante Betriebszustände der Maschine zugeschnitten. Das der Systemanalyse zugrunde liegende Maschinenmodell ist in zweipoliger Ausführung Abb. 4.1 zu entnehmen. Dort sind die Positionswinkel der Achsen sämtlicher Wicklungsstränge des Stators (Index S) und des Rotors (Index R) gegenüber einer willkürlichen Bezugsachse angegeben. Zusätzlich zu den bereits bei der Berechnung der Induktivitäten getroffenen Annahmen wird noch vorausgesetzt, daß die Systemparameter temperaturunabhängig sind und keine Stromverdrängungseffekte auftreten. Den konstant angenommenen Ersatzluftspalt δ'' erhält man, indem man den geometrischen Luftspalt δ mit dem die Nutung erfassenden Carterschen Faktor und mit einem die magnetische Spannung im Eisen pauschal berücksichtigenden Faktor multipliziert [6, S. 165 bis 184]. Es gilt näherungsweise für Drehstromasynchronmaschinen normaler Bauart:

$$\delta'' \approx (1,4 \text{ bis } 1,8)\,\delta \quad .$$

In Hypermatrizenschreibweise lautet das Spannungsgleichungssystem der Asyn-

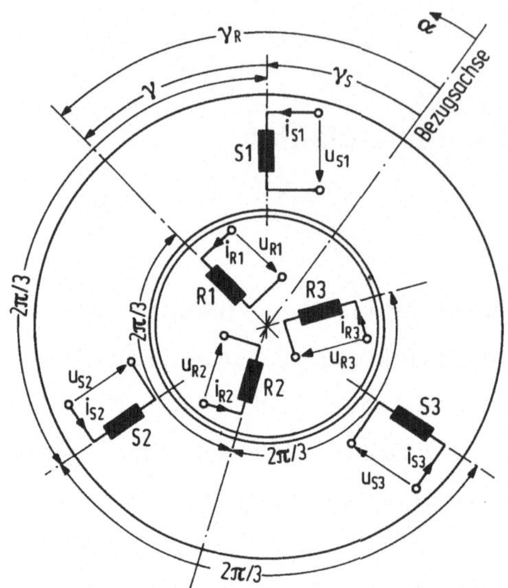

Abb. 4.1 Zweipoliges Modell einer Drehstromasynchronmaschine mit Schleifringläufer

chronmaschine gemäß (2.1) und (2.2)

$$\begin{array}{|c|}\hline (u_S) \\ \hline (u_R) \\ \hline \end{array} = \begin{array}{|c|c|}\hline (R_S) & \\ \hline & (R_R) \\ \hline \end{array} \cdot \begin{array}{|c|}\hline (i_S) \\ \hline (i_R) \\ \hline \end{array} + \frac{d}{dt}\left\{ \begin{array}{|c|c|}\hline (L_{SS})+(S_S) & (L_{SR}) \\ \hline (L_{SR})' & (L_{RR})+(S_R) \\ \hline \end{array} \cdot \begin{array}{|c|}\hline (i_S) \\ \hline (i_R) \\ \hline \end{array} \right\} . \quad (4.1)$$

Für die Spannungs- und Stromvektoren gilt

$$(u_S) = \begin{array}{|c|}\hline u_{S1} \\ \hline u_{S2} \\ \hline u_{S3} \\ \hline \end{array} , \quad (u_R) = \begin{array}{|c|}\hline u_{R1} \\ \hline u_{R2} \\ \hline u_{R3} \\ \hline \end{array} , \quad (i_S) = \begin{array}{|c|}\hline i_{S1} \\ \hline i_{S2} \\ \hline i_{S3} \\ \hline \end{array} , \quad (i_R) = \begin{array}{|c|}\hline i_{R1} \\ \hline i_{R2} \\ \hline i_{R3} \\ \hline \end{array} \quad . \qquad (4.2)$$

Die Widerstandsmatrizen sind Diagonalmatrizen mit den Strangwiderständen R_S oder R_R als Diagonalelementen

$$(R_S) = \begin{array}{|c|c|c|}\hline R_S & & \\ \hline & R_S & \\ \hline & & R_S \\ \hline \end{array} , \qquad (R_R) = \begin{array}{|c|c|c|}\hline R_R & & \\ \hline & R_R & \\ \hline & & R_R \\ \hline \end{array} \quad . \qquad (4.3)$$

Die Luftspaltfeldinduktivitäten der Statorstränge oder der Rotorstränge unter sich erhält man mit Hilfe der Beziehungen (3.25) und (3.26) mit den Indizes P = S oder

$P = R$ und $a, b = 1, 2, 3$ sowie den Positionswinkeln nach Abb. 4.1:

$$(L_{SS}) = L_S \begin{pmatrix} 1+\sigma_{Sii} & -\frac{1}{2}+\sigma_{Sik} & -\frac{1}{2}+\sigma_{Sik} \\ -\frac{1}{2}+\sigma_{Sik} & 1+\sigma_{Sii} & -\frac{1}{2}+\sigma_{Sik} \\ -\frac{1}{2}+\sigma_{Sik} & -\frac{1}{2}+\sigma_{Sik} & 1+\sigma_{Sii} \end{pmatrix}$$

$$(L_{RR}) = L_R \begin{pmatrix} 1+\sigma_{Rii} & -\frac{1}{2}+\sigma_{Rik} & -\frac{1}{2}+\sigma_{Rik} \\ -\frac{1}{2}+\sigma_{Rik} & 1+\sigma_{Rii} & -\frac{1}{2}+\sigma_{Rik} \\ -\frac{1}{2}+\sigma_{Rik} & -\frac{1}{2}+\sigma_{Rik} & 1+\sigma_{Rii} \end{pmatrix} \qquad (4.4)$$

mit

$$L_S = \frac{4\,\mu_0\, l\, \tau_p}{\pi^2\, p\, \delta''}(w_S\, \xi_{S1})^2, \qquad L_R = \frac{4\,\mu_0\, l\, \tau_p}{\pi^2\, p\, \delta''}(w_R\, \xi_{R1})^2 \qquad (4.5)$$

und

$$\sigma_{Sii} = \sum_{\nu=2}^{\infty}\left(\frac{\xi_{S\nu}}{\nu\xi_{S1}}\right)^2, \qquad \sigma_{Rii} = \sum_{\nu=2}^{\infty}\left(\frac{\xi_{R\nu}}{\nu\xi_{R1}}\right)^2 \qquad (4.6)$$

$$\sigma_{Sik} = \sum_{\nu=2}^{\infty}\left(\frac{\xi_{S\nu}}{\nu\xi_{S1}}\right)^2 \cos\nu\frac{2\pi}{3}, \qquad \sigma_{Rik} = \sum_{\nu=2}^{\infty}\left(\frac{\xi_{R\nu}}{\nu\xi_{R1}}\right)^2 \cos\nu\frac{2\pi}{3} \qquad (4.7)$$

wobei die Wicklungsfaktoren $\xi_{S\nu}$ und $\xi_{R\nu}$ durch (3.19) definiert sind. In den Koeffizienten σ steckt der Einfluß der höheren Harmonischen ($\nu > 1$).

Bei den Luftspaltfeldwechselinduktivitäten zwischen den Statorsträngen und den Rotorsträngen beschränkt man sich wegen deren Abhängigkeit vom Rotorpositionswinkel γ auf die 1. Harmonische. Aus (3.27) folgt dann mit $P = S$, $Q = R$ und $a, b = 1, 2, 3$ sowie den Positionswinkeln nach Abb. 4.1 die Wechselinduktivitätsmatrix

$$(L_{SR}) = L_{SR} \begin{pmatrix} \cos\gamma & \cos(\gamma+\frac{2\pi}{3}) & \cos(\gamma+\frac{4\pi}{3}) \\ \cos(\gamma+\frac{4\pi}{3}) & \cos\gamma & \cos(\gamma+\frac{2\pi}{3}) \\ \cos(\gamma+\frac{2\pi}{3}) & \cos(\gamma+\frac{4\pi}{3}) & \cos\gamma \end{pmatrix} \qquad (4.8)$$

mit

$$L_{SR} = \frac{4\,\mu_0\, l\, \tau_p}{\pi^2\, p\, \delta''}\, w_S\, \xi_{S1}\, w_R\, \xi_{R1}\, \chi_1 \;.$$

Die Nutfeld- und Stirnfeldinduktivitäten der Statorstränge und der Rotorstränge können gemäß (3. 33) angesetzt werden, wobei die Elemente der Nutfeldinduktivitäten nach (3. 31), (3. 32) zu ermitteln sind:

$$(S_S) = \begin{bmatrix} S_{Sii} & S_{Sik} & S_{Sik} \\ S_{Sik} & S_{Sii} & S_{Sik} \\ S_{Sik} & S_{Sik} & S_{Sii} \end{bmatrix}, \qquad (S_R) = \begin{bmatrix} S_{Rii} & S_{Rik} & S_{Rik} \\ S_{Rik} & S_{Rii} & S_{Rik} \\ S_{Rik} & S_{Rik} & S_{Rii} \end{bmatrix} \;. \tag{4. 9}$$

Wegen der Symmetrieeigenschaften der Wicklungssysteme sind die Koeffizientenmatrizen (4. 4) und (4. 9) zyklisch und symmetrisch, während (4. 8) nur zyklisch ist. Zusammen mit der nach (2. 11) ermittelten Beziehung für das *innere Drehmoment*,

$$M_{i1} = p\,(i_S)'\,\frac{d(L_{SR})}{d\gamma}\,(i_R) \quad , \tag{4. 10}$$

ist das Verhalten des der Berechnung zugrunde liegenden Maschinenmodells, wie in Abschn. 2. 1 erläutert, durch das Spannungsgleichungssystem (4. 1) und die mechanische Gleichung (1. 6) vollständig beschrieben.

Um die Koeffizientenmatrizen (4. 4), (4. 8), (4. 9) in Diagonalform zu überführen und um die Winkelabhängigkeit der Induktivitätsmatrix zu beseitigen, wird gemäß Abschn. 2. 2 folgende leistungsinvariante Transformation der Variablen durchgeführt:

$$\begin{bmatrix} (u_S) \\ (u_R) \end{bmatrix} = \begin{bmatrix} (C_S) & \\ & \frac{1}{ü}(C_R) \end{bmatrix} \cdot \begin{bmatrix} (\underline{u}_S) \\ (\underline{u}'_R) \end{bmatrix}, \qquad \begin{bmatrix} (i_S) \\ (i_R) \end{bmatrix} = \begin{bmatrix} (C_S) & \\ & ü(C_R) \end{bmatrix} \cdot \begin{bmatrix} (\underline{i}_S) \\ (\underline{i}'_R) \end{bmatrix} \tag{4. 11}$$

mit den unitären Transformationsmatrizen

$$(C_S) = \frac{1}{\sqrt{3}} \begin{bmatrix} 1 & 1 & 1 \\ \underline{a}^2 & \underline{a} & 1 \\ \underline{a} & \underline{a}^2 & 1 \end{bmatrix} \cdot \begin{bmatrix} e^{-j\gamma_S} & & \\ & e^{j\gamma_S} & \\ & & 1 \end{bmatrix} \;, \tag{4. 12}$$

$$(C_R) = \frac{1}{\sqrt{3}} \begin{pmatrix} 1 & 1 & 1 \\ \underline{a}^2 & \underline{a} & 1 \\ \underline{a} & \underline{a}^2 & 1 \end{pmatrix} \cdot \begin{pmatrix} e^{-j\gamma_R} & & \\ & e^{j\gamma_R} & \\ & & 1 \end{pmatrix} , \tag{4.13}$$

wobei nach Abb. 4.1 die Winkelbeziehung

$$\gamma_R = \gamma_S + \gamma \tag{4.14}$$

gilt und für das Übersetzungsverhältnis

$$ü = \frac{w_S \; \xi_{S1}}{w_R \; \xi_{R1}} \quad . \tag{4.15}$$

Die Inversion der Transformationsbeziehungen (4.11) lautet

$$\begin{pmatrix} (\underline{u}_S) \\ (\underline{u}'_R) \end{pmatrix} = \begin{pmatrix} (C_S)^{*\prime} & \\ & ü(C_R)^{*\prime} \end{pmatrix} \cdot \begin{pmatrix} (u_S) \\ (u_R) \end{pmatrix} , \quad \begin{pmatrix} (\underline{i}_S) \\ (\underline{i}'_R) \end{pmatrix} = \begin{pmatrix} (C_S)^{*\prime} & \\ & \frac{1}{ü}(C_R)^{*\prime} \end{pmatrix} \cdot \begin{pmatrix} (i_S) \\ (i_R) \end{pmatrix} \tag{4.16}$$

mit den transformierten Spannungs- und Stromvektoren

$$(\underline{u}_S) = \begin{pmatrix} \underline{u}_{S1} \\ \underline{u}^*_{S1} \\ u_{S0} \end{pmatrix} , \quad (\underline{u}'_R) = \begin{pmatrix} \underline{u}'_{R1} \\ \underline{u}'^*_{R1} \\ u'_{R0} \end{pmatrix} , \quad (\underline{i}_S) = \begin{pmatrix} \underline{i}_{S1} \\ \underline{i}^*_{S1} \\ i_{S0} \end{pmatrix} , \quad (\underline{i}'_R) = \begin{pmatrix} \underline{i}'_{R1} \\ \underline{i}'^*_{R1} \\ i'_{R0} \end{pmatrix} . \tag{4.17}$$

Die mit 1 indizierten komplexen Variablen werden häufig als "R a u m z e i g e r" und die mit 0 indizierten reellen Variablen als "N u l l k o m p o n e n t e n" bezeichnet.

Wendet man die Transformation (4.11) auf das reelle System (4.1) an, dann erhält man ein komplexes System der Form (2.18)

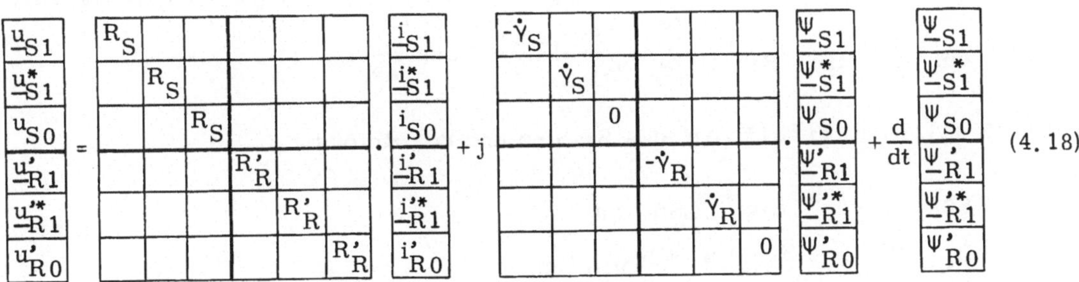

$$\begin{pmatrix} \underline{u}_{S1} \\ \underline{u}^*_{S1} \\ u_{S0} \\ \underline{u}'_{R1} \\ \underline{u}'^*_{R1} \\ u'_{R0} \end{pmatrix} = \begin{pmatrix} R_S &&&&& \\ & R_S &&&& \\ && R_S &&& \\ &&& R'_R && \\ &&&& R'_R & \\ &&&&& R'_R \end{pmatrix} \cdot \begin{pmatrix} \underline{i}_{S1} \\ \underline{i}^*_{S1} \\ i_{S0} \\ \underline{i}'_{R1} \\ \underline{i}'^*_{R1} \\ i'_{R0} \end{pmatrix} + j \begin{pmatrix} -\dot\gamma_S &&&&& \\ & \dot\gamma_S &&&& \\ && 0 &&& \\ &&& -\dot\gamma_R && \\ &&&& \dot\gamma_R & \\ &&&&& 0 \end{pmatrix} \cdot \begin{pmatrix} \underline{\Psi}_{S1} \\ \underline{\Psi}^*_{S1} \\ \Psi_{S0} \\ \underline{\Psi}'_{R1} \\ \underline{\Psi}'^*_{R1} \\ \Psi'_{R0} \end{pmatrix} + \frac{d}{dt} \begin{pmatrix} \underline{\Psi}_{S1} \\ \underline{\Psi}^*_{S1} \\ \Psi_{S0} \\ \underline{\Psi}'_{R1} \\ \underline{\Psi}'^*_{R1} \\ \Psi'_{R0} \end{pmatrix} \tag{4.18}$$

mit der Gl. (2.19) entsprechenden Flußbeziehung

$$\begin{bmatrix} \underline{\Psi}_{S1} \\ \underline{\Psi}^*_{S1} \\ \Psi_{S0} \\ \underline{\Psi}'_{R1} \\ \underline{\Psi}'^*_{R1} \\ \Psi'_{R0} \end{bmatrix} = \begin{bmatrix} L_{Sh}+L_{S\sigma} & & & L_{Sh} & & \\ & L_{Sh}+L_{S\sigma} & & & L_{Sh} & \\ & & L_{S0} & & & 0 \\ L_{Sh} & & & L_{Sh}+L'_{R\sigma} & & \\ & L_{Sh} & & & L_{Sh}+L'_{R\sigma} & \\ & & 0 & & & L'_{R0} \end{bmatrix} \cdot \begin{bmatrix} \underline{i}_{S1} \\ \underline{i}^*_{S1} \\ i_{S0} \\ \underline{i}'_{R1} \\ \underline{i}'^*_{R1} \\ i'_{R0} \end{bmatrix} \quad . \tag{4.19}$$

Die Elemente der transformierten Widerstands- und Induktivitätsmatrizen wurden entsprechend dem in Abschn. 2.2 erläuterten Verfahren, insbesondere unter Anwendung der Formeln (2.20) und (2.21) und der zur Diagonalisierung zyklischer Matrizen hergeleiteten Formeln (2.30) bis (2.38) gewonnen:

der auf den Stator umgerechnete Rotorstrangwiderstand

$$R'_R = ü^2 R_R \quad ; \tag{4.20}$$

die auf den Stator bezogene Hauptinduktivität

$$L_{Sh} = \frac{3}{2} L_S \quad ; \tag{4.21}$$

die Streuinduktivitäten des Stators und des Rotors

$$\begin{aligned} L_{S\sigma} &= S_{Sii} - S_{Sik} + \sigma_{OS} L_{Sh} \\ L'_{R\sigma} &= (S_{Rii} - S_{Rik}) ü^2 + \sigma_{OR} L_{Sh} \end{aligned} \tag{4.22}$$

mit den sog. Oberwellenstreukoeffizienten des Stators und des Rotors

$$\begin{aligned} \sigma_{OS} &= \frac{2}{3} (\sigma_{Sii} - \sigma_{Sik}) = \sum_{\nu=2}^{\infty} \left(\frac{\xi_{S\nu}}{\nu \xi_{S1}}\right)^2 \frac{2}{3} \left(1 - \cos \nu\frac{2\pi}{3}\right) \quad , \\ \sigma_{OR} &= \frac{2}{3} (\sigma_{Rii} - \sigma_{Rik}) = \sum_{\nu=2}^{\infty} \left(\frac{\xi_{R\nu}}{\nu \xi_{R1}}\right)^2 \frac{2}{3} \left(1 - \cos \nu\frac{2\pi}{3}\right) \quad ; \end{aligned} \tag{4.23}$$

die Nullinduktivitäten des Stators und des Rotors

$$\begin{aligned} L_{S0} &= S_{Sii} + 2 S_{Sik} + \sigma_{OS0} L_{Sh} \\ L'_{R0} &= (S_{Rii} + 2 S_{Rik}) ü^2 + \sigma_{OR0} L_{Sh} \end{aligned} \tag{4.24}$$

mit den Oberwellenkoeffizienten der Nullsysteme

$$\sigma_{OS0} = \frac{2}{3}(\sigma_{Sii}+2\sigma_{Sik}) = \sum_{\nu=2}^{\infty}\left(\frac{\xi_{S\nu}}{\nu\xi_{S1}}\right)^2 \frac{2}{3}\left(1+2\cos\nu\frac{2\pi}{3}\right) \quad ,$$

$$\sigma_{OR0} = \frac{2}{3}(\sigma_{Rii}+2\sigma_{Rik}) = \sum_{\nu=2}^{\infty}\left(\frac{\xi_{R\nu}}{\nu\xi_{R1}}\right)^2 \frac{2}{3}\left(1+2\cos\nu\frac{2\pi}{3}\right) \quad . \tag{4.25}$$

Das innere Drehmoment der Maschine berechnet sich nach der hier gültigen Beziehung (2.43a) mit (4.14) zu

$$M_{i1} = 2\,p\,L_{Sh}\,\mathrm{Im}\left\{\underline{i}_{S1}\,\underline{i}'^{*}_{R1}\right\} \quad . \tag{4.26}$$

Mit (4.18), (4.19), (4.26), den Transformationsbeziehungen (4.11), (4.16) und der mechanischen Gleichung (1.6) ist das Schleifringläufermaschinenmodell vollständig beschrieben. Die Vorzüge gegenüber der Darstellung im Originalsystem sind bereits erkennbar, sie werden im folgenden noch klarer in Erscheinung treten.

Zunächst wird auf die Wahl des Bezugssystems, d.h. die Festlegung der bisher willkürlichen Bezugsachse, eingegangen. Je nach Zweckmäßigkeit bieten sich folgende Bezugssysteme an (Abb. 4.1):

a) Bezugsachse mit dem Stator verbunden:

$$\gamma_S = 0 \quad , \qquad \dot{\gamma}_S = 0 \quad . \tag{4.27}$$

Mit (4.14) folgt daraus

$$\gamma_R = \gamma \quad , \qquad \dot{\gamma}_R = \dot{\gamma} \quad .$$

In diesem Fall ist die Transformationsmatrix (C_S) nach (4.12) zeitinvariant, d.h. die Statorvariablen werden gemäß (4.16) zeitinvariant transformiert. In den Statorgleichungen des Systems (4.18) treten wegen $\dot{\gamma}_S = 0$ dann keine sog. rotatorischen Spannungen auf.

b) Bezugsachse mit dem Rotor verbunden:

$$\gamma_R = 0 \quad , \qquad \dot{\gamma}_R = 0 \quad . \tag{4.28}$$

Mit (4.14) folgt daraus

$$\gamma_S = -\gamma \quad , \qquad \dot{\gamma}_S = -\dot{\gamma} \quad .$$

In diesem Fall ist die Transformationsmatrix (C_R) nach (4.13) zeitinvariant, d.h. die Rotorvariablen werden gemäß (4.16) zeitinvariant transformiert. In den Rotorgleichungen des Systems (4.18) treten wegen $\dot{\gamma}_R = 0$ dann keine rotatorischen Spannungen auf.

c) Bezugsachse mit synchroner Winkelgeschwindigkeit $\pm\omega_S$ relativ zum Stator umlaufend:

$$\gamma_S = \pm\omega_S t + \gamma_{S0} \quad , \qquad \dot{\gamma}_S = \pm\omega_S \quad . \tag{4.29}$$

ω_S sei die Grund-Kreisfrequenz des die Statorwicklung speisenden Spannungssystems und γ_{S0} ein konstant angenommener Anfangswinkel.

Mit (4.14) folgt daraus

$$\gamma_R = \pm\omega_S t + \gamma + \gamma_{S0} \quad , \qquad \dot{\gamma}_R = \pm\omega_S + \dot{\gamma} \quad . \tag{4.29a}$$

In diesem Fall sind beide Transformationsmatrizen (C_S) und (C_R) zeitvariant und in (4.18) treten sowohl in den Stator- als auch in den Rotorgleichungen rotatorische Spannungen auf. Wie später noch gezeigt wird, erhält man für den Fall eines symmetrischen sinusförmigen Spannungssystems durch die Wahl des Bezugssystems nach (4.29) eine zeitlich konstante transformierte Störgröße $\underline{u}_{S1}$.

Aus der Schaltung der Wicklungssysteme ergeben sich Bedingungen für die Nullkomponenten. Bei Sternschaltung im Stator (Abb. 4.2a) beispielswei-

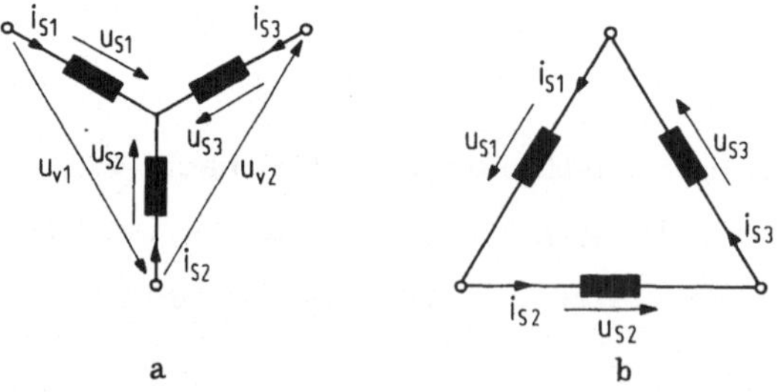

Abb. 4.2 Sternschaltung (a) und Dreieckschaltung (b) der Statorstränge einer Drehstromasynchronmaschine

se verschwindet nach (4.16) die Stromnullkomponente

$$i_{S0} = \frac{1}{\sqrt{3}}(i_{S1} + i_{S2} + i_{S3}) = 0 \quad , \tag{4.30}$$

woraus mit der dritten Gleichung des Systems (4.18), (4.19) auch das Verschwinden der Nullkomponente der Spannung folgt:

$$u_{S0} = \frac{1}{\sqrt{3}} (u_{S1} + u_{S2} + u_{S3}) = 0 \quad . \tag{4.31}$$

Mit dieser Bedingung ist es möglich, aus dem Schaltbild Abb. 4. 2a einen eindeutigen Zusammenhang zwischen den Strangspannungen und den verketteten Spannungen oder Leiterspannungen u_{v1}, u_{v2} zu gewinnen:

$$\begin{bmatrix} u_{S1} \\ u_{S2} \\ u_{S3} \end{bmatrix} = \frac{1}{3} \begin{bmatrix} 2\,u_{v1} + u_{v2} \\ -u_{v1} + u_{v2} \\ -u_{v1} - 2\,u_{v2} \end{bmatrix} \quad . \tag{4.32}$$

Bei *Dreieckschaltung* im Stator (Abb. 4. 2b) folgt aus der Schaltung Bedingung (4. 31) und damit aus der dritten Gleichung des Systems (4. 18), (4. 19) für die Ströme Bedingung (4. 30).

Sowohl bei Stern- als auch bei Dreieckschaltung verschwinden damit alle Nullkomponenten. Dieses Ergebnis ist jedoch an die der Rechnung zugrunde liegende Voraussetzung gebunden, daß bei den Wechselinduktivitäten zwischen Stator- und Rotorsträngen gemäß (4. 8) nur jeweils die 1. Harmonische berücksichtigt wird.

4.2 Drehstromasynchronmaschine mit Käfigläufer (Systemanalyse)

Abgesehen von der Rotorwicklung wird von den gleichen Voraussetzungen ausgegangen wie in Abschn. 4. 1 bei der Schleifringläufermaschine. Die Käfigwicklung des Rotors besteht aus in Nuten liegenden Stäben, die an den beiden Stirnseiten durch Kurzschlußringe verbunden sind. Sie wird entweder in Kupfer oder in Aluminiumspritzguß ausgeführt. Man versteht die Käfigwicklung zweckmäßigerweise als symmetrisches Wicklungssystem, dessen Strangzahl gleich der Nutenzahl N_R ist. Jeweils zwei benachbarte Stäbe bilden einen Strang, sodaß benachbarte Stränge durch den gemeinsamen Stab galvanisch gekoppelt sind. Ein Ausschnitt aus der Käfigwicklung ist zusammen mit der Achse von Strang 1 der Statorwicklung in der Abwicklung in Abb. 4. 3 dargestellt. Jedem Stab (Index s) und jedem Ringelement (Index r) wird ein Widerstand (R_s, R_r) und eine Induktivität (L_s, L_r) zugeschrieben. Die Stabinduktivität berechnet sich gemäß dem in Abschnitt 3. 2 erläuterten Verfahren über die magnetische Energie in der Nut zu

$$L_s = \mu_0 \, l \, \lambda_n \quad , \tag{4.33}$$

wobei für die Rechtecknut analog zu (3.29) gilt

$$\lambda_n = \frac{h_n}{3\, b_n} + \frac{h_s}{s_n} \tag{4.34}$$

mit h_n als Stabhöhe und den in Abb. 3.10 erklärten Nutschlitzabmessungen h_s, s_n. Es wird vorausgesetzt, daß der Leiter die Nut mit Ausnahme des Schlitzes vollständig ausfüllt. Auf die Berechnung der Induktivität des Ringelements L_r, die häufig vernachlässigt werden kann, wird hier verzichtet.

Um die Systemgleichungen der Käfigläufermaschine aufstellen zu können, muß zunächst noch auf die Berechnung der außer den bereits bekannten hier zusätzlich noch benötigten Induktivitäten eingegangen werden.

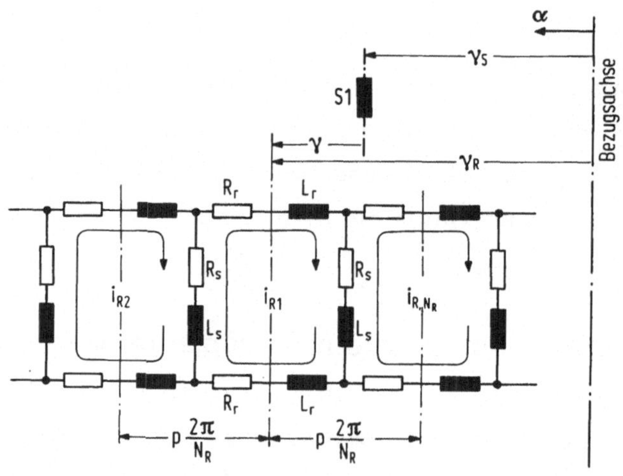

Abb. 4.3 Ausschnitt der Käfigwicklung einer Drehstromasynchronmaschine (Positionswinkel γ bezogen auf die Achse des Statorstrangs S1)

L u f t s p a l t f e l d w e c h s e l i n d u k t i v i t ä t z w i s c h e n e i n e m S t r a n g d e r Z w e i s c h i c h t w i c k l u n g u n d e i n e m S t r a n g d e r K ä f i g w i c k l u n g:

In Abb. 4.4 ist ein Strang Sa der Stator-Zweischichtwicklung und ein Strang Rb der Käfigwicklung zusammen mit dessen Felderregerkurve in der Abwicklung dargestellt. Berücksichtigt man eine evtl. vorhandene Nutschrägung des Stators oder Rotors, dann ist die Felderregerkurve des Statorstrangs nach (3.11) und (3.21)

$$v_{Sa}(\alpha, y, t) = i_{Sa}(t) \frac{2\, w_S}{p\, \pi} \sum_{\lambda=1}^{\lambda=\infty} \frac{1}{\lambda} \xi_{S\lambda} \cos \lambda(\alpha - \rho_S \frac{y}{l/2} - \gamma_{Sa}) \tag{4.35}$$

und die des Rotorstrangs (Fourieranalyse der Rechteckfunktion von Abb. 4. 4)

$$v_{Rb}(\alpha, y, t) = i_{Rb}(t) \frac{2}{\pi} \sum_{\mu=1}^{\mu=\infty} \frac{1}{\mu} \sin \frac{\mu \pi}{N_R} \cos \frac{\mu}{p}(\alpha - \rho_R \frac{y}{l/2} - \gamma_{Rb}). \tag{4.36}$$

Mit (4. 35), (4. 36) und (3. 11) folgt für konstanten Ersatzluftspalt δ'' aus der Be-

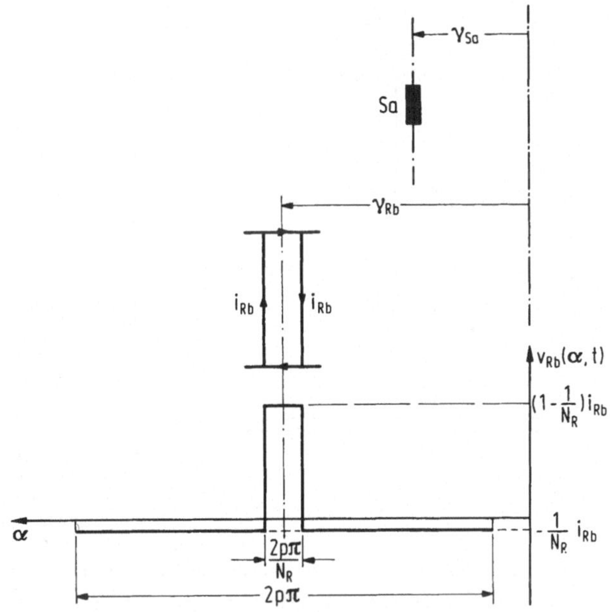

Abb. 4. 4 Zur Berechnung der Wechselinduktivität zwischen einem Statorstrang Sa und einem Käfigläuferstrang Rb einer Drehstromasynchronmaschine

ziehung (3. 12a) die gesuchte Wechselinduktivität

$$L_{Sa, Rb} = \frac{4\, \mu_0\, l\, \tau_p\, w_S}{\pi^2\, p\, \delta''} \sum_{\nu=1}^{\nu=\infty} \frac{1}{\nu^2} \xi_{S\nu} \sin \nu \frac{p\pi}{N_R} \chi_\nu \cos \nu(\gamma_{Sa} - \gamma_{Rb}) \quad .$$

Wicklungsfaktor $\xi_{S\nu}$ und Schrägungsfaktor χ_ν sind gemäß (3. 19) und (3. 24) mit den Indizes P = S und Q = R definiert. Wegen der Abhängigkeit dieser Wechselinduktivität vom Rotorpositionswinkel berücksichtigt man in den Systemgleichungen nur die 1. Harmonische, d. h. die Kopplung zwischen der Harmonischen $\lambda = 1$ in (4. 35) und der Harmonischen $\mu = p$ in (4. 36), die beide die Wellenlänge 2π haben:

$$L_{Sa,Rb} \approx \frac{4\,\mu_0\, l\, \tau_p}{\pi^2\, p\, \delta''}\, w_S\, \xi_{S1}\, \sin\frac{p\pi}{N_R}\, \chi_1 \cos(\gamma_{Sa} - \gamma_{Rb}) \quad . \tag{4.37}$$

Luftspaltfeldwechselinduktivität zwischen zwei Strängen a und b der Käfigwicklung:

In Abb. 4.5 sind die Felderregerkurven der beiden Rotorstränge Ra und Rb dargestellt. Das die Induktivität liefernde Integral (3.12a) läßt sich in diesem Fall direkt

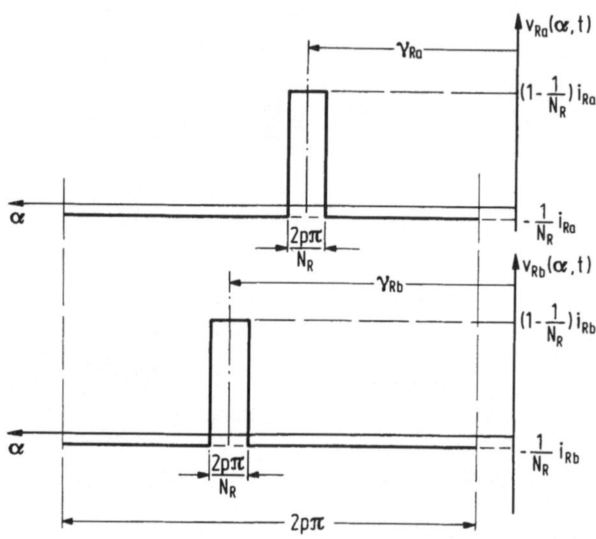

Abb. 4.5 Zur Berechnung der Wechselinduktivität zwischen zwei Käfigläufersträngen Ra und Rb einer Drehstromasynchronmaschine

auswerten. Für a ≠ b erhält man die für alle Strangkombinationen gleiche Wechselinduktivität L_{Rik} und für a = b die Eigeninduktivität eines Strangs L_{Rii}:

$$L_{Rik} = -\frac{2\,\mu_0\, l\, \tau_p\, p}{\delta''\, N_R} \cdot \frac{1}{N_R} \quad , \tag{4.38}$$

$$L_{Rii} = \frac{2\,\mu_0\, l\, \tau_p\, p}{\delta''\, N_R} \cdot \left(1 - \frac{1}{N_R}\right) \quad . \tag{4.39}$$

In Hypermatrizenschreibweise gilt auch für das Spannungsgleichungssystem der Käfigläufermaschine Gl. (4.1), wobei jedoch für die Rotorvariablen in Abweichung zu (4.2) mit $m_R = N_R$ als Rotorstrangzahl zu setzen ist:

$$(u_R) = \begin{array}{c|c|} 1 & 0 \\ 2 & 0 \\ & \vdots \\ m_R & 0 \end{array} , \qquad (i_R) = \begin{array}{|c|} i_{R1} \\ i_{R2} \\ \vdots \\ i_{Rm_R} \end{array} . \qquad (4.40)$$

Gegenüber (4. 3) ändert sich die Widerstandsmatrix des Rotors, die wegen der galvanischen Kopplung benachbarter Stränge keine Diagonalform hat, sondern eine zyklische symmetrische Matrix folgender Form ist:

$$(R_R) = \begin{array}{c|cccccc|c|} & 1 & 2 & 3 & & & & m_R \\ \hline 1 & R_0 & -R_s & & & & & -R_s \\ 2 & -R_s & R_0 & -R_s & & & & \\ 3 & & -R_s & R_0 & & & & \\ & & & & & & & \\ & & & & & R_0 & -R_s & \\ & & & & & -R_s & R_0 & -R_s \\ m_R & -R_s & & & & & -R_s & R_0 \end{array} \qquad (4.41)$$

mit dem Strangwiderstand des Rotors

$$R_0 = 2(R_r + R_s) \quad .$$

Gegenüber (4. 4) ändern sich auch die Luftspaltfeldinduktivitäten der Rotorstränge, deren zyklische symmetrische Matrix aus den Elementen (4. 38), (4. 39) besteht:

$$
(L_{RR}) = L_{R,K}
\begin{array}{c|c|c|c|c|c|c|}
 & 1 & 2 & 3 & & & m_R \\
\hline
1 & 1-\frac{1}{N_R} & -\frac{1}{N_R} & -\frac{1}{N_R} & & & \\
\hline
2 & -\frac{1}{N_R} & 1-\frac{1}{N_R} & -\frac{1}{N_R} & & & \\
\hline
3 & -\frac{1}{N_R} & -\frac{1}{N_R} & 1-\frac{1}{N_R} & & & \\
\hline
 & & & & 1-\frac{1}{N_R} & -\frac{1}{N_R} & -\frac{1}{N_R} \\
\hline
 & & & & -\frac{1}{N_R} & 1-\frac{1}{N_R} & -\frac{1}{N_R} \\
\hline
m_R & & & & -\frac{1}{N_R} & -\frac{1}{N_R} & 1-\frac{1}{N_R} \\
\hline
\end{array}
\qquad (4.42)
$$

mit

$$L_{R,K} = \frac{2\,\mu_0\,l\,\tau_p\,p}{\delta''\,N_R} \quad . \qquad (4.43)$$

Für die Luftspaltfeldwechselinduktivitäten zwischen den Stator- und den Rotorsträngen wird wegen deren Winkelabhängigkeit die auf die 1. Harmonische reduzierte Formel (4.37) verwendet. Mit a = 1, 2, 3 und b = 1, 2, ..., m_R und den Positionswinkeln nach Abb. 4.3 erhält man die Elemente der Matrix

$(L_{SR}) = L_{SR,K}$

	1	2	3		m_R
1	$\cos\gamma$	$\cos(\gamma-\alpha_{nR})$	$\cos(\gamma-2\alpha_{nR})$	...	$\cos[\gamma-(m_R-1)\alpha_{nR}]$
2	$\cos(\gamma+\frac{4\pi}{3})$	$\cos(\gamma+\frac{4\pi}{3}-\alpha_{nR})$	$\cos(\gamma+\frac{4\pi}{3}-2\alpha_{nR})$	...	$\cos[\gamma+\frac{4\pi}{3}-(m_R-1)\alpha_{nR}]$
3	$\cos(\gamma+\frac{2\pi}{3})$	$\cos(\gamma+\frac{2\pi}{3}-\alpha_{nR})$	$\cos(\gamma+\frac{2\pi}{3}-2\alpha_{nR})$	...	$\cos[\gamma+\frac{2\pi}{3}-(m_R-1)\alpha_{nR}]$

(4.44)

mit

$$L_{SR,K} = \frac{4\,\mu_0\,l\,\tau_p}{\pi^2\,p\,\delta''}\, w_S\,\xi_{S1}\,\sin\frac{p\pi}{N_R}\,\chi_1$$

und dem elektrischen Nutenwinkel des Rotors

$$\alpha_{nR} = \frac{2p\pi}{N_R} \quad . \tag{4.45}$$

Die Nutfeld- und Stirnfeldinduktivitäten der Rotorstränge ändern sich gegenüber (4. 9) wie folgt:

$(S_R) =$ (4.46)

	1	2	3				m_R
1	L_0	$-L_s$					$-L_s$
2	$-L_s$	L_0	$-L_s$				
3		$-L_s$	L_0				
					L_0	$-L_s$	
					$-L_s$	L_0	$-L_s$
m_R	$-L_s$					$-L_s$	L_0

mit

$$L_0 = 2(L_r + L_s) \quad .$$

Von den hier für die Käfigläufermaschine ermittelten Koeffizientenmatrizen sind (4. 41), (4. 42) und (4. 46) zyklisch und symmetrisch, während (4. 44) weder zyklisch noch symmetrisch ist.

Die Beziehung (4. 10) für das innere Drehmoment gilt auch für die Käfigläufermaschine, wenn (i_R) nach (4. 40) und (L_{SR}) nach (4. 44) eingesetzt wird. Damit ist auch das Verhalten der Käfigläufermaschine unter den eingangs gemachten Voraussetzungen vollständig beschrieben.

Um die zyklischen Koeffizientenmatrizen in Diagonalform zu überführen und um die Winkelabhängigkeit der Induktivitätsmatrix zu beseitigen, wird analog zu (4. 11) eine leistungsinvariante Transformation der Variablen durchgeführt. Dabei ist in (4. 11) an Stelle der Transformationsmatrix (C_R) zu setzen

$$(C_{R,K}) = \frac{1}{\sqrt{m_R}} \begin{array}{c|c|c|c|ccc|c|} & 1 & 2 & 3 & & & & m_R \\ \hline 1 & 1 & 1 & 1 & \cdots & & \cdots & 1 \\ \hline 2 & \underline{a}_R^{-1\cdot 1} & \underline{a}_R^{-1\cdot 2} & \underline{a}_R^{-1\cdot 3} & \cdots & & \cdots & 1 \\ \hline 3 & \underline{a}_R^{-2\cdot 1} & \underline{a}_R^{-2\cdot 2} & \underline{a}_R^{-2\cdot 3} & \cdots & & \cdots & 1 \\ \hline & \vdots & \vdots & \vdots & & & & \vdots \\ \hline m_R & \underline{a}_R^{-(m_R-1)1} & \underline{a}_R^{-(m_R-1)2} & \underline{a}_R^{-(m_R-1)3} & \cdots & & \cdots & 1 \\ \hline \end{array} \cdot$$

$$\begin{array}{c|c|c|c|c|c|} & & p & & m_R-p & \\ \hline & 1 \cdots 1 & & & & \\ \hline p & & e^{-j\gamma_R} & & & \\ \hline & & & 1 \cdots 1 & & \\ \hline m_R-p & & & & e^{j\gamma_R} & \\ \hline & & & & & 1 \cdots 1 \\ \hline \end{array} \qquad (4.47)$$

mit

$$\underline{a}_R = e^{j \frac{2\pi}{m_R}} ,$$

und an Stelle von ü

$$ü_K = \frac{3\, w_S\, \xi_{S1}}{\sqrt{3\, m_R}\, \sin (p\pi/N_R)} \qquad (4.48)$$

Die wegen der Unitarität sich ergebenden Inversionsbeziehungen (4. 16) gelten auch hier, wenn man (C_R) durch $(C_{R,K})$ ersetzt und ü durch $ü_K$.

Die transformierten Rotorvariablen lauten dann in Abweichung zu (4. 17)

$$(\underline{u}'_R) = \begin{array}{c|c} 1 & 0 \\ 2 & 0 \\ & \vdots \\ m_R & 0 \end{array} \qquad (\underline{i}'_R) = \begin{array}{c|c} 1 & \underline{i}'_{R1} \\ 2 & \underline{i}'_{R2} \\ 3 & \underline{i}'_{R3} \\ & \vdots \\ m_R-3 & \underline{i}'^{*}_{R3} \\ m_R-2 & \underline{i}'^{*}_{R2} \\ m_R-1 & \underline{i}'^{*}_{R1} \\ m_R & i'_{R0} \end{array} \quad . \tag{4.49}$$

Wendet man die wie beschrieben modifizierte Transformation (4. 11) auf das modifizierte System (4. 1) an, dann erhält man analog zu (4.18) ein System der Form (2. 18):

$$\begin{pmatrix} \underline{u}_{S1} \\ \underline{u}^{*}_{S1} \\ u_{S0} \\ \hline (\underline{u}'_R) \end{pmatrix} = \left(\begin{array}{ccc|c} R_S & & & \\ & R_S & & \\ & & R_S & \\ \hline & & & (R'_R) \end{array}\right) \cdot \begin{pmatrix} \underline{i}_{S1} \\ \underline{i}^{*}_{S1} \\ i_{S0} \\ \hline (\underline{i}'_R) \end{pmatrix} + \left(\begin{array}{ccc|c} -j\dot{\gamma}_S & & & \\ & j\dot{\gamma}_S & & \\ & & 0 & \\ \hline & & & (\underline{F}_R) \end{array}\right) \cdot \begin{pmatrix} \underline{\Psi}_{S1} \\ \underline{\Psi}^{*}_{S1} \\ \Psi_{S0} \\ \hline (\underline{\Psi}'_R) \end{pmatrix} + \frac{d}{dt} \begin{pmatrix} \underline{\Psi}_{S1} \\ \underline{\Psi}^{*}_{S1} \\ \Psi_{S0} \\ \hline (\underline{\Psi}'_R) \end{pmatrix} . \tag{4.50}$$

Dabei ist (R'_R) eine Diagonalmatrix mit den Elementen

$$R'_{Rii} = \ddot{u}_K^2 \, 2 \left[R_r + R_s \left(1 - \cos \frac{2\pi}{N_R} i\right) \right] \quad , \qquad i = 1, 2, \ldots, m_R \tag{4.51}$$

und $(\underline{F}_R)$ eine Diagonalmatrix der Form

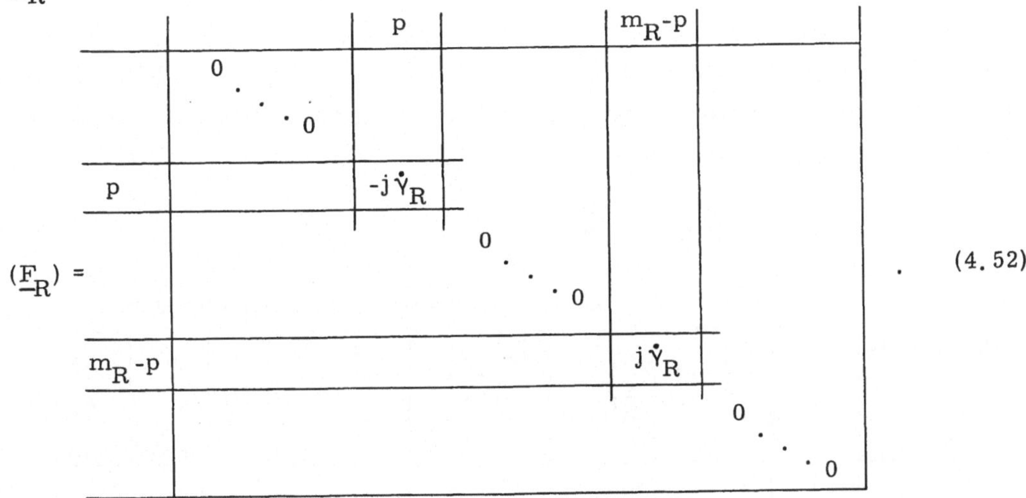

(4.52)

Die transformierte Induktivitätsmatrix ist folgender Beziehung zu entnehmen:

$$
\begin{pmatrix} \underline{\Psi}_{S1} \\ \underline{\Psi}^*_{S1} \\ \Psi_{S0} \\ \underline{\Psi}'_{R1} \\ \vdots \\ \underline{\Psi}'_{Rp} \\ \vdots \\ \underline{\Psi}'^*_{Rp} \\ \vdots \\ \underline{\Psi}'^*_{R1} \\ \Psi'_{R0} \end{pmatrix}
=
\left(\begin{array}{ccc|ccccccc}
L_{Sh}+L_{So} & & & & & & L_{Sh} & & & \\
& L_{Sh}+L_{So} & & & & & & & L_{Sh} & \\
& & L_{S0} & & & & & & & \\
\hline
& & & & & & & & & \\
p \quad L_{Sh} & & & & & & & & & \\
& & & & & (\underline{L}'_{RR}) & & & & \\
m_R-p & L_{Sh} & & & & & & & & \\
& & & & & & & & &
\end{array}\right)
\cdot
\begin{pmatrix} \underline{i}_{S1} \\ \underline{i}^*_{S1} \\ i_{S0} \\ \underline{i}'_{R1} \\ \vdots \\ \underline{i}'_{Rp} \\ \vdots \\ \underline{i}'^*_{Rp} \\ \vdots \\ \underline{i}'^*_{R1} \\ i'_{R0} \end{pmatrix}
\qquad (4.53)
$$

(The element L_{Sh} in the first row of the upper right block stands in column p, that in the second row in column m_R-p.)

wobei $(\underline{L}'_{RR})$ eine Diagonalmatrix mit den Elementen

$$
\begin{aligned}
L'_{Rii} &= \ddot{u}_K^2\, L_{R,K} + \ddot{u}_K^2\, 2[L_r + L_s(1-\cos\frac{2\pi}{N_R} i)] \quad &\text{für} \quad i = 1,\ 2,\ \dots,\ m_R-1 \\
L'_{Rii} &= \ddot{u}_K^2\, 2\, L_r \quad &\text{für} \quad i = m_R
\end{aligned}
\qquad (4.54)
$$

ist.

Aus dem Gleichungssystem (4.50) folgt mit (4.49) und (4.51) bis (4.54), daß sämtliche transformierten Rotorströme bis auf das konjugiert komplexe Paar an den Stellen p und m_R-p verschwinden:

$$
\underline{i}'_{Rk} = 0 \qquad \text{für} \qquad k \neq p,\ m_R-p \quad . \qquad (4.55)
$$

Das System (4.50) reduziert sich damit auf insgesamt fünf Gleichungen:

$$
\begin{pmatrix} \underline{u}_{S1} \\ \underline{u}^*_{S1} \\ u_{S0} \\ 0 \\ 0 \end{pmatrix}
=
\begin{pmatrix} R_S & & & & \\ & R_S & & & \\ & & R_S & & \\ & & & R'_R & \\ & & & & R'_R \end{pmatrix}
\cdot
\begin{pmatrix} \underline{i}_{S1} \\ \underline{i}^*_{S1} \\ i_{S0} \\ \underline{i}'_{Rp} \\ \underline{i}'^*_{Rp} \end{pmatrix}
+ j
\begin{pmatrix} -\dot{\gamma}_S & & & & \\ & \dot{\gamma}_S & & & \\ & & 0 & & \\ & & & -\dot{\gamma}_R & \\ & & & & \dot{\gamma}_R \end{pmatrix}
\cdot
\begin{pmatrix} \underline{\Psi}_{S1} \\ \underline{\Psi}^*_{S1} \\ \Psi_{S0} \\ \underline{\Psi}'_{Rp} \\ \underline{\Psi}'^*_{Rp} \end{pmatrix}
+ \frac{d}{dt}
\begin{pmatrix} \underline{\Psi}_{S1} \\ \underline{\Psi}^*_{S1} \\ \Psi_{S0} \\ \underline{\Psi}'_{Rp} \\ \underline{\Psi}'^*_{Rp} \end{pmatrix}
. \qquad (4.56)
$$

Entsprechend folgt dann aus (4.53)

$$\begin{bmatrix} \underline{\Psi}_{S1} \\ \underline{\Psi}^*_{S1} \\ \Psi_{S0} \\ \underline{\Psi}'_{Rp} \\ \underline{\Psi}'^*_{Rp} \end{bmatrix} = \begin{bmatrix} L_{Sh}+L_{S\sigma} & & & L_{Sh} & \\ & L_{Sh}+L_{S\sigma} & & & L_{Sh} \\ & & L_{S0} & & \\ L_{Sh} & & & L_{Sh}+L'_{R\sigma} & \\ & L_{Sh} & & & L_{Sh}+L'_{R\sigma} \end{bmatrix} \cdot \begin{bmatrix} \underline{i}_{S1} \\ \underline{i}^*_{S1} \\ i_{S0} \\ \underline{i}'_{Rp} \\ \underline{i}'^*_{Rp} \end{bmatrix} . \tag{4.57}$$

Die Rotorparameter R'_R und $L'_{R\sigma}$ ergeben sich abweichend von (4.20) und (4.22) für die Käfigläufermaschine. R'_R erhält man aus (4.51) für $i = p$ oder $i = m_R - p$ unter Verwendung von (4.45):

$$R'_R = \ddot{u}_K^2 \, 2 [R_r + R_s (1 - \cos \alpha_{nR})] ;$$

häufig wird die folgende Umformung verwendet, die daraus mit $\ddot{u}_K$ nach (4.48) resultiert:

$$R'_R = \frac{(w_S \xi_{S1})^2 \, 3}{(1/2)^2 N_R} \left(\frac{R_r}{2 \sin^2(\alpha_{nR}/2)} + R_s \right) . \tag{4.58}$$

$L'_{R\sigma}$ resultiert, wenn man von der Induktivität (4.54) für $i = p$ oder $i = m_R - p$ die Hauptinduktivität L_{Sh} nach (4.21) und (4.5) abzieht:

$$L'_{R\sigma} = \frac{(w_S \xi_{S1})^2 \, 3}{(1/2)^2 N_R} \left(\frac{L_r}{2 \sin^2(\alpha_{nR}/2)} + L_s \right) + \sigma_{ORK} L_{Sh} . \tag{4.59}$$

Dabei gilt für den Oberwellenstreukoeffizient des Käfigläufers

$$\sigma_{ORK} = \frac{1}{L_{Sh}} (\ddot{u}_K^2 L_{R,K} - L_{Sh})$$

und mit (4.21), (4.5), (4.43) und (4.48)

$$\sigma_{ORK} = \frac{1 - \left(\frac{\sin(\alpha_{nR}/2)}{\alpha_{nR}/2} \right)^2}{\left(\frac{\sin(\alpha_{nR}/2)}{\alpha_{nR}/2} \right)^2} .$$

Der in den Formeln (4.58) und (4.59) auftretende Faktor erinnert an das Übersetzungsverhältnis der klassischen Theorie des Käfigläufers, der die Vorstellung zugrunde liegt, daß es sich um N_R Stränge mit der Windungszahl 1/2 handelt [9, S. 74, 220 bis 222, 300].

Das innere Drehmoment der Käfigläufermaschine ergibt sich nach (2.43a) analog zu (4.26):

$$M_{i1} = 2p\, L_{Sh}\, \mathrm{Im}\left\{ \underline{i}_{S1}\, \underline{i}'^{*}_{Rp} \right\} \quad . \tag{4.60}$$

Ein Vergleich der transformierten Systemgleichungen (4.18), (4.19) der Schleifringläufermaschine mit denen der Käfigläufermaschine (4.56), (4.57) zeigt bis auf das Fehlen eines Nullsystems beim Käfigläufer formale Übereinstimmung. Es ist also unter den der Herleitung zugrunde liegenden Voraussetzungen nicht erforderlich, das Betriebsverhalten der beiden Maschinentypen getrennt zu untersuchen.

Erwähnt sei noch, daß mit der analog zu (4.11) geltenden Beziehung

$$(i_R) = \ddot{u}_K (C_{R,K})\, (\underline{i}'_R)$$

unter Verwendung von (4.47), (4.49) und der Bedingung (4.55) folgender Zusammenhang zwischen dem Rotorstrom-Raumzeiger $\underline{i}'_{Rp}$ und den Momentanwerten der Rotorstrangströme gewonnen wird:

$$(i_R) = \frac{2\,\ddot{u}_K}{\sqrt{N_R}}\, \mathrm{Re} \left\{ \begin{pmatrix} 1 \\ \underline{a}_R^{-1p} \\ \underline{a}_R^{-2p} \\ \vdots \\ \underline{a}_R^{-(m_R-1)\,p} \end{pmatrix} \underline{i}'_{Rp}\, e^{-j\gamma_R} \right\} \quad . \tag{4.61}$$

4.3 Stationärer Betrieb der Drehstromasynchronmaschine am unsymmetrischen Netz

Da, wie im Abschnitt 4.2 nachgewiesen wurde, die Käfigläufermaschine bezüglich der transformierten Systemgleichungen als Sonderfall der Schleifringläufermaschine betrachtet werden kann, genügt es, das stationäre Betriebsverhalten der Schleifringläufermaschine zu behandeln.

Die Statorwicklung werde von einem unsymmetrischen sinusförmigen Spannungssystem gespeist, die Rotorwicklung sei kurzgeschlossen und die mechanische Winkelgeschwindigkeit Ω des Rotors zeitlich konstant. Bei Sternschaltung dient zur Ermittlung der Strangspannungen aus den bekannten verketteten Spannungen Beziehung (4. 32).

Der Vektor der Strangspannungen ist gegeben:

$$\begin{bmatrix} u_{S1} \\ u_{S2} \\ u_{S3} \end{bmatrix} = \sqrt{2} \begin{bmatrix} U_{S1} \cos(\omega_S t + \alpha_{S1}) \\ U_{S2} \cos(\omega_S t + \alpha_{S2}) \\ U_{S3} \cos(\omega_S t + \alpha_{S3}) \end{bmatrix} = \frac{1}{2}\sqrt{2} \begin{bmatrix} \underline{U}_{S1} \\ \underline{U}_{S2} \\ \underline{U}_{S3} \end{bmatrix} e^{j\omega_S t} + \frac{1}{2}\sqrt{2} \begin{bmatrix} \underline{U}^*_{S1} \\ \underline{U}^*_{S2} \\ \underline{U}^*_{S3} \end{bmatrix} e^{-j\omega_S t} \tag{4. 62}$$

$$u_{R1} = u_{R2} = u_{R3} = 0$$

mit folgender Definition der Spannungszeiger

$$\underline{U}_{Si} = U_{Si}\, e^{j\alpha_{Si}} \quad , \qquad i = 1,\ 2,\ 3.$$

Wendet man die Transformationsbeziehung (4. 16) mit (C_S) nach (4. 12) auf obigen Spannungsvektor an, dann erhält man die transformierten Spannungen:

$$\begin{bmatrix} \underline{u}_{S1} \\ \underline{u}^*_{S1} \\ u_{S0} \end{bmatrix} = \sqrt{\frac{3}{2}} \begin{bmatrix} \underline{U}_{Sm}\, e^{j(\omega_S t + \gamma_S)} \\ \underline{U}^*_{Sm}\, e^{-j(\omega_S t + \gamma_S)} \\ 0 \end{bmatrix} + \sqrt{\frac{3}{2}} \begin{bmatrix} \underline{U}^*_{Sg}\, e^{-j(\omega_S t - \gamma_S)} \\ \underline{U}_{Sg}\, e^{j(\omega_S t - \gamma_S)} \\ 0 \end{bmatrix} + \sqrt{\frac{3}{2}} \begin{bmatrix} 0 \\ 0 \\ 2\,\mathrm{Re}\{\underline{U}_{S0}\, e^{j\omega_S t}\} \end{bmatrix}$$

$$\underline{u}'_{R1} = 0 , \qquad u'_{R0} = 0 \tag{4. 63}$$

mit der klassischen Definition der symmetrischen Komponenten

$$\begin{bmatrix} \underline{U}_{Sm} \\ \underline{U}_{Sg} \\ \underline{U}_{S0} \end{bmatrix} = \frac{1}{3} \begin{bmatrix} 1 & \underline{a} & \underline{a}^2 \\ 1 & \underline{a}^2 & \underline{a} \\ 1 & 1 & 1 \end{bmatrix} \cdot \begin{bmatrix} \underline{U}_{S1} \\ \underline{U}_{S2} \\ \underline{U}_{S3} \end{bmatrix} \quad . \tag{4.64}$$

Ist das speisende Spannungssystem ein symmetrisches Mitsystem (Index m), gilt also für die Spannungszeiger

$$\underline{U}_{S2} = \underline{a}^2\,\underline{U}_{S1} \quad , \qquad \underline{U}_{S3} = \underline{a}\,\underline{U}_{S1} \tag{4.65}$$

und damit

$$\alpha_{S1} = \alpha_0 , \quad \alpha_{S2} = \alpha_0 - \frac{2\pi}{3} , \quad \alpha_{S3} = \alpha_0 - \frac{4\pi}{3} ,$$
$$U_{S1} = U_{S2} = U_{S3} , \tag{4.66}$$

mit α_0 als beliebigem konstanten Winkel, dann ist nach (4.64)

$$\underline{U}_{Sm} = \underline{U}_{S1} \quad , \qquad \underline{U}_{Sg} = 0 \quad , \qquad \underline{U}_{S0} = 0 \quad . \tag{4.67}$$

Ist das speisende Spannungssystem ein symmetrisches Gegensystem (Index g), gilt also

$$\underline{U}_{S2} = \underline{a}\,\underline{U}_{S1} \quad , \qquad \underline{U}_{S3} = \underline{a}^2\,\underline{U}_{S1}$$

und damit

$$\alpha_{S1} = \alpha_0 \quad , \qquad \alpha_{S2} = \alpha_0 + \frac{2\pi}{3} \quad , \qquad \alpha_{S3} = \alpha_0 + \frac{4\pi}{3}$$

$$U_{S1} = U_{S2} = U_{S3} \quad ,$$

dann ist nach (4.64)

$$\underline{U}_{Sm} = 0 \quad , \qquad \underline{U}_{Sg} = \underline{U}_{S1} \quad , \qquad \underline{U}_{S0} = 0 \quad .$$

Ist das speisende Spannungssystem ein symmetrisches Nullsystem (Index 0), gilt also

$$\underline{U}_{S1} = \underline{U}_{S2} = \underline{U}_{S3}$$

und damit

$$u_{S1} = u_{S2} = u_{S3} \quad ,$$

dann ist nach (4.64)

$$\underline{U}_{Sm} = 0 \;, \qquad \underline{U}_{Sg} = 0 \;, \qquad \underline{U}_{S0} = \underline{U}_{S1} \;.$$

Im allgemeinen Fall eines unsymmetrischen Spannungssystems treten Mit-, Gegen- und Nullsystem zusammen auf. Bei Stern- und bei Dreieckschaltung verschwindet jedoch, wie im Abschn. 4.1 erläutert wurde, das Nullsystem.

Die Wahl des Bezugssystems erfolgt gemäß (4.29) so, daß die Zeitabhängigkeit des vom Mitsystem abhängigen Terms in (4.63) verschwindet:

$$\gamma_S = -\omega_S t + \gamma_{S0} \;, \qquad \dot{\gamma}_S = -\omega_S \tag{4.68}$$

$$\gamma_R = -\omega_S t + \gamma + \gamma_{S0} \;, \qquad \dot{\gamma}_R = -s\,\omega_S \tag{4.68a}$$

mit der Definition des *Schlupfs*

$$s = \frac{\omega_S - \dot{\gamma}}{\omega_S} = \frac{\Omega_s - \Omega}{\Omega_s} \;, \tag{4.69}$$

wobei $\Omega_s = \omega_S / p$ die *synchrone Winkelgeschwindigkeit* des Rotors bedeutet.

Für den Fall konstanter Winkelgeschwindigkeit $\Omega = \dot{\gamma}/p$ ist das System (4.18), (4.19) linear und man kann die einzelnen Komponenten der Störgröße (4.63) wegen der Gültigkeit des Superpositionsprinzips nacheinander auf das System wirken lassen und die getrennt ermittelten Antworten überlagern.

Die erste, vom *Mitsystem* abhängige Komponente wird mit (4.68) zeitlich konstant, sodaß die stationäre Lösung des zeitinvarianten Systems (4.18), (4.19) auch zeitlich konstant sein muß. Aus (4.18) folgt

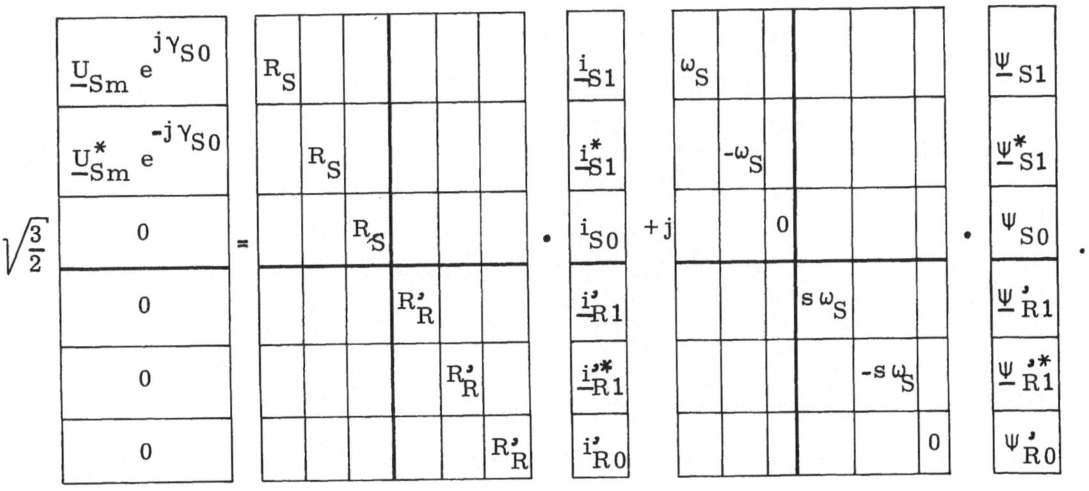

$$\sqrt{\frac{3}{2}}\begin{bmatrix} \underline{U}_{Sm}\, e^{j\gamma_{S0}} \\ \underline{U}^*_{Sm}\, e^{-j\gamma_{S0}} \\ 0 \\ 0 \\ 0 \\ 0 \end{bmatrix} = \begin{bmatrix} R_S &&&&& \\ & R_S &&&& \\ && R_S &&& \\ &&& R'_R && \\ &&&& R'_R & \\ &&&&& R'_R \end{bmatrix} \cdot \begin{bmatrix} \underline{i}_{S1} \\ \underline{i}^*_{S1} \\ i_{S0} \\ \underline{i}'_{R1} \\ \underline{i}'^*_{R1} \\ i'_{R0} \end{bmatrix} + j \begin{bmatrix} \omega_S &&&&& \\ & -\omega_S &&&& \\ && 0 &&& \\ &&& s\,\omega_S && \\ &&&& -s\,\omega_S & \\ &&&&& 0 \end{bmatrix} \cdot \begin{bmatrix} \underline{\psi}_{S1} \\ \underline{\psi}^*_{S1} \\ \psi_{S0} \\ \underline{\psi}'_{R1} \\ \underline{\psi}'^*_{R1} \\ \psi'_{R0} \end{bmatrix} .$$

Mit den stationären Lösungsansätzen

$$\underline{i}_{S1} = \sqrt{\frac{3}{2}}\,\underline{I}_{Sm}\,e^{j\gamma_{S0}}\,, \qquad \underline{i}'_{R1} = \sqrt{\frac{3}{2}}\,\underline{I}'_{Rm}\,e^{j\gamma_{S0}} \tag{4.70}$$

und der Flußbeziehung (4.19) folgen daraus die beiden Gleichungen für das Mitsystem

$$\underline{U}_{Sm} = (R_S + j\,\omega_S\,L_{S\sigma})\,\underline{I}_{Sm} + j\,\omega_S\,L_{Sh}\,(\underline{I}_{Sm} + \underline{I}'_{Rm})\,, \tag{4.71}$$

$$0 = (\frac{1}{s}\,R'_R + j\,\omega_S\,L'_{R\sigma})\,\underline{I}'_{Rm} + j\,\omega_S\,L_{Sh}\,(\underline{I}_{Sm} + \underline{I}'_{Rm})\,, \tag{4.72}$$

die sich in dem Ersatzschaltbild von Abb. 4.6 veranschaulichen lassen.

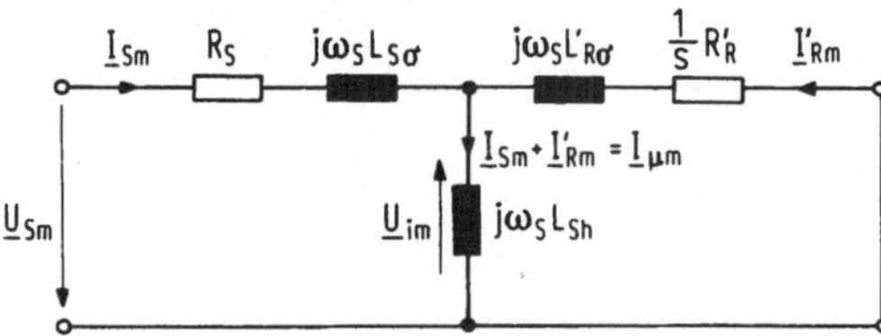

Abb. 4.6 Ersatzschaltbild der Drehstromasynchronmaschine für das Mitsystem

Die Nullkomponenten der Ströme verschwinden im Stator und im Rotor.

Die Rücktransformationsbeziehung (4.11) liefert mit (4.12), (4.13) und (4.15) für die Schleifringläufermaschine folgenden Zusammenhang zwischen den Momentanwerten der Strangströme und den komplexen Ersatzströmen

$$\begin{bmatrix} i_{S1} \\ i_{S2} \\ i_{S3} \\ i_{R1} \\ i_{R2} \\ i_{R3} \end{bmatrix} = \sqrt{2}\,\mathrm{Re} \begin{bmatrix} \underline{I}_{Sm}\,e^{j\omega_S t} \\ \underline{a}^2\,\underline{I}_{Sm}\,e^{j\omega_S t} \\ \underline{a}\,\underline{I}_{Sm}\,e^{j\omega_S t} \\ \ddot{u}\,\underline{I}'_{Rm}\,e^{js\omega_S t} \\ \underline{a}^2\,\ddot{u}\,\underline{I}'_{Rm}\,e^{js\omega_S t} \\ \underline{a}\,\ddot{u}\,\underline{I}'_{Rm}\,e^{js\omega_S t} \end{bmatrix} \tag{4.73}$$

Im Fall des Käfigläufers sind die Strangströme gemäß (4.61) mit $\underline{i}'_{Rp} = \sqrt{\frac{3}{2}}\,\underline{I}'_{Rm}\,e^{j\gamma_{S0}}$

und γ_R nach (4.68a) zu ermitteln.

Die zweite, vom Gegensystem abhängige Komponente der Störgröße (4.63) wird mit γ_S nach (4.68) zeitlich veränderlich. Das System (4.18) lautet dann

$$\sqrt{\frac{3}{2}}\begin{bmatrix} \underline{U}^*_{Sg}\, e^{-j(2\omega_S t-\gamma_{S0})} \\ \underline{U}_{Sg}\, e^{j(2\omega_S t-\gamma_{S0})} \\ 0 \\ 0 \\ 0 \\ 0 \end{bmatrix} = \begin{bmatrix} R_S & & & & & \\ & R_S & & & & \\ & & R_S & & & \\ & & & R'_R & & \\ & & & & R'_R & \\ & & & & & R'_R \end{bmatrix} \cdot \begin{bmatrix} \underline{i}_{S1} \\ \underline{i}^*_{S1} \\ \underline{i}_{S0} \\ \underline{i}'_{R1} \\ \underline{i}'^*_{R1} \\ i'_{R0} \end{bmatrix} +$$

$$+ j \begin{bmatrix} \omega_S & & & & & \\ & -\omega_S & & & & \\ & & 0 & & & \\ & & & s\,\omega_S & & \\ & & & & -s\,\omega_S & \\ & & & & & 0 \end{bmatrix} \cdot \begin{bmatrix} \underline{\Psi}_{S1} \\ \underline{\Psi}^*_{S1} \\ \Psi_{S0} \\ \underline{\Psi}'_{R1} \\ \underline{\Psi}'^*_{R1} \\ \Psi'_{R0} \end{bmatrix} + \frac{d}{dt} \begin{bmatrix} \underline{\Psi}_{S1} \\ \underline{\Psi}^*_{S1} \\ \Psi_{S0} \\ \underline{\Psi}'_{R1} \\ \underline{\Psi}'^*_{R1} \\ \Psi'_{R0} \end{bmatrix} .$$

Mit den stationären Lösungsansätzen

$$\underline{i}_{S1} = \sqrt{\frac{3}{2}}\, \underline{I}^*_{Sg}\, e^{-j(2\omega_S t-\gamma_{S0})}, \qquad \underline{i}_{R1} = \sqrt{\frac{3}{2}}\, \underline{I}'^*_{Rg}\, e^{-j(2\omega_S t-\gamma_{S0})} \tag{4.74}$$

und der Flußbeziehung (4.19) folgen daraus die beiden Gleichungen des Gegensystems

$$\underline{U}_{Sg} = (R_S + j\,\omega_S\, L_{S\sigma})\,\underline{I}_{Sg} + j\,\omega_S\, L_{Sh}\,(\underline{I}_{Sg} + \underline{I}'_{Rg}) , \tag{4.75}$$

$$0 = (\frac{1}{2-s} R'_R + j\,\omega_S\, L'_{R\sigma})\,\underline{I}'_{Rg} + j\,\omega_S\, L_{Sh}(\underline{I}_{Sg} + \underline{I}'_{Rg}) , \tag{4.76}$$

die sich in dem Ersatzschaltbild von Abb. 4.7 veranschaulichen lassen.

Die Nullkomponenten der Ströme verschwinden auch in diesem Fall im Stator und Rotor.

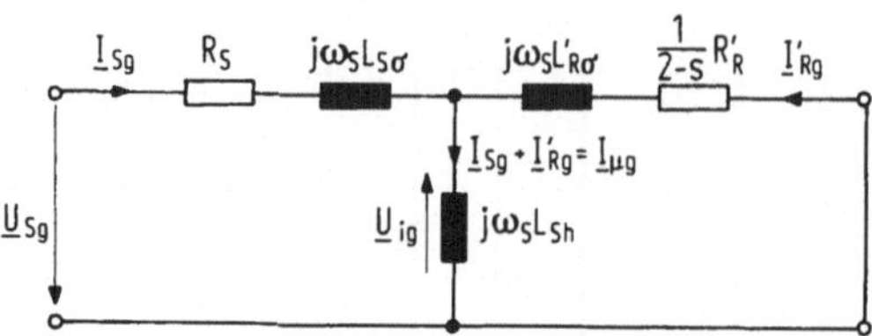

Abb. 4.7 Ersatzschaltbild der Drehstromasynchronmaschine für das Gegensystem

Die Rücktransformationsbeziehung (4.11) liefert mit (4.12), (4.13) und (4.15) für die Schleifringläufermaschine folgenden Zusammenhang zwischen den Momentanwerten der Strangströme und den komplexen Ersatzströmen:

$$\begin{bmatrix} i_{S1} \\ i_{S2} \\ i_{S3} \\ i_{R1} \\ i_{R2} \\ i_{R3} \end{bmatrix} = \sqrt{2}\,\mathrm{Re} \begin{bmatrix} \underline{I}_{Sg}\, e^{j\,\omega_S t} \\ \underline{a}\,\underline{I}_{Sg}\, e^{j\,\omega_S t} \\ \underline{a}^2\,\underline{I}_{Sg}\, e^{j\,\omega_S t} \\ \ddot{u}\,\underline{I}'_{Rg}\, e^{j(2-s)\,\omega_S t} \\ \underline{a}\,\ddot{u}\,\underline{I}'_{Rg}\, e^{j(2-s)\,\omega_S t} \\ \underline{a}^2\,\ddot{u}\,\underline{I}'_{Rg}\, e^{j(2-s)\,\omega_S t} \end{bmatrix} \quad . \tag{4.77}$$

Im Fall des Käfigläufers sind die Strangströme gemäß (4.61) mit

$\underline{i}'_{Rp} = \sqrt{\frac{3}{2}}\,\underline{I}'^{*}_{Rg}\, e^{-j(2\,\omega_S t\,-\,\gamma_{S0})}$ und γ_R nach (4.68a) zu ermitteln.

Für die dritte, vom Nullsystem abhängige Komponente der Störgröße (4.63), folgt aus (4.18), (4.19) die Gleichung

$$\sqrt{\frac{3}{2}}\, 2\,\mathrm{Re}\left\{\underline{U}_{S0}\, e^{j\,\omega_S t}\right\} = R_S\, i_{S0} + L_{S0}\,\frac{d\, i_{S0}}{dt} \quad .$$

Mit dem stationären Lösungsansatz

$$i_{S0} = 2\sqrt{\frac{3}{2}}\,\mathrm{Re}\left\{ \underline{I}_{S0}\, e^{j\omega_S t} \right\} \tag{4.78}$$

folgt daraus

$$\underline{U}_{S0} = (R_S + j\,\omega_S\, L_{S0})\, \underline{I}_{S0} \quad . \tag{4.79}$$

Die Rücktransformation der Nullkomponente des Statorstroms nach (4. 11) und (4. 12) liefert

$$i_{S1} = i_{S2} = i_{S3} = \sqrt{2}\,\mathrm{Re}\left\{ \underline{I}_{S0}\, e^{j\omega_S t} \right\} \quad . \tag{4.80}$$

Durch Superposition der Lösungen (4. 70), (4. 74), (4. 78) erhält man die resultierenden transformierten Ströme für den Fall des unsymmetrischen Statorspannungssystems:

$$\begin{aligned} \underline{i}_{S1} &= \sqrt{\frac{3}{2}}\,(\underline{I}_{Sm} + \underline{I}^{*}_{Sg}\, e^{-j2\omega_S t})\, e^{j\gamma_{S0}} \quad ,\\ \underline{i}'_{R1} &= \sqrt{\frac{3}{2}}\,(\underline{I}'_{Rm} + \underline{I}'^{*}_{Rg}\, e^{-j2\omega_S t})\, e^{j\gamma_{S0}} \quad ,\\ i_{S0} &= 2\sqrt{\frac{3}{2}}\,\mathrm{Re}\left\{ \underline{I}_{S0}\, e^{j\omega_S t} \right\} \quad . \end{aligned} \tag{4.81}$$

Außerdem verschwindet die Nullkomponente der Rotorströme, $i'_{R0} = 0$. Die resultierenden Zeitwerte der Strangströme ergeben sich durch Überlagerung der Lösungen (4. 73), (4. 77) und (4. 80).

Das **innere Drehmoment** der unsymmetrisch gespeisten Drehstromasynchronmaschine erhält man aus (4. 26) durch Einsetzen der Ströme nach (4. 81):

$$M_i = 3\,p\,L_{Sh}\,\mathrm{Im}\left\{ \underline{I}_{Sm}\underline{I}'^{*}_{Rm} + \underline{I}^{*}_{Sg}\underline{I}'_{Rg} + \underline{I}_{Sm}\underline{I}'_{Rg}\, e^{j2\omega_S t} + \underline{I}^{*}_{Sg}\underline{I}'^{*}_{Rm}\, e^{-j2\omega_S t} \right\} \quad . \tag{4.82}$$

Das Drehmoment, für dessen Zeitwert das Superpositionsgesetz nicht gilt, besteht aus je einem zeitlich konstanten Anteil des Mit- und des Gegensystems (asynchrone Momente) und einem mit der doppelten Statorfrequenz zeitlich sinusförmig veränderlichen Anteil, der vom Mit- und Gegensystem abhängt (Pendelmoment).

Mit den in den Ersatzschaltbildern Abb. 4. 6 und 4. 7 definierten Magnetisierungsströmen (Index μ) und induzierten Spannungen (Index i),

$$\underline{U}_{im} = - j\,\omega_S\, L_{Sh} \underline{I}_{\mu m} \quad ,$$
$$\underline{U}_{ig} = - j\,\omega_S\, L_{Sh} \underline{I}_{\mu g} \quad , \tag{4.83}$$

erhält man aus (4. 82) für den zeitlichen Mittelwert des inneren Drehmoments

$$\overline{M}_i = M_{im} - M_{ig} \tag{4.84}$$

mit

$$M_{im} = 3p\,L_{Sh}\,\mathrm{Im}\left\{\underline{I}_{Sm}\underline{I}'^{*}_{Rm}\right\} = \frac{3}{\Omega_s}\,\mathrm{Re}\left\{\underline{U}_{im}\underline{I}'^{*}_{Rm}\right\},$$
$$M_{ig} = -3p\,L_{Sh}\,\mathrm{Im}\left\{\underline{I}^{*}_{Sg}\underline{I}'_{Rg}\right\} = \frac{3}{\Omega_s}\,\mathrm{Re}\left\{\underline{U}_{ig}\underline{I}'^{*}_{Rg}\right\}, \tag{4.85}$$

wobei Ω_s die synchrone Winkelgeschwindigkeit bedeutet.

Aus der Definition der Drehfeldleistung

$$P_D = \Omega_s\,\overline{M}_i \tag{4.86}$$

ergibt sich mit (4. 84) und (4. 85)

$$P_D = P_{Dm} - P_{Dg} \quad , \tag{4.87}$$

wobei für die Drehfeldleistungen des Mit- und des Gegensystems gilt:

$$P_{Dm} = 3\,\mathrm{Re}\left\{\underline{U}_{im}\underline{I}'^{*}_{Rm}\right\},$$
$$P_{Dg} = 3\,\mathrm{Re}\left\{\underline{U}_{ig}\underline{I}'^{*}_{Rg}\right\}. \tag{4.88}$$

Zwischen dem Mittelwert der mechanischen Leistung

$$\overline{P}_{mech} = \Omega\,\overline{M}_i$$

und der Drehfeldleistung (4. 86) besteht der Zusammenhang

$$\overline{P}_{mech} = (1 - s)\,P_D \tag{4.89}$$

mit dem Schlupf s nach (4. 69).

Im folgenden wird ein Zusammenhang zwischen der Drehfeldleistung und dem Mittelwert der elektrischen Verlustleistung der Rotorwicklung hergeleitet. Der Zeitwert dieser Verlustleistung wird gemäß (2. 40) mit

$$V_{elR} = (\underline{i}'_R)^{*'}\,(\underline{R}'_R)\,(\underline{i}'_R) \tag{4.90}$$

durch Einsetzen von $(\underline{i}'_R)$ nach (4. 81) und $i'_{R0} = 0$

$$V_{elR} = 3\,[\,I'^{\,2}_{Rm} + I'^{\,2}_{Rg} + 2\,\mathrm{Re}\left\{ \underline{I}'_{Rm}\,\underline{I}'_{Rg}\,e^{j2\omega_S t} \right\}\,]\,R'_R \quad . \tag{4.91}$$

Der Mittelwert hiervon ist dann

$$\overline{V}_{elR} = V_{elRm} + V_{elRg} \tag{4.92}$$

mit

$$V_{elRm} = 3\,R'_R\,I'^{\,2}_{Rm} \quad , \qquad V_{elRg} = 3\,R'_R\,I'^{\,2}_{Rg} \quad . \tag{4.93}$$

Für die Drehfeldleistungen der beiden Systeme nach (4.88) erhält man aus den Ersatzschaltbildern Abb. 4.6 und 4.7

$$P_{Dm} = 3\,\frac{R'_R}{s}\,I'^{\,2}_{Rm} \quad ,$$

$$P_{Dg} = 3\,\frac{R'_R}{2-s}\,I'^{\,2}_{Rg} \quad .$$

Ein Vergleich dieser Terme mit (4.93) liefert die gesuchten Zusammenhänge

$$V_{elRm} = s\,P_{Dm} \quad , \qquad V_{elRg} = (2-s)\,P_{Dg} \quad . \tag{4.94}$$

Für den Mittelwert der über den Luftspalt vom Stator auf den Rotor übertragenen Leistung ergibt sich dann mit (4.89), (4.87), (4.92) und (4.94)

$$\overline{P}_{mech} + \overline{V}_{elR} = P_{Dm} + P_{Dg} \quad . \tag{4.95}$$

Über den Luftspalt wird also n i c h t die gemäß (4.86) definierte Drehfeldleistung übertragen.

Die wichtigste B e t r i e b s k e n n l i n i e der Drehstromasynchronmaschine ist der funktionale Zusammenhang zwischen dem inneren Drehmoment oder der Drehfeldleistung und der Drehzahl oder dem Schlupf, der mit Hilfe der Definitionen (4.85) oder (4.88) aus den Ersatzschaltbildern Abb. 4.6 und 4.7 gewonnen werden kann. Die daraus resultierenden nach K l o s s benannten Formeln lauten für das Mit- und das Gegensystem, wenn die bei Speisung mit Nennfrequenz praktisch immer erfüllten Voraussetzungen

$$\frac{R_S}{\omega_S L_{Sh}} \ll 1 \quad , \qquad \frac{L_{S\sigma}}{L_{Sh}} \ll 1 \quad , \qquad \frac{L'_{R\sigma}}{L_{Sh}} \ll 1$$

gelten:

$$\frac{M_{im}}{M_{mK}} = \frac{P_{Dm}}{P_{DmK}} = \frac{2+2\,s_K\,R_S/R_R'\,(1+L_{S\sigma}/L_{Sh})^2}{s/s_K + s_K/s + 2\,s_K\,R_S/R_R'\,(1+L_{S\sigma}/L_{Sh})^2}$$

$$\frac{M_{ig}}{M_{gK}} = \frac{P_{Dg}}{P_{DgK}} = \frac{2+2\,s_K\,R_S/R_R'\,(1+L_{S\sigma}/L_{Sh})^2}{(2-s)/s_K + s_K/(2-s) + 2\,s_K\,R_S/R_R'\,(1+L_{S\sigma}/L_{Sh})^2} \tag{4.96}$$

mit folgenden Näherungsbeziehungen für den Kippschlupf

$$s_K = \frac{R_R'}{\sqrt{\omega_S^2\,(L_{S\sigma} + L_{R\sigma}')^2 + R_S^2}} \tag{4.97}$$

und die Extremwerte der Drehfeldleistungen, die Kippdrehfeldleistungen

$$P_{DmK} = \Omega_s\,M_{mK} = \frac{3\,U_{Sm}^2}{2(R_S + \sqrt{\omega_S^2\,(L_{S\sigma} + L_{R\sigma}')^2 + R_S^2})} ,$$

$$P_{DgK} = \Omega_s\,M_{gK} = \frac{3\,U_{Sg}^2}{2(R_S + \sqrt{\omega_S^2\,(L_{S\sigma} + L_{R\sigma}')^2 + R_S^2})} . \tag{4.98}$$

Häufig werden die Kloss'schen Formeln auf den Fall $R_S = 0$ reduziert. Diese Näherung ist jedoch nur bei großen Maschinen zulässig, da der Ständerwiderstand mit zunehmender Baugröße relativ zu den Streureaktanzen abnimmt.

Der Zeitwert der mit dem Netz ausgetauschten elektrischen Leistung wird gemäß (2.16)

$$P_{el} = P_S = (\underline{i}_S)^{*'}\,(\underline{u}_S)$$

und durch Einsetzen von (4.17) mit (4.63) und (4.81)

$$P_S = 3\,\mathrm{Re}\left\{\underline{U}_{Sm}\underline{I}_{Sm}^*\right\} + 3\,\mathrm{Re}\left\{\underline{U}_{Sg}\underline{I}_{Sg}^*\right\} + 3\,\mathrm{Re}\left\{\underline{U}_{Sm}\underline{I}_{Sg}\,e^{j2\omega_S t}\right\}$$
$$+ 3\,\mathrm{Re}\left\{\underline{U}_{Sg}^*\underline{I}_{Sm}^*\,e^{-j2\omega_S t}\right\} + 3\cdot 2\,\mathrm{Re}\left\{\underline{U}_{S0}\,e^{j\omega_S t}\right\}\mathrm{Re}\left\{\underline{I}_{S0}\,e^{j\omega_S t}\right\}. \tag{4.99}$$

Der Mittelwert der Statorleistung ist dann

4.3 Stationärer Betrieb der Drehstromasynchronmaschine am unsymmetrischen Netz

$$\overline{P}_S = 3\,\mathrm{Re}\left\{ \underline{U}_{Sm}\,\underline{I}^*_{Sm} \right\} + 3\,\mathrm{Re}\left\{ \underline{U}_{Sg}\,\underline{I}^*_{Sg} \right\} + 3\,\mathrm{Re}\left\{ \underline{U}_{S0}\,\underline{I}^*_{S0} \right\}$$

oder

$$\overline{P}_S = 3\,U_{Sm}\,I_{Sm}\cos\varphi_{Sm} + 3\,U_{Sg}\,I_{Sg}\cos\varphi_{Sg} + 3\,U_{S0}\,I_{S0}\cos\varphi_{S0}\,, \qquad (4.100)$$

wobei die Winkel φ_{Sm}, φ_{Sg} und φ_{S0} die Phasenwinkeldifferenzen zwischen den entsprechenden Spannungs- und Stromzeigern bedeuten.

Bildet man analog zu (4. 90) die elektrische Verlustleistung der Statorwicklung, dann erhält man mit (4. 81) für deren Mittelwert

$$\overline{V}_{elS} = 3\,R_S\,(I^2_{Sm} + I^2_{Sg} + I^2_{S0}) \quad . \qquad (4.101)$$

Damit ergibt sich zusammen mit (4. 95) für die Mittelwerte folgende in Abb. 4. 8 veranschaulichte Leistungsbilanz:

$$\overline{P}_S = \overline{V}_{elS} + \overline{V}_{elR} + \overline{P}_{mech} \quad . \qquad (4.102)$$

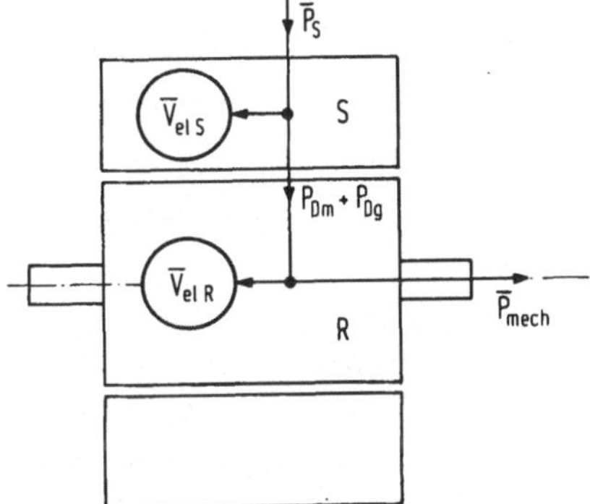

Abb. 4. 8 Leistungsbilanz der Drehstromasynchronmaschine bei unsymmetrischer Speisung und konstanter Drehzahl

In dem Diagramm der Abb. 4. 9 sind die Komponenten der Drehfeldleistung gemäß (4. 96) und der Rotorverlustleistung gemäß (4. 94) für ein Beispiel mit $U_{Sm}/U_{Sg} = \sqrt{3}$ in Abhängigkeit vom Schlupf oder der Winkelgeschwindigkeit dargestellt. Beachtenswert ist, daß die resultierende Drehfeldleistung P_D und damit der Mittelwert des inneren Drehmoments im Bereich $0 < s < 2$ drei Nullstellen hat. Sind Mit- und Gegenkomponente des Statorspannungssystems betragsmäßig gleich groß, $U_{Sm} = U_{Sg}$, dann fällt die mittlere der drei Nullstellen von P_D oder $\overline{M}_i$ in den Punkt $s = 1$ ($\Omega = 0$) und ein Anlaufen der Maschine aus dem Stillstand ist nicht mehr möglich. Im Fall $U_{Sm} \neq U_{Sg}$ bestimmt die größere der beiden Komponenten die Richtung des Anzugsmoments.

Der normale Betrieb der Drehstromasynchronmaschine erfolgt am symmetrischen Netz und stellt somit einen Sonderfall des hier behandelten unsymmetrischen Betriebs dar. Auf diesen Sonderfall werden die hier gewonnenen Ergebnisse im folgenden Abschnitt zugeschnitten.

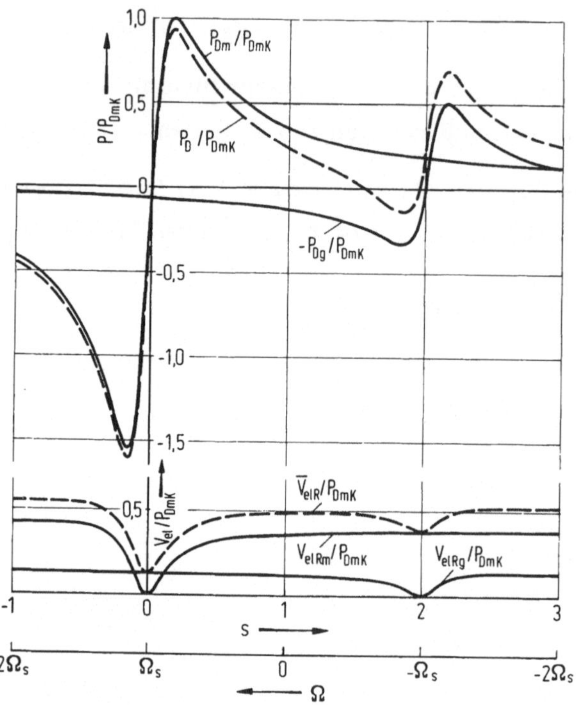

Abb. 4.9 Leistungskennlinien einer Drehstromasynchronmaschine bei unsymmetrischer Speisung ($U_{Sm}/U_{Sg} = \sqrt{3}$) und konstanter Drehzahl (Maschinendaten: $R_S = 0,4\,\Omega$; $\omega_{SN}\,L_{Sh} = 29,4\,\Omega$; $R_R' = 0,29\,\Omega$; $\omega_{SN}\,L_{S\sigma} = 0,728\,\Omega$; $\omega_{SN}\,L_{R\sigma}' = 0,99\,\Omega$; $\omega_{SN} = 2\,\pi 50\,s^{-1}$)

4.4 Stationärer Betrieb der Drehstromasynchronmaschine am symmetrischen Netz

Wird die Statorwicklung der Drehstromasynchronmaschine mit einem symmetrischen sinusförmigen Spannungssystem, einem reinen Mitsystem gespeist, dann gelten die Beziehungen (4.65) bis (4.67). Damit folgt aus den Gleichungen (4.75), (4.76) und (4.79), daß die Gegen- und Nullkomponenten sämtlicher Ströme verschwinden. Die Momentanwerte der berechneten resultierenden Drehmomente und Leistungen (4.82), (4.91) und (4.99) werden dann zeitlich konstant. Das stationäre Betriebsverhalten der Maschine wird dann allein vom Ersatzschaltbild Abb. 4.6

bestimmt, für das dann außer (4.67) gilt:

$$\underline{I}_{Sm} = \underline{I}_{S1}\,, \quad \underline{I}'_{Rm} = \underline{I}'_{R1}\,, \quad \underline{I}_{\mu m} = \underline{I}_{\mu 1} = \underline{I}_{S1} + \underline{I}'_{R1} \quad .$$

Die Beträge der Zeiger (Effektivwerte) werden mit U_S, I_S und I'_R bezeichnet. Die Strangströme des Stators und Rotors ergeben sich dann gemäß (4.73) oder (4.61) auch als symmetrische Systeme.

Für die Drehfeldleistung gilt dann mit (4.86)

$$P_D = \Omega_s M_i \tag{4.103}$$

mit dem Zeitwert des inneren Drehmoments nach (4.85)

$$M_i = \frac{3}{\Omega_s} \operatorname{Re}\left\{ \underline{U}_{i1} \underline{I}'^{*}_{R1} \right\} \quad .$$

Der Zeitwert der mechanischen Leistung ist dann nach (4.89)

$$P_{mech} = (1-s)\, P_D \quad .$$

Der Zeitwert der elektrischen Verlustleistung des Rotors wird nach (4.93)

$$V_{elR} = 3\, R'_R\, I'^{2}_R \tag{4.104}$$

und nach (4.94)

$$V_{elR} = s\, P_D \quad . \tag{4.105}$$

Der Zeitwert der mit dem Netz ausgetauschten elektrischen Leistung ist nach (4.99) und (4.100)

$$P_S = 3\, U_S\, I_S \cos \varphi_S \tag{4.106}$$

und der Zeitwert der elektrischen Verlustleistung des Stators nach (4.101)

$$V_{elS} = 3\, R_S\, I_S^2 \quad .$$

Die in Abb. 4.10 veranschaulichte Leistungsbilanz (4.102) gilt dann für die Zeitwerte

$$P_S = V_{elS} + V_{elR} + P_{mech} \quad . \tag{4.107}$$

Der Zusammenhang zwischen Drehfeldleistung bzw. innerem Drehmoment und dem Schlupf wird gemäß (4.96)

$$\frac{P_D}{P_{DK}} = \frac{M_i}{M_K} = \frac{2 + 2\, s_K\, R_S/R_R'\, (1+L_{S\sigma}/L_{Sh})^2}{s/s_K + s_K/s + 2\, s_K\, R_S/R_R'\, (1+L_{S\sigma}/L_{Sh})^2} \tag{4. 108}$$

mit dem Kippschlupf s_K nach (4. 97) und der Kippdrehfeldleistung P_{DK} nach (4. 98).

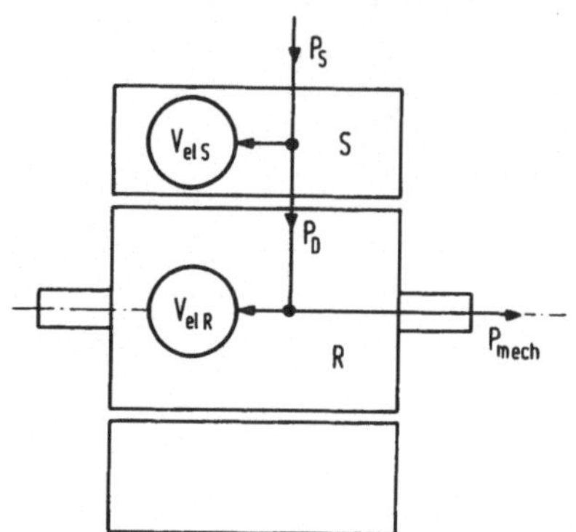

Abb. 4. 10 Leistungsbilanz der Drehstromasynchronmaschine bei symmetrischer Speisung und konstanter Drehzahl

Vergleicht man die Beziehung (4. 108) mit der Näherung

$$\frac{M_i}{M_K} \approx \frac{2}{s/s_K + s_K/s} \quad , \tag{4. 108a}$$

dann ergibt sich als Differenz ein absoluter Fehler, der vier Extremwerte besitzt, die für die Maschine des Beispiels von Abb. 4. 11 (Nennleistung 10 kW) in Tab. 4. 1 angegeben sind.

Tabelle 4. 1

$\Delta M_i/M_K$	- 0,546	0,048	0	0,048
s	$-s_K$	0,0416	s_K	0,648

Daraus folgt, daß die "Näherung" insbesondere im Bereich negativen Schlupfs mit einer zu großen Unsicherheit behaftet ist.

In dem Diagramm von Abb. 4. 11 ist die Drehfeldleistung, die mechanische Leistung und die elektrische Verlustleistung des Rotors in Abhängigkeit vom Schlupf für die am starren symmetrischen Netz stationär betriebene Drehstromasynchronmaschine dargestellt. Im gleichen Diagramm sind auch die **Betriebsbereiche** der Maschine gekennzeichnet:

a) Motorbetriebsbereich (M): $0 \leqq s \leqq 1$, $0 \leqq \Omega \leqq \Omega_s$

In diesem sog. untersynchronen Bereich ist die innere mechanische Leistung positiv. Ist sie größer als die mechanische Verlustleistung der Maschine,

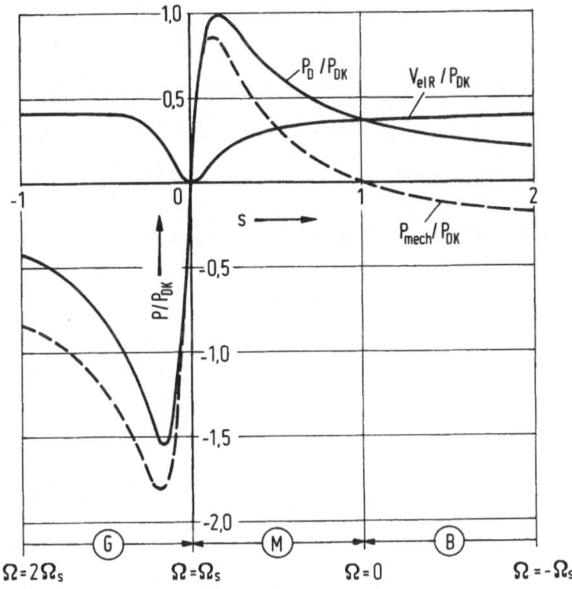

Abb. 4.11 Leistungskennlinien der Drehstromasynchronmaschine bei symmetrischer Speisung und konstanter Drehzahl (Maschinendaten vergl. Abb. 4. 9)

dann gibt die Maschine nach (1. 3a) über die Kupplung mechanische Leistung ab.

$$P_{mech} \geqq 0 , \quad P_D \geqq 0 , \quad M_i \geqq 0 , \quad P_S > 0$$

b) Nutzbremsbetriebsbereich (G): $s < 0$, $\Omega > \Omega_s$

In diesem sog. übersynchronen Bereich oder Generatorbereich sind innere mechanische Leistung und Drehfeldleistung negativ. Die der Maschine über die Kupplung zugeführte mechanische Leistung muß also größer sein als ihre mechanische Verlustleistung. Wird der Betrag der Drehfeldleistung größer als die Statorverlustleistung, dann gibt die Maschine elektrische Leistung an das Netz ab ($P_S < 0$).

$$P_{mech} < 0 , \quad P_D < 0 , \quad M_i < 0$$

c) Gegenstrombremsbetriebsbereich (B): $s > 1$, $\Omega < 0$

In diesem Bereich ist die innere mechanische Leistung negativ und die

Drehfeldleistung positiv. Bei dieser Art von Bremsbetrieb wird keine Leistung ins Netz rückgeliefert. Innere mechanische Leistung und Drehfeldleistung werden im Rotor in Wärmeleistung umgesetzt.

$$P_{mech} < 0 \; , \qquad P_D > 0 \; , \qquad M_i > 0 \; , \qquad P_S > 0$$

Der sich stationär einstellende Betriebspunkt wird nach (1. 6) außer durch die Kennlinie des inneren Drehmoments M_{i1} durch die Drehzahlabhängigkeit des resultierenden Verlustmoments und des inneren Drehmoments der gekuppelten Maschine (z. B. Arbeitsmaschine) bestimmt.

Definiert man als resultierendes Widerstandsmoment

$$- M_{i2} + M_{v1} + M_{v2} = M_W \quad , \tag{4.109}$$

dann muß nach (1. 6) für einen stationären Betriebspunkt gelten

$$M_{i1}(\Omega) = M_W(\Omega) \quad .$$

Damit der Betriebspunkt stabil ist, muß noch eine zusätzliche Bedingung erfüllt sein. Wird der Betrag der Winkelgeschwindigkeit um einen kleinen Betrag vergrössert oder verkleinert, dann muß im Fall eines stabilen Betriebspunkts nach (1. 6) ein Beschleunigungsmoment $M_{i1} - M_W = J \, d\Omega / dt$ auftreten, das die vorgenommene Drehzahländerung rückgängig macht. Im Fall der Instabilität wirkt dieses Beschleunigungsmoment im Sinn der vorgenommenen Drehzahländerung.

In dem Diagramm von Abb. 4. 12 ergeben sich für die angenommenen Widerstandskennlinien $M_{Wa}(\Omega)$ und $M_{Wb}(\Omega)$ drei Betriebspunkte, die jeweiligen Schnittpunkte

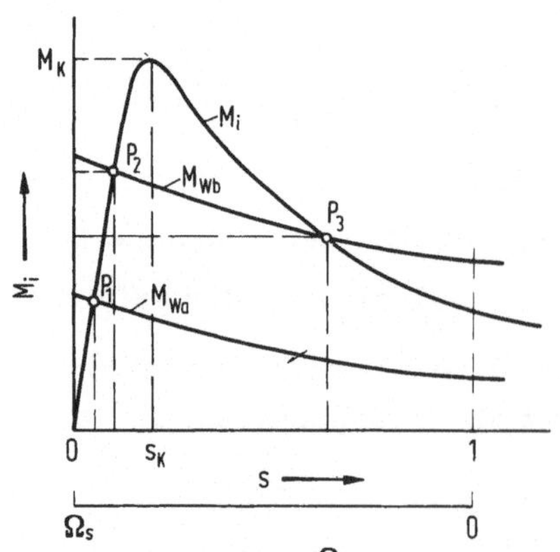

Abb. 4. 12 Stabile (P_1, P_2) und instabile (P_3) Betriebspunkte einer symmetrisch gespeisten Drehstromasynchronmaschine im Motorbereich

mit der Kennlinie des inneren Drehmoments der Drehstromasynchronmaschine. Nach obigem Kriterium sind die Betriebspunkte P_1 und P_2 stabil, während P_3 instabil ist. Mathematisch formuliert lautet das Kriterium für Stabilität allgemein

$$[M_i(\Omega_B+\Delta\Omega) - M_W(\Omega_B+\Delta\Omega)] \operatorname{sign}\Delta\Omega \operatorname{sign}\Omega_B < 0 \,,$$

wobei $\Delta\Omega$ eine entsprechend kleine positive oder negative Abweichung von der Winkelgeschwindigkeit Ω_B des Betriebspunkts ist. Das aus dem stationären Betriebsverhalten gewonnene Stabilitätskriterium sagt nichts über die "dynamische Stabilität" eines Antriebs aus.

Der Motorbetriebsbereich wird begrenzt durch den ideellen Leerlaufpunkt bei $s = 0$ und den Stillstandspunkt (Kurzschlußpunkt) bei $s = 1$. *Im ideellen Leerlauf*, der wegen der immer vorhandenen mechanischen Verluste nicht exakt erreicht werden kann, läuft der Rotor synchron mit dem resultierenden Luftspaltfeld (siehe Abschn. 4.5) und das innere Drehmoment verschwindet. Im *Stillstand* ist die Drehfeldleistung gleich der elektrischen Verlustleistung des Rotors. Anlaufen kann die Maschine nur, wenn ihr *Anzugsmoment* $M_i(\Omega=0)$ größer als das Widerstandsmoment $M_W(\Omega=0)$ ist.

Der *Nennbetriebspunkt*, für den die Maschine mit Rücksicht auf die thermische und magnetische Beanspruchung des Materials bemessen wurde, liegt im Bereich $0 < s < s_K$, wo der Wirkungsgrad und der Leistungsfaktor $\cos\varphi_S$ ihre Maxima haben. Die Winkelgeschwindigkeit ist im Nennbetrieb

$$\Omega_N = 2\pi n_N = (1-s_N)\,\Omega_s \quad .$$

Als Nennmoment M_N ist das bei Nennbetrieb an der Kupplung wirksame Drehmoment definiert. Für das innere Drehmoment im Nennbetrieb gilt deshalb

$$M_{iN} = M_N + M_{vN} \quad ,$$

wobei M_{vN} das mechanische Verlustmoment der Asynchronmaschine im Nennbetrieb ist. Entsprechend gilt dann für die Leistungen

$$P_{mech\,N} = P_N + V_{mech\,N} \tag{4.110}$$

mit der Nennleistung

$$P_N = \Omega_N M_N$$

und der mechanischen Verlustleistung

$$V_{mech\,N} = \Omega_N M_{vN} \quad .$$

Die im Nennbetrieb vom Netz an die Maschine gelieferte Leistung ist nach (4.106)

$$P_{SN} = 3\, U_{SN}\, I_{SN} \cos \varphi_{SN} \quad ,$$

wobei U_{SN}, I_{SN} die Effektivwerte der Stranggrößen sind und $\cos \varphi_{SN}$ der Nennleistungsfaktor. Liegt Dreieckschaltung bzw. Sternschaltung vor, dann werden als auf dem Leistungsschild angegebene Nennwerte der Leiterstrom (verketteter Strom) $I_N = \sqrt{3}\, I_{SN}$ bzw. die Leiterspannung (verkettete Spannung) $U_N = \sqrt{3}\, U_{SN}$ zur Berechnung der aufgenommenen Leistung verwendet:

$$P_{SN} = \sqrt{3}\, U_N\, I_N \cos \varphi_{SN} \quad .$$

In der Leistungsbilanz (4.107) sind die Eisenverluste, die bei Nennbetrieb wegen der geringen elektrischen Rotorfrequenz $s_N\, \omega_S$ lediglich im Statoreisenpaket auftreten, nicht berücksichtigt. Man kann sie jedoch durch eine nachträgliche Korrektur erfassen, indem man für die Statorverlustleistung setzt

$$V_{elSN} = 3\, R_S\, I_{SN}^2 + V_{FeN} \quad .$$

Auf die Berechnung der Eisenverluste wird hier nicht eingegangen [9, S. 174 bis 185]. Der Wirkungsgrad im Nennbetrieb wird dann

$$\eta_N = P_N / P_{SN}$$

oder mit (4.107) und (4.110)

$$\eta_N = \frac{P_N}{P_N + V_{elSN} + V_{elRN} + V_{mechN}} \quad .$$

4.5 Physikalische Deutung der Strom-Raumzeiger mit Hilfe des Drehfeldes

In diesem Abschnitt wird für die Schleifringläufermaschine ein Zusammenhang zwischen den transformierten Strömen und dem zeitlich-räumlichen Verlauf des magnetischen Felds im Luftspalt hergestellt.

Beschränkt man sich auf die 1. Harmonische und läßt man die Nutschrägung außer Betracht, dann können nach (3.20) mit den Positionswinkeln gemäß Abb. 4.1 die Felderregerkurven sämtlicher Stator- und Rotorstränge ermittelt werden:

$$\begin{bmatrix} v_{S1}(\alpha,t) \\ v_{S2}(\alpha,t) \\ v_{S3}(\alpha,t) \end{bmatrix} = \frac{2\, w_S\, \xi_{S1}}{p\pi} \begin{bmatrix} i_{S1}(t)\cos(\alpha-\gamma_S) \\ i_{S2}(t)\cos(\alpha-\gamma_S-2\pi/3) \\ i_{S3}(t)\cos(\alpha-\gamma_S-4\pi/3) \end{bmatrix} , \tag{4.111}$$

$$\begin{bmatrix} v_{R1}(\alpha,t) \\ v_{R2}(\alpha,t) \\ v_{R3}(\alpha,t) \end{bmatrix} = \frac{2\, w_R\, \xi_{R1}}{p\pi} \begin{bmatrix} i_{R1}(t)\cos(\alpha-\gamma_R) \\ i_{R2}(t)\cos(\alpha-\gamma_R-2\pi/3) \\ i_{R3}(t)\cos(\alpha-\gamma_R-4\pi/3) \end{bmatrix} . \tag{4.112}$$

Die resultierende Felderregerkurve erhält man durch Addition der Felderregerkurven sämtlicher Stränge

$$v(\alpha,t) = v_{S1} + v_{S2} + v_{S3} + v_{R1} + v_{R2} + v_{R3} \quad . \tag{4.113}$$

Schreibt man die cos-Funktionen in (4.111) und (4.112) mittels der Eulerschen Formel als Summen von komplexen e-Funktionen, dann wird die Summe (4.113) unter Verwendung der durch (4.16), (4.17), (4.12) und (4.13) definierten Raumzeiger $\underline{i}_{S1}$ und $\underline{i}'_{R1}$

$$v(\alpha,t) = \sqrt{3}\,\frac{w_S\,\xi_{S1}}{p\pi}\left[\left(\underline{i}_{S1}+\underline{i}'_{R1}\right) e^{-j\alpha} + \left(\underline{i}^*_{S1}+\underline{i}'^*_{R1}\right) e^{j\alpha}\right]$$

oder

$$v(\alpha,t) = \sqrt{3}\,\frac{w_S\,\xi_{S1}}{p\pi}\, 2\,\mathrm{Re}\left\{\left(\underline{i}_{S1}+\underline{i}'_{R1}\right) e^{-j\alpha}\right\} . \tag{4.114}$$

Definiert man den Raumzeiger des Magnetisierungsstroms mit

$$\underline{i}_\mu = \underline{i}_{S1} + \underline{i}'_{R1} \quad ,$$

dann wird aus (4.114)

$$v(\alpha,t) = \sqrt{3}\,\frac{w_S\,\xi_{S1}}{p\pi}\, 2\,\mathrm{Re}\left\{\underline{i}_\mu\, e^{-j\alpha}\right\} .$$

Mit (3.6) folgt dann bei konstantem Ersatzluftspalt für die mittlere Radialkomponente der Induktion im Luftspalt

$$B(\alpha,t) = \sqrt{3}\,\mu_0\,\frac{w_S\,\xi_{S1}}{p\,\pi\,\delta''}\, 2\,\mathrm{Re}\left\{\underline{i}_\mu\, e^{-j\alpha}\right\} \quad . \tag{4.115}$$

Damit wurde ein allgemeiner Zusammenhang zwischen den Strom-Raumzeigern und dem Luftspaltfeld gewonnen. Die allgemeine Beziehung (4.115) wird nun auf den Fall der in Abschn. 4.3 behandelten unsymmetrisch gespeisten Schleifringläufermaschine zugeschnitten. Dort wurde nach (4.68) eine mit ω_S relativ zum Stator umlaufende Bezugsachse gewählt. Will man also die Funktion der Luftspaltinduktion auf die Achse des Statorstrangs S1 beziehen, dann muß die Variable α gemäß Abb. 4.1 durch α' ersetzt werden:

$$\alpha - \gamma_S = \alpha'$$

mit γ_S nach (4.68). Setzt man die resultierenden Raumzeiger der unsymmetrisch gespeisten Maschine nach (4.81) in (4.115) ein, dann erhält man

$$B(\alpha,t) = 3\,\frac{\mu_0 w_S \xi_{S1}}{p\pi\delta''}\sqrt{2}\,\mathrm{Re}\{(\underline{I}_{Sm}+\underline{I}'_{Rm})e^{-j(\alpha'-\omega_S t)}+(\underline{I}^*_{Sg}+\underline{I}'^*_{Rg})\,e^{-j(\alpha'+\omega_S t)}\}.$$

Mit den in den Ersatzschaltbildern Abb. 4.6 und 4.7 definierten Magnetisierungsstrom-Zeigern des Mit- und des Gegensystems wird daraus

$$B(\alpha,t) = 3\,\frac{\mu_0 w_S \xi_{S1}}{p\pi\delta''}\sqrt{2}\,\mathrm{Re}\{\underline{I}_{\mu m}\,e^{-j(\alpha'-\omega_S t)}+\underline{I}^*_{\mu g}\,e^{-j(\alpha'+\omega_S t)}\}. \qquad (4.116)$$

Es handelt sich um die Überlagerung von zwei Induktionswellen, wobei die des Mitsystems relativ zum Stator mit der elektrischen Winkelgeschwindigkeit $d\alpha'/dt = +\omega_S$ und die des Gegensystems mit $d\alpha'/dt = -\omega_S$ umläuft.

Beide mit der gleichen Geschwindigkeit in entgegengesetzte Richtung umlaufende Kreisdrehfelder bilden zusammen ein elliptisches Drehfeld, d.h. der Term, dessen Realteil die Luftspaltinduktion bestimmt, liefert für α' = const als Ortskurve in der komplexen Zahlenebene mit $\omega_S t$ als Parameter eine Ellipse. Die Amplituden der beiden Induktionswellen des Mit- und Gegensystems sind nach (4.116)

$$B_{m1} = 3\,\frac{\mu_0 w_S \xi_{S1}}{p\pi\delta''}\sqrt{2}\,I_{\mu m}\,,$$

$$B_{g1} = 3\,\frac{\mu_0 w_S \xi_{S1}}{p\pi\delta''}\sqrt{2}\,I_{\mu g}\,. \qquad (4.117)$$

Damit erhält man für die Amplituden der magnetischen Flüsse, die je einer räumlichen Halbwelle der beiden Komponenten in (4.116) entsprechen, durch Integration

$$\Phi_{m1} = \frac{2}{\pi} B_{m1}\, l\, \tau_p \quad ,$$
$$\Phi_{g1} = \frac{2}{\pi} B_{g1}\, l\, \tau_p \quad . \tag{4.118}$$

Ersetzt man in den durch (4.83) und die Ersatzschaltbilder Abb. 4.6 und 4.7 definierten induzierten Spannungen die Effektivwerte der Magnetisierungsströme nach (4.117) und (4.118) durch die Flüsse, dann ergibt sich unter Beachtung von (4.21) und (4.5):

$$U_{im} = \omega_S\, w_S\, \xi_{S1} \frac{1}{\sqrt{2}} \Phi_{m1} \quad ,$$
$$U_{ig} = \omega_S\, w_S\, \xi_{S1} \frac{1}{\sqrt{2}} \Phi_{g1} \quad . \tag{4.119}$$

Für den Fall der symmetrisch gespeisten Maschine (vgl. Abschn. 4.4) entfallen die Gegenkomponenten (Index g) sämtlicher Größen. Von den beiden Induktionswellen in (4.116) tritt dann nur die mit $d\alpha'/dt = +\omega_S$ relativ zum Stator umlaufende auf. Das elliptische Drehfeld des allgemeinen unsymmetrischen Falls geht dann in ein Kreisdrehfeld über.

Aus der hier durchgeführten Betrachtung folgt auch, daß die Nullkomponente des Statorstroms bei alleiniger Berücksichtigung der ersten räumlichen Harmonischen der Felderregerkurve oder Feldkurve auf das Luftspaltfeld keinen Einfluß hat. Daraus erklärt sich auch die Bezeichnung Nullkomponente.

4.6 Verfahren der Drehzahlverstellung von Drehstromasynchronmaschinen

Polumschaltbare Asynchronmaschinen:

Eine stufige Verstellbarkeit der Drehzahl von Käfigläufermotoren kann man dadurch erreichen, daß man sie im Stator mit einer sog. polumschaltbaren Wicklung oder mit zwei Wicklungen unterschiedlicher Polpaarzahl ausstattet. Verwendet man zwei polumschaltbare Wicklungen, dann können mit einer Maschine durch Umschaltungen im Stator bei gleicher Speisefrequenz vier verschiedene synchrone Winkelgeschwindigkeiten $\Omega_s = \omega_S/p$ eingestellt werden. Durch Umschalten auf eine höhere Polpaarzahl und damit niedrigere synchrone Winkelgeschwindigkeit wird die Maschine generatorisch abgebremst. Durch

Umschalten auf eine niedrigere Polpaarzahl wird die Maschine motorisch beschleunigt.

Drehzahlverstellung beim Schleifringläufermotor:

Die stetige Verstellbarkeit der Drehzahl von Schleifringläufermotoren wird dadurch erreicht, daß man gemeinsam stetig verstellbare Widerstände über Schleifringe und Bürsten in die Rotorstränge einschaltet. Die Momentenkennlinie (4.108) erfährt, da das Kippmoment M_K nach (4.98) unabhängig vom Rotorstrangwiderstand R_R' ist und der Kippschlupf s_K nach (4.97) dem Rotorstrangwiderstand proportional ist, durch Vorschalten des Widerstands R_v pro Strang eine dem Faktor

$$c = \frac{s'}{s} = \frac{R_R + R_v}{R_R}$$

entsprechende Änderung des Abszissenmaßstabs. Dabei ist s' der sich für ein bestimmtes inneres Drehmoment infolge der Widerstandserhöhung ergebende neue Schlupfwert. Im Diagramm von Abb. 4.13 ist die Momentenkennlinie einer Maschine für verschiedene Vorwiderstände dargestellt. Schleifringläufermotoren werden

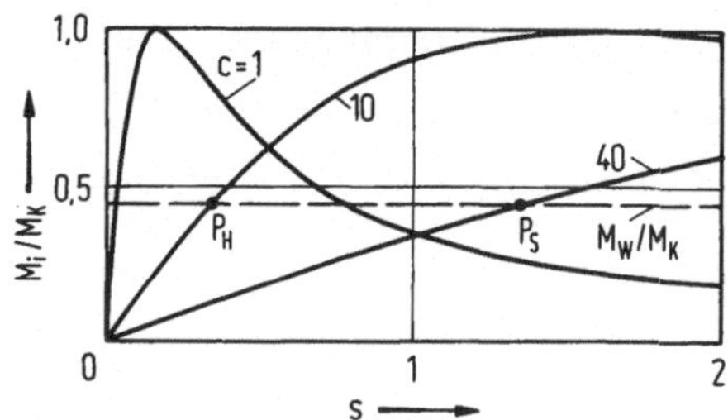

Abb. 4.13 Drehzahlverstellung einer Drehstromasynchronmaschine durch zusätzliche Widerstände im Läuferkreis ($c = [R_R + R_v]/R_R$, Maschinendaten vgl. Abb. 4.9)

z.B. zum Antrieb von Hebezeugen eingesetzt. Das Absenken von Lasten erfolgt im Gegenstrombremsbereich $s > 1$ und das Heben im Motorbereich $0 < s < 1$. In Abb. 4.13 ist für ein konstant angenommenes Widerstandsmoment M_W nach (4.109) je ein stationärer Betriebspunkt im Hub- (P_H) und im Senkbereich (P_S) eingezeichnet.

Frequenzsteuerung der Asynchronmaschine:

Das modernste Verfahren der stetigen Drehzahlverstellung von Käfigläufermaschinen arbeitet mit elektronischen Umrichtern, mit deren Hilfe man Drehspannungs- oder Drehstromsysteme einstellbarer Frequenz und Amplitude erzeugen kann. Es handelt sich dabei um Stromrichterschaltungen mit Zwangskommutierung, deren wichtigstes Bauelement der Thyristor ist. Da die Statorspannung oder

der Statorstrom und die Statorfrequenz der Asynchronmaschine innerhalb gewisser dem Umrichter eigenen Grenzen frei einstellbar sind, bietet sich als Steuerprinzip der Betrieb bei konstantem Luftspaltfluß $\Phi_{1m} = \Phi_1 = \Phi_N$ nach (4.118), also bei etwa gleicher magnetischer Beanspruchung des Eisens an. Φ_N sei der Nennfluß, für den die Maschine entworfen wurde. Aus (4.119) folgt dann für die induzierte Spannung (vgl. Ersatzschaltbild Abb. 4.6)

$$U_i = \omega_S \, w_S \, \xi_{S1} \frac{1}{\sqrt{2}} \, \Phi_N$$

oder

$$U_i = \omega_S \, L_{Sh} \, I_{\mu N} \quad .$$

Im folgenden werden die den stationären symmetrischen Betrieb bei konstantem Fluß bestimmenden Zusammenhänge und Kennlinien hergeleitet. Ausgangspunkt sind die Gln. (4.71), (4.72) und das Ersatzschaltbild Abb. 4.6 (Index m = 1), wobei der Schlupf s nach (4.69) und (4.73) durch das Verhältnis

$$s = \omega_R / \omega_S \tag{4.120}$$

mit ω_R als elektrischer Rotorfrequenz ausgedrückt wird. Zunächst wird gezeigt, daß das innere Drehmoment bei konstantem Fluß nur von der Rotorfrequenz ω_R abhängt. Aus (4.103), (4.104) und (4.105) folgt mit (4.120)

$$M_i = 3 \frac{p}{\omega_R} R'_R \, I'^{\,2}_R \quad . \tag{4.121}$$

Aus dem Ersatzschaltbild Abb. 4.6 folgt mit $I_\mu = I_{\mu N}$ für den Rotorstrom

$$I'_R = \frac{L_{Sh} \, I_{\mu N}}{\sqrt{(R'_R/\omega_R)^2 + L'^{\,2}_{R\sigma}}} \quad . \tag{4.122}$$

Durch Einsetzen von (4.122) in (4.121) erhält man für das innere Drehmoment in Abhängigkeit von der Rotorfrequenz

$$\frac{M_i}{M^*_K} = \frac{2}{\omega_R/\omega^*_{RK} + \omega^*_{RK}/\omega_R} \tag{4.123}$$

mit dem Kippmoment

$$M^*_K = \frac{3p \, (L_{Sh} \, I_{\mu N})^2}{2 \, L'_{R\sigma}}$$

und der Rotorkippfrequenz

$$\omega^*_{RK} = \frac{R'_R}{L'_{R\sigma}} \quad .$$

Der Effektivwert der Statorspannung hängt, wie folgende Rechnung zeigt, von der Statorfrequenz ω_S und der Rotorfrequenz ω_R ab. Aus dem Ersatzschaltbild Abb. 4. 6 folgen die beiden Maschengleichungen

$$\underline{U}_{S1} = (R_S + j\,\omega_S\,L_{S\sigma})\,\underline{I}_{S1} + j\,\omega_S\,L_{Sh}\,\underline{I}_{\mu 1} \quad , \tag{4.124}$$

$$-j\,\omega_S\,L_{Sh}\,\underline{I}_{\mu 1} = (R'_R\,\omega_S/\omega_R + j\,\omega_S\,L'_{R\sigma})(\underline{I}_{\mu 1} - \underline{I}_{S1}) \quad . \tag{4.125}$$

Ersetzt man in (4. 124) $\underline{I}_{S1}$ mit Hilfe von (4. 125), dann erhält man für den Betrag des Spannungszeigers, also für den Effektivwert der Statorstrangspannung:

$$\frac{U_S}{U_{iN}} = \sqrt{\left[\frac{R_S}{\omega_{SN}\,L_{Sh}} - \frac{(L_{S\sigma}/L'_{R\sigma})(\omega_S/\omega_{SN}) - (R_S/\omega_{SN}\,L'_{R\sigma})(\omega_R/\omega^*_{RK})}{\omega_R/\omega^*_{RK} + \omega^*_{RK}/\omega_R}\right]^2 + \left[(1+\frac{L_{S\sigma}}{L_{Sh}})\frac{\omega_S}{\omega_{SN}} + \frac{R_S/\omega_{SN}\,L'_{R\sigma} + (L_{S\sigma}/L'_{R\sigma})(\omega_S/\omega_{SN})(\omega_R/\omega^*_{RK})}{\omega_R/\omega^*_{RK} + \omega^*_{RK}/\omega_R}\right]^2} \tag{4.126}$$

mit dem Nennwert der induzierten Spannung

$$U_{iN} = \omega_{SN}\,L_{Sh}\,I_{\mu N}$$

und ω_{SN} als Stator-Nennfrequenz.

Für den ideellen Leerlauf folgt mit $\omega_R = 0$ und damit $M_i = 0$ aus (4. 126)

$$U_S/U_{iN} = \sqrt{(R_S/\omega_{SN}\,L_{Sh})^2 + (1 + L_{S\sigma}/L_{Sh})^2\,(\omega_S/\omega_{SN})^2} \quad .$$

Wird ein bestimmtes inneres Drehmoment M_i bei einer bestimmten Winkelgeschwindigkeit

$$\Omega = \frac{1}{p}(\omega_S - \omega_R) \tag{4.127}$$

gefordert, dann folgt aus (4. 123) die erforderliche elektrische Rotorfrequenz ω_R und damit aus (4. 127) die Statorfrequenz ω_S. Mit ω_R und ω_S kann dann aus (4. 126) die einzustellende Statorspannung gewonnen werden.

Ist der die Maschine speisende Umrichter mit einer Stromregelung ausgestattet, wird also Amplitude und Frequenz des Statorstroms an Stelle der Statorspannung verstellt, dann kann der Betrag des Statorstromzeigers $\underline{I}_{S1}$ gemäß folgender aus (4.125) ermittelten Beziehung in Abhängigkeit von ω_R berechnet werden:

$$\frac{I_S}{I_{\mu N}} = \sqrt{\left(1 + \frac{\omega_R L_{Sh}/R'_R}{\omega_R/\omega^*_{RK} + \omega^*_{RK}/\omega_R}\right)^2 + \left(\frac{L_{Sh}/L'_{R\sigma}}{\omega_R/\omega^*_{RK} + \omega^*_{RK}/\omega_R}\right)^2} \quad . \tag{4.128}$$

Für den ideellen Leerlauf wird mit $\omega_R = 0$ und damit $M_i = 0$ nach (4.128) $I_S = I_{\mu N}$.

In Abb. 4.14 sind die Kennlinien (4.123) und (4.128) und in Abb. 4.15 die Kennlinie (4.126) für eine Maschine als Beispiel dargestellt. Dabei ist zu beachten, daß die

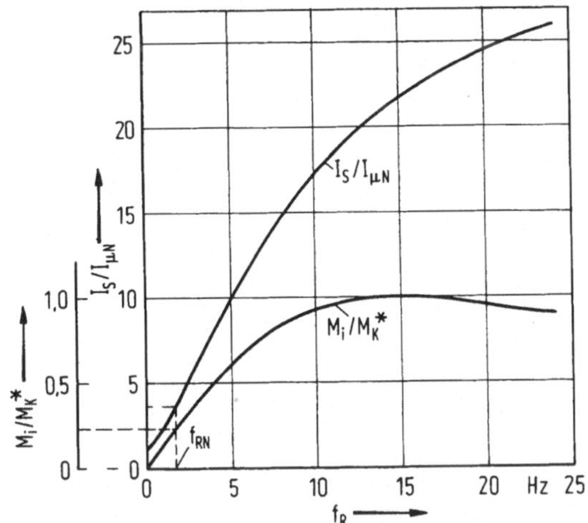

Abb. 4.14 Ständerstrom und inneres Drehmoment einer symmetrisch gespeisten Drehstromasynchronmaschine in Abhängigkeit von der Läuferfrequenz ($f_R = \omega_R/2\pi$) bei konstantem Fluß (Maschinendaten vgl. Abb. 4.9)

Beziehung (4.123) des Drehmoments eine ungerade und die Beziehung (4.128) des Statorstroms eine gerade Funktion bezüglich ω_R ist. Die Funktion der Statorspannung (4.126) liefert für ein Wertepaar ω_S, ω_R das gleiche Ergebnis wie für das Wertepaar $-\omega_S$, $-\omega_R$, d. h. bei Umkehrung des Vorzeichens beider Frequenzen - also bei Drehrichtungsumkehr nach (4.127) - ändert sich erwartungsgemäß der stationäre Wert der Statorspannung nicht. Die Darstellung der Funktion (4.126) wurde deshalb auf den Bereich $\omega_S \gtreqless 0$ beschränkt. Durch die Vorzeichen der Frequenzen wird gemäß (4.62) und (4.73) die Phasenfolge der Spannungen und Ströme im Stator und Rotor bestimmt. Das Vorzeichen der Statorfrequenz ω_S bestimmt, wie in Abschn. 4.5 erläutert wurde, die Umlaufrichtung des resultierenden Drehfelds. In Abb. 4.16 ist das Blockschaltbild für die Drehzahlsteuerung einer umrichtergespeisten Drehstromasynchronmaschine mit Stromregelung zu sehen. Eingangsgröße ist das innere Drehmoment M_i, Ausgangsgröße die Winkelge-

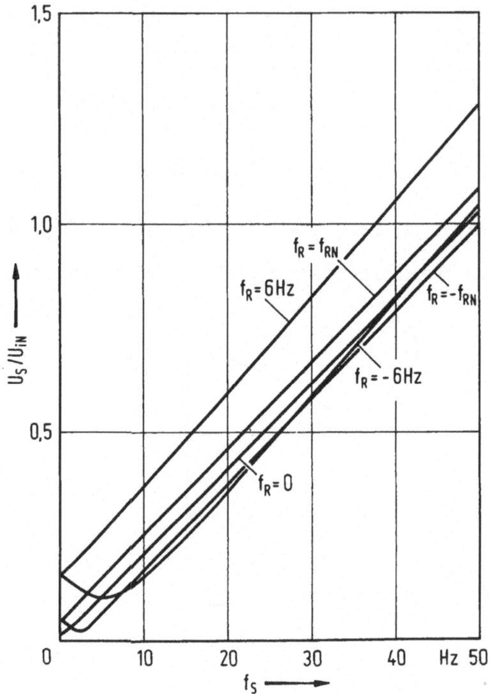

Abb. 4.15 Ständerspannung einer symmetrisch gespeisten Drehstromasynchronmaschine in Abhängigkeit von der Ständerfrequenz ($f_S = \omega_S/2\pi$) bei konstanter Läuferfrequenz ($f_R = \omega_R/2\pi$) und konstantem Fluß (Maschinendaten vgl. Abb. 4.9)

schwindigkeit Ω. Der Umrichter soll zusammen mit der Steuerelektronik in der Lage sein, ein symmetrisches Statorstromsystem mit der vorgegebenen Frequenz ω_S und dem vorgegebenen Effektivwert $I_{S\,soll}$ zu erzeugen.

Die verschiedenen Betriebsbereiche der Asynchronmaschine (vgl. Abschn. 4.4) können durch folgende Beziehungen zwischen den Frequenzen und der mechanischen Winkelgeschwindigkeit gekennzeichnet werden:

a) Motorbetrieb:

$\operatorname{sign} \omega_S = \operatorname{sign} p\Omega$, $|\omega_S| > |p\Omega|$, im Diagramm Abb. 4.15: $\omega_S > \omega_R > 0$

b) Nutzbremsbetrieb:

$\operatorname{sign} \omega_S = \operatorname{sign} p\Omega$, $|\omega_S| < |p\Omega|$, im Diagramm Abb. 4.15: $\omega_R < 0$

c) Gegenstrombremsbetrieb:

sign ω_S = - sign $p\Omega$, im Diagramm Abb. 4.15: $\omega_R > \omega_S$

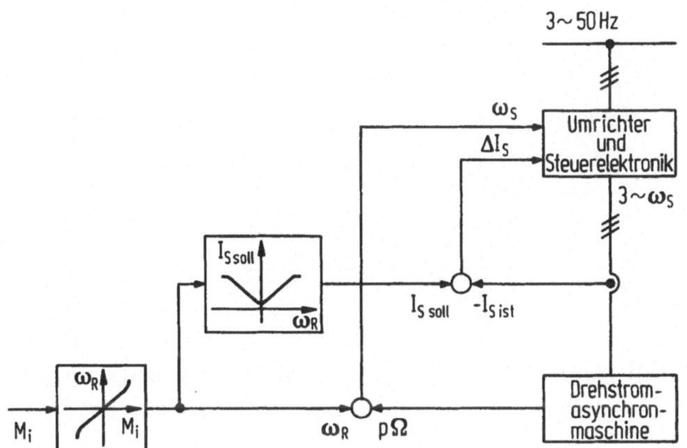

Abb. 4.16 Drehzahlsteuerung der umrichtergespeisten Drehstromasynchronmaschine mit Stromregelung

Ein nach den stationären Kennlinien verlaufender Reversiervorgang von $p\Omega = \omega_{SN}$ bis $p\Omega = -\omega_{SN}$ mit konstantem innerem Moment $M_i = -M_{iN}$ und damit konstanter

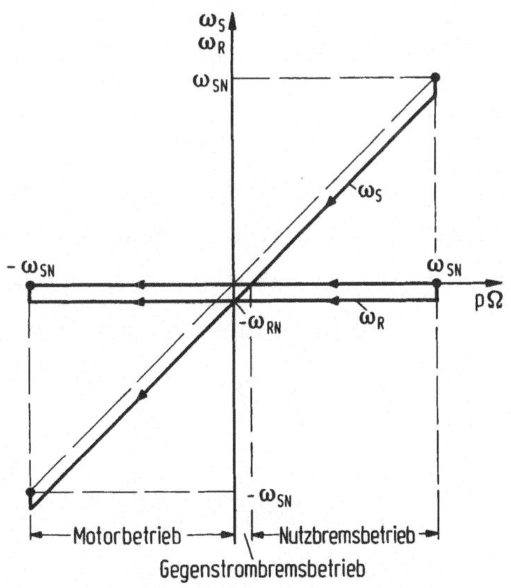

Abb. 4.17 Reversieren der Drehstromasynchronmaschine von $p\Omega = \omega_{SN}$ bis $p\Omega = -\omega_{SN}$ bei konstanter Läuferfrequenz ($\omega_R = -\omega_{RN}$)

Rotorfrequenz $\omega_R = -\omega_{RN}$ ist im Diagramm von Abb. 4.17 veranschaulicht. Es zeigt sich, daß beim Reversieren sämtliche Betriebsbereiche durchfahren werden, wobei der Gegenstrombremsbetrieb jedoch auf einen kleinen Drehzahlbereich $0 < p\Omega < \omega_{RN}$ beschränkt bleibt.

In einem weiteren Diagramm Abb. 4.18 ist die Grenzkurve einer umrichtergespeisten Drehstromasynchronmaschine enthalten. Es handelt sich dabei um die Darstellung des stationär zulässigen inneren Drehmoments in Abhängigkeit von der

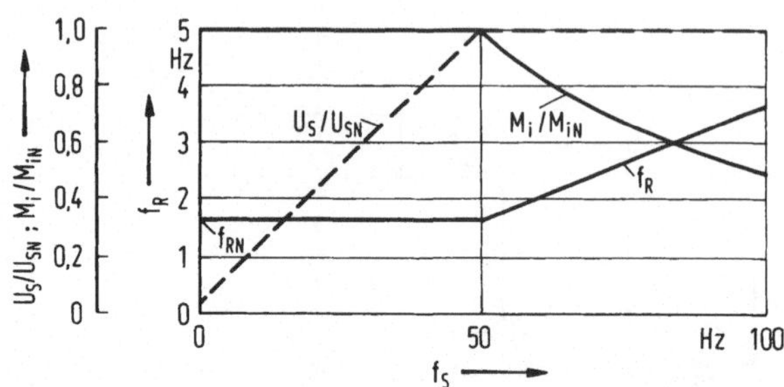

Abb. 4.18 Grenzkennlinien einer Drehstromasynchronmaschine bei Betrieb mit konstantem Fluß (0 bis 50 Hz) und konstanter Spannung (50 bis 100 Hz); (Maschinendaten vgl. Abb. 4.9)

Statorfrequenz. Dabei sind zwei Bereiche zu unterscheiden:

a) Bereich konstanten Flusses: $0 \leqq \omega_S \leqq \omega_{SN}$

$I_\mu = I_{\mu N}$, $\omega_R = \omega_{RN}$, $M_i = M_{iN}$, $I_S = I_{SN}$

Die Statorspannung wird gemäß Gleichung (4.126) gesteuert.

b) Bereich konstanter Spannung (Feldschwächbereich): $\omega_S > \omega_{SN}$

$U_S = U_{SN}$, $I_S = I_{SN}$

Die Rotorfrequenz ω_R muß in Abhängigkeit von ω_S so verstellt werden, daß bei vorgegebener Statorspannung $U_S = U_{SN}$ der Statorstrom auf seinem Nennwert $I_S = I_{SN}$ bleibt und das innere Drehmoment damit den höchstmöglichen Wert erreicht. Gemäß dieser Vorschrift muß der Betrag der sich aus (4.124) und (4.125) mit $\underline{I}_{\mu 1} = \underline{I}_{S1} + \underline{I}'_{R1}$ ergebenden Impedanz

$$\frac{\underline{U}_{S1}}{\underline{I}_{S1}} = R_S + j\omega_S (L_{S\sigma} + L_{Sh}) + \frac{(\omega_S L_{Sh})^2}{R'_R (\omega_S/\omega_R) + j\,\omega_S (L'_{R\sigma} + L_{Sh})}$$

folgender Bedingung genügen:

$$\frac{U_{SN}/I_{SN}}{\omega_{SN}\,L_{Sh}} = \sqrt{\left[\frac{R_S}{\omega_{SN}\,L_{Sh}} + \frac{(\omega_S/\omega_R)\,R_R'/\omega_{SN}\,L_{Sh}}{(R_R'/\omega_{SN}\,L_{Sh})^2\,(\omega_{SN}/\omega_R)^2 + (1+L_{R\sigma}'/L_{Sh})^2}\right]^2 + \left(\frac{\omega_S}{\omega_{SN}}\right)^2\left[\left(1+\frac{L_{S\sigma}}{L_{Sh}}\right) - \frac{(1+L_{R\sigma}'/L_{Sh})}{(R_R'/\omega_{SN}\,L_{Sh})^2\,(\omega_{SN}/\omega_R)^2+(1+L_{R\sigma}'/L_{Sh})^2}\right]^2}\,.$$

Hieraus kann für jede Statorfrequenz ω_S die zugehörige Rotorfrequenz ω_R ermittelt werden. Das in Abb. 4. 18 dargestellte Ergebnis zeigt, daß für $\omega_S > \omega_{SN}$ die Rotorfrequenz gegenüber ω_{RN} erhöht werden muß, um den Statorstrom konstant zu halten.

4.7 Dynamisches Verhalten der Drehstromasynchronmaschine

Wie bereits in 4. 1 und 4. 2 erläutert, können Übergangsvorgänge der Drehstromasynchronmaschine mit den transformierten komplexen Gleichungen (4. 18), (4. 19), (4. 26) der Schleifringläufermaschine oder (4. 56), (4. 57), (4. 60) der Käfigläufermaschine in Zusammenhang mit der Drehmomentgleichung (1. 6) beschrieben werden. Im allgemeinen Fall ergibt sich ein nichtlineares Differentialgleichungssystem, im Fall eines vorgegebenen nichtkonstanten zeitlichen Verlaufs der Drehzahl ein lineares zeitvariantes und im Fall konstanter Drehzahl ein lineares zeitinvariantes System. Im letzten Fall ist im Gegensatz zu den beiden ersten immer eine analytische Lösung (z. B. mit Hilfe der Laplace-Transformation) möglich. In den beiden ersten Fällen muß das System zur Lösung auf dem Analogrechner nachgebildet oder in ein Programm zur numerischen Lösung auf dem Digitalrechner überführt werden. Ist die bei dem zu beschreibenden Übergangsvorgang zu erwartende Änderungsgeschwindigkeit der Drehzahl sehr klein gegenüber der Änderungsgeschwindigkeit der elektrischen Größen (z. B. wegen des großen Trägheitsmoments), dann kann man näherungsweise mit konstanter Drehzahl rechnen und damit ein zeitinvariantes lineares System erhalten. Während moderne Digitalrechner auch die direkte Programmierung komplexer Größen ermöglichen, muß das komplexe System für die Programmierung auf dem Analogrechner in ein reelles umgewandelt werden. Diese Umwandlung wird hier für die Gleichungen der Schleifringläufermaschine mit Hilfe einer weiteren leistungsinvarianten unitären Transformation durchgeführt:

$$\begin{pmatrix} (\underline{u}_S) \\ (\underline{u}'_R) \end{pmatrix} = \begin{pmatrix} (K) & \\ & (K) \end{pmatrix} \cdot \begin{pmatrix} (\bar{u}_S) \\ (\bar{u}'_R) \end{pmatrix} \qquad \begin{pmatrix} (\underline{i}_S) \\ (\underline{i}'_R) \end{pmatrix} = \begin{pmatrix} (K) & \\ & (K) \end{pmatrix} \cdot \begin{pmatrix} (\bar{i}_S) \\ (\bar{i}'_R) \end{pmatrix} \tag{4.129}$$

mit der unitären Transformationsmatrix

$$(K) = \frac{1}{\sqrt{2}} \begin{pmatrix} 1 & j & 0 \\ 1 & -j & 0 \\ 0 & 0 & \sqrt{2} \end{pmatrix} . \tag{4.130}$$

Die transformierten reellen Spannungs- und Stromvektoren sind dann

$$(\bar{u}_S) = \begin{pmatrix} u_{Sp} \\ u_{Sq} \\ u_{S0} \end{pmatrix} ; \quad (\bar{u}'_R) = \begin{pmatrix} u_{Rp} \\ u_{Rq} \\ u_{R0} \end{pmatrix} ; \quad (\bar{i}_S) = \begin{pmatrix} i_{Sp} \\ i_{Sq} \\ i_{S0} \end{pmatrix} ; \quad (\bar{i}'_R) = \begin{pmatrix} i_{Rp} \\ i_{Rq} \\ i_{R0} \end{pmatrix} . \tag{4.131}$$

Die mit p indizierten Variablen sind das $\sqrt{2}$-fache des Realteils und die mit q indizierten das $\sqrt{2}$-fache des Imaginärteils des jeweiligen Raumzeigers, wie die folgende Inversion der Transformationsbeziehungen (4.129) zeigt:

$$\begin{pmatrix} (\bar{u}_S) \\ (\bar{u}'_R) \end{pmatrix} = \begin{pmatrix} (K)^{*'} & \\ & (K)^{*'} \end{pmatrix} \cdot \begin{pmatrix} (\underline{u}_S) \\ (\underline{u}'_R) \end{pmatrix} ; \quad \begin{pmatrix} (\bar{i}_S) \\ (\bar{i}'_R) \end{pmatrix} = \begin{pmatrix} (K)^{*'} & \\ & (K)^{*'} \end{pmatrix} \cdot \begin{pmatrix} (\underline{i}_S) \\ (\underline{i}'_R) \end{pmatrix} . \tag{4.132}$$

Wendet man die Transformation (4.129) auf das komplexe System (4.18), (4.19) an, dann erhält man daraus das folgende reelle System:

$$\begin{pmatrix} u_{Sp} \\ u_{Sq} \\ u_{S0} \\ u_{Rp} \\ u_{Rq} \\ u_{R0} \end{pmatrix} = \begin{pmatrix} R_S & & & & & \\ & R_S & & & & \\ & & R_S & & & \\ & & & R'_R & & \\ & & & & R'_R & \\ & & & & & R'_R \end{pmatrix} \cdot \begin{pmatrix} i_{Sp} \\ i_{Sq} \\ i_{S0} \\ i_{Rp} \\ i_{Rq} \\ i_{R0} \end{pmatrix} + \begin{pmatrix} & \dot{\gamma}_S & & & & \\ -\dot{\gamma}_S & & & & & \\ & & & & & \\ & & & & \dot{\gamma}_R & \\ & & & -\dot{\gamma}_R & & \\ & & & & & \end{pmatrix} \cdot \begin{pmatrix} \Psi_{Sp} \\ \Psi_{Sq} \\ \Psi_{S0} \\ \Psi_{Rp} \\ \Psi_{Rq} \\ \Psi_{R0} \end{pmatrix} + \frac{d}{dt} \begin{pmatrix} \Psi_{Sp} \\ \Psi_{Sq} \\ \Psi_{S0} \\ \Psi_{Rp} \\ \Psi_{Rq} \\ \Psi_{R0} \end{pmatrix} , \tag{4.133}$$

$$\begin{array}{|c|}\hline \Psi_{Sp} \\ \hline \Psi_{Sq} \\ \hline \Psi_{S0} \\ \hline \Psi_{Rp} \\ \hline \Psi_{Rq} \\ \hline \Psi_{R0} \\ \hline \end{array} = \begin{array}{|c|c|c|c|c|c|}\hline L_{Sh}+L_{S\sigma} & & & L_{Sh} & & \\ \hline & L_{Sh}+L_{S\sigma} & & & L_{Sh} & \\ \hline & & L_{S0} & & & 0 \\ \hline L_{Sh} & & & L_{Sh}+L'_{R\sigma} & & \\ \hline & L_{Sh} & & & L_{Sh}+L'_{R\sigma} & \\ \hline & & 0 & & & L'_{R0} \\ \hline \end{array} \cdot \begin{array}{|c|}\hline i_{Sp} \\ \hline i_{Sq} \\ \hline i_{S0} \\ \hline i_{Rp} \\ \hline i_{Rq} \\ \hline i_{R0} \\ \hline \end{array} \quad . \tag{4.134}$$

Formal das gleiche Ergebnis liefert die Anwendung der Transformation (4.129) auf das komplexe System (4.56), (4.57) der Käfigläufermaschine, jedoch mit dem Unterschied, daß die Nullkomponenten der Rotorgrößen verschwinden. Beziehung (4.26) für das innere Drehmoment ergibt, wenn man die komplexen Raumzeiger der Ströme durch die reellen Variablen gemäß (4.129) ersetzt,

$$M_{i1} = p\, L_{Sh}\, (i_{Sq}\, i_{Rp} - i_{Sp}\, i_{Rq}) \quad .$$

Durch Einsetzen der Flußbeziehungen aus (4.134) erhält man daraus folgende häufig verwendete Darstellung des inneren Drehmoments

$$M_{i1} = p\,(\Psi_{Sp}\, i_{Sq} - \Psi_{Sq}\, i_{Sp}) \quad . \tag{4.135}$$

Einen Zusammenhang zwischen den echten Momentanwerten der Spannungen und Ströme und den transformierten Variablen (4.131) liefert die Zusammenfassung der Transformationsbeziehungen (4.11) und (4.129):

$$\begin{array}{|c|}\hline (u_S) \\ \hline (u_R) \\ \hline \end{array} = \begin{array}{|c|c|}\hline (C_S)(K) & \\ \hline & \frac{1}{ü}(C_R)(K) \\ \hline \end{array} \cdot \begin{array}{|c|}\hline (\bar{u}_S) \\ \hline (\bar{u}'_R) \\ \hline \end{array} , \quad \begin{array}{|c|}\hline (i_S) \\ \hline (i_R) \\ \hline \end{array} = \begin{array}{|c|c|}\hline (C_S)(K) & \\ \hline & ü(C_R)(K) \\ \hline \end{array} \cdot \begin{array}{|c|}\hline (\bar{i}_S) \\ \hline (\bar{i}'_R) \\ \hline \end{array} \tag{4.136}$$

mit

$$(C_S)\,(K) = \sqrt{\frac{2}{3}} \begin{array}{|c|c|c|}\hline \cos\,\gamma_S & \sin\,\gamma_S & 1/\sqrt{2} \\ \hline \cos(\gamma_S+2\pi/3) & \sin(\gamma_S+2\pi/3) & 1/\sqrt{2} \\ \hline \cos(\gamma_S+4\pi/3) & \sin(\gamma_S+4\pi/3) & 1/\sqrt{2} \\ \hline \end{array} \quad , \tag{4.137}$$

$$(C_R)(K) = \sqrt{\frac{2}{3}} \begin{array}{|c|c|c|}\hline \cos\,\gamma_R & \sin\,\gamma_R & 1/\sqrt{2} \\ \hline \cos(\gamma_R+2\pi/3) & \sin(\gamma_R+2\pi/3) & 1/\sqrt{2} \\ \hline \cos(\gamma_R+4\pi/3) & \sin(\gamma_R+4\pi/3) & 1/\sqrt{2} \\ \hline \end{array} \quad . \tag{4.138}$$

Die Inversion der Transformationsbeziehungen (4.136) ergibt sich mit (4.132) und (4.16):

$$\begin{bmatrix}(\bar{u}_S)\\(\bar{u}'_R)\end{bmatrix} = \begin{bmatrix}[(C_S)(K)]^{*\prime} & \\ & ü[(C_S)(K)]^{*\prime}\end{bmatrix} \cdot \begin{bmatrix}(u_S)\\(u_R)\end{bmatrix} \;; \quad \begin{bmatrix}(\bar{i}_S)\\(\bar{i}'_R)\end{bmatrix} = \begin{bmatrix}[(C_S)(K)]^{*\prime} & \\ & \frac{1}{ü}[(C_S)(K)]^{*\prime}\end{bmatrix} \cdot \begin{bmatrix}(i_S)\\(i_R)\end{bmatrix} \;. \tag{4.139}$$

Die reellen Transformationsmatrizen (4. 137) und (4. 138) sind also orthogonal, d. h. die Inverse ist gleich der Transponierten.

Die verschiedenen Möglichkeiten der Wahl des Bezugssystems wurden bereits im Abschn. 4. 1 behandelt. Hier soll am Beispiel eines symmetrischen Statorspannungssystems der Einfluß des Bezugssystems auf die Transformation veranschaulicht werden.

Wendet man auf den Spannungsvektor

$$(u_S) = \sqrt{2}\, U_S \begin{bmatrix}\cos(\omega_S t + \alpha_S)\\ \cos(\omega_S t + \alpha_S - 2\pi/3)\\ \cos(\omega_S t + \alpha_S - 4\pi/3)\end{bmatrix} \tag{4.140}$$

mit der konstanten Statorkreisfrequenz ω_S und dem beliebigen konstanten Anfangswinkel α_S die Transformation nach (4. 139) unter Verwendung von (4. 137) an, dann erhält man den transformierten Spannungsvektor

$$(\bar{u}_S) = \sqrt{3}\, U_S \begin{bmatrix}\sin(\omega_S t + \alpha_S + \gamma_S)\\ -\cos(\omega_S t + \alpha_S + \gamma_S)\\ 0\end{bmatrix} \;. \tag{4.141}$$

Die Wahl der Bezugsachse liefert dann nach (4. 27) mit $\gamma_S = 0$

$$u_{Sp} = \sqrt{3}\, U_S \sin(\omega_S t + \alpha_S) \;, \qquad u_{Sq} = -\sqrt{3}\, U_S \cos(\omega_S t + \alpha_S) \;;$$

nach (4. 28) mit $\gamma_S = -\gamma$

$$u_{Sp} = \sqrt{3}\, U_S \sin(\omega_S t - \gamma + \alpha_S) \;, \quad u_{Sq} = -\sqrt{3}\, U_S \cos(\omega_S t - \gamma + \alpha_S)$$

und nach (4. 29) mit $\gamma_S = -\omega_S t + \gamma_{S0}$

$$u_{Sp} = \sqrt{3}\, U_S \sin(\alpha_S + \gamma_{S0}) \;, \qquad u_{Sq} = -\sqrt{3}\, U_S \cos(\alpha_S + \gamma_{S0}) \;,$$

woraus mit $\gamma_{S0} = -\alpha_S + \pi/2$ folgt

$$u_{Sp} = \sqrt{3}\, U_S \;, \qquad u_{Sq} = 0 \;.$$

Im letzten Fall ergibt das transformierte Statorspannungssystem also einen zeitlich konstanten Störgrößenvektor.

Für die Anwendung ist es zweckmäßig, den Stromvektor im System (4. 133) mit Hilfe des Zusammenhangs (4. 134) durch den Flußvektor zu ersetzen. Hierzu ist die Inversion der Matrix ($\underline{L}$) nach (4. 134) erforderlich:

$$\begin{pmatrix} i_{Sp} \\ i_{Sq} \\ i_{S0} \\ \hline i_{Rp} \\ i_{Rq} \\ i_{R0} \end{pmatrix} = \frac{1}{\sigma L_{Sh}} \left(\begin{array}{ccc|ccc} \frac{1}{1+\sigma_S} & & & -(1-\sigma) & & \\ & \frac{1}{1+\sigma_S} & & & -(1-\sigma) & \\ & & \frac{\sigma}{\sigma_{S0}} & & & \\ \hline 1-\sigma & & & \frac{1}{1+\sigma_R} & & \\ & 1-\sigma & & & \frac{1}{1+\sigma_R} & \\ & & & & & \frac{\sigma}{\sigma_{R0}} \end{array}\right) \cdot \begin{pmatrix} \psi_{Sp} \\ \psi_{Sq} \\ \psi_{S0} \\ \hline \psi_{Rp} \\ \psi_{Rq} \\ \psi_{R0} \end{pmatrix} \qquad (4.\,142)$$

mit den als Streukoeffizienten bezeichneten Abkürzungen:

$$\sigma_S = \frac{L_{S\sigma}}{L_{Sh}}, \qquad \sigma_R = \frac{L'_{R\sigma}}{L_{Sh}}$$

$$\sigma_{S0} = \frac{L_{S0}}{L_{Sh}}, \qquad \sigma_{R0} = \frac{L'_{R0}}{L_{Sh}}$$

$$\sigma = 1 - \frac{1}{(1+\sigma_S)(1+\sigma_R)} .$$

Setzt man den Stromvektor nach (4. 142) in das System (4. 133) ein, dann erhält man:

$$\begin{bmatrix} u_{Sp} \\ u_{Sq} \\ u_{S0} \\ \hline u_{Rp} \\ u_{Rq} \\ u_{R0} \end{bmatrix} = \frac{1}{\sigma L_{Sh}} \begin{bmatrix} \frac{R_S}{1+\sigma_S} & \sigma L_{Sh}\dot{\gamma}_S & & -(1-\sigma) R_S & & \\ -\sigma L_{Sh}\dot{\gamma}_S & \frac{R_S}{1+\sigma_S} & & & -(1-\sigma) R_S & \\ & & \frac{\sigma}{\sigma_{S0}} R_S & & & \\ \hline (1-\sigma) R'_R & & & \frac{R'_R}{1+\sigma_R} & \sigma L_{Sh}\dot{\gamma}_R & \\ & (1-\sigma) R'_R & & -\sigma L_{Sh}\dot{\gamma}_R & \frac{R'_R}{1+\sigma_R} & \\ & & & & & \frac{\sigma}{\sigma_{R0}} R'_R \end{bmatrix} \cdot \begin{bmatrix} \psi_{Sp} \\ \psi_{Sq} \\ \psi_{S0} \\ \hline \psi_{Rp} \\ \psi_{Rq} \\ \psi_{R0} \end{bmatrix} + \frac{d}{dt} \begin{bmatrix} \psi_{Sp} \\ \psi_{Sq} \\ \psi_{S0} \\ \hline \psi_{Rp} \\ \psi_{Rq} \\ \psi_{R0} \end{bmatrix} \tag{4.143}$$

Das innere Drehmoment (4. 135) lautet dann in Flüssen ausgedrückt:

$$M_{i1} = \frac{(1-\sigma)\,p}{\sigma L_{Sh}} (\psi_{Sq}\,\psi_{Rp} - \psi_{Sp}\,\psi_{Rq}) \quad . \tag{4.144}$$

Die mechanische Gleichung (1. 6) hat bei Verwendung von (4. 109) die Form

$$M_{i1} = M_W + J \frac{d\Omega}{dt} \tag{4.145}$$

mit $J = J_1 + J_2$ und $\Omega = \dot{\gamma}/p$.

Störgrößen sind bei den meisten Übergangsvorgängen wie Hochlauf, Belastungsstoß, Spannungseinbruch, Gleichstrombremsung usw. der Spannungsvektor und das in M_W außer dem mechanischen Verlustmoment enthaltene äußere Drehmoment. Mit den Gln. (4. 143) bis (4. 145) kann nach der Wahl des Bezugssystems, d. h. nach Bestimmung der Winkelgeschwindigkeiten $\dot{\gamma}_S$ und $\dot{\gamma}_R$ der Flußvektor und die Winkelgeschwindigkeit Ω für die gegebenen Störgrößen berechnet werden. Der Stromvektor folgt dann mit (4. 142) aus dem Flußvektor und die echten Zeitwerte der Strangströme beim Schleifringläufer durch Anwendung der Transformation (4. 136).

Die Nichtlinearität des Systems liegt in der Tatsache begründet, daß sowohl im Spannungsgleichungssystem (4. 143) als auch in der Drehmomentgleichung (4. 144), (4. 145) Produkte abhängiger Variablen auftreten. Geht der zu untersuchende Übergangsvorgang von einem stationären Betriebspunkt aus und sind die Änderungen der Variablen gegenüber ihrem konstanten Anfangswert genügend klein, dann kann mit Hilfe der sog. "Methode der kleinen Änderungen" das System näherungsweise linearisiert werden. Die Anwendung dieses Verfahrens auf eine mit einem symmetrischen Statorspannungssystem nach (4.140) gespeiste und im Rotor kurzgeschlossene Drehstromasynchronmaschine wird im folgenden erläutert. Nullkomponenten der Spannungen, Ströme und Flüsse treten aus Schaltungsgründen nicht auf, sodaß das System auf die p, q-Komponenten beschränkt werden kann. Das Bezugssystem muß gemäß (4.29) so gewählt werden, daß sich für den stationären Ausgangszustand zeitlich konstante Störgrößen und abhängige Variable ergeben. Jede Störgröße (U_S, ω_S, α_S, M_W) und jede abhängige Variable (Ψ_{Sp}, Ψ_{Sq}, Ψ_{Rp}, Ψ_{Rq}, $\dot{\gamma}$) wird als Summe aus dem konstanten Wert des stationären Ausgangszustands, x_{i0}, und der zeitabhängigen Änderung während des zu berechnenden Übergangsvorgangs, Δx_i, angesetzt:

$$x_i(t) = x_{i0} + \Delta x_i(t) \quad . \qquad (4.146)$$

Die Festlegung der Bezugsachse ergibt gemäß (4.29) und (4.29a) mit $\gamma_{S0} = -\alpha_{S0} + \frac{\pi}{2}$

$$\gamma_S = -\omega_{S0} t - \alpha_{S0} + \frac{\pi}{2} \quad ,$$

$$\dot{\gamma}_S = -\omega_{S0} \quad ,$$

$$\dot{\gamma}_R = -\omega_{S0} + \dot{\gamma}_0 + \Delta\dot{\gamma} \quad ,$$

sodaß aus (4.141) folgt

$$\begin{bmatrix} u_{Sp} \\ u_{Sq} \end{bmatrix} = \sqrt{3}\,(U_{S0} + \Delta U_S) \begin{bmatrix} \cos(\Delta\omega_S t + \Delta\alpha_S) \\ \sin(\Delta\omega_S t + \Delta\alpha_S) \end{bmatrix} \quad .$$

Sowohl Änderungen der Amplitude, als auch des Phasenwinkels und der Frequenz wurden zugelassen, weil diese Vorgänge bei der Speisung der Maschine durch elektronische Umrichter auftreten können.

Das System (4.143) nimmt nun folgende Form an:

$$\sqrt{3}\,(U_{S0}+\Delta U_S)\begin{bmatrix}\cos(\Delta\omega_S t+\Delta\alpha_S)\\ \sin(\Delta\omega_S t+\Delta\alpha_S)\\ 0\\ 0\end{bmatrix}=$$

$$=\frac{1}{\sigma L_{Sh}}\begin{bmatrix}\frac{R_S}{1+\sigma_S} & -\sigma L_{Sh}\omega_{S0} & -(1-\sigma)R_S & \\ \sigma L_{Sh}\omega_{S0} & \frac{R_S}{1+\sigma_S} & & -(1-\sigma)R_S\\ (1-\sigma)R'_R & & \frac{R'_R}{1+\sigma_R} & -\sigma L_{Sh}(\omega_{R0}-\Delta\dot{\gamma})\\ & (1-\sigma)R'_R & \sigma L_{Sh}(\omega_{R0}-\Delta\dot{\gamma}) & \frac{R'_R}{1+\sigma_R}\end{bmatrix}\cdot\begin{bmatrix}\Psi_{Sp0}+\Delta\Psi_{Sp}\\ \Psi_{Sq0}+\Delta\Psi_{Sq}\\ \Psi_{Rp0}+\Delta\Psi_{Rp}\\ \Psi_{Rq0}+\Delta\Psi_{Rq}\end{bmatrix}+\frac{d}{dt}\begin{bmatrix}\Delta\Psi_{Sp}\\ \Delta\Psi_{Sq}\\ \Delta\Psi_{Rp}\\ \Delta\Psi_{Rq}\end{bmatrix}$$

(4.147)

mit der Abkürzung $\omega_{R0}=\omega_{S0}-\dot{\gamma}_0$.

Um eine Linearisierung des Gesamtsystems zu erreichen, werden zunächst in der Drehmomentgleichung (4.145) mit (4.144) die auftretenden Produkte der Änderungen vernachlässigt:

$$M_{W0}+\Delta M_W+\frac{J}{p}\frac{d\Delta\dot{\gamma}}{dt}=\frac{(1-\sigma)p}{\sigma L_{Sh}}\cdot$$

$$\left[(\Psi_{Sq0}\Psi_{Rp0}-\Psi_{Sp0}\Psi_{Rq0})-(\Psi_{Rq0}\Delta\Psi_{Sp}-\Psi_{Rp0}\Delta\Psi_{Sq}-\Psi_{Sq0}\Delta\Psi_{Rp}+\Psi_{Sp0}\Delta\Psi_{Rq})\right].$$

(4.148)

Das Gleichungssystem (4.142) gilt entsprechend mit den gemäß (4.146) geschriebenen Flüssen und Strömen. Für den stationären Ausgangszustand reduzieren sich die Gleichungen (4.147) und (4.148) mit $\Delta x_i = 0$ folgendermaßen:

$$\begin{bmatrix} \sqrt{3}\, U_{S0} \\ 0 \\ 0 \\ 0 \end{bmatrix} = \frac{1}{\sigma L_{Sh}} \begin{bmatrix} \frac{R_S}{1+\sigma_S} & -\sigma L_{Sh}\omega_{S0} & -(1-\sigma) R_S & \\ \sigma L_{Sh}\omega_{S0} & \frac{R_S}{1+\sigma_S} & & -(1-\sigma) R_S \\ (1-\sigma) R'_R & & \frac{R'_R}{1+\sigma_R} & -\sigma L_{Sh}\omega_{R0} \\ & (1-\sigma) R'_R & \sigma L_{Sh}\omega_{R0} & \frac{R'_R}{1+\sigma_R} \end{bmatrix} \cdot \begin{bmatrix} \Psi_{Sp0} \\ \Psi_{Sq0} \\ \Psi_{Rp0} \\ \Psi_{Rq0} \end{bmatrix} \qquad (4.149)$$

$$M_{W0} = \frac{(1-\sigma)p}{\sigma L_{Sh}} (\Psi_{Sq0}\Psi_{Rp0} - \Psi_{Sp0}\Psi_{Rq0}) \quad . \qquad (4.150)$$

Subtrahiert man die Gleichungen (4. 147) und (4. 149) bzw. (4. 148) und (4. 150) jeweils voneinander, dann erhält man, wenn man in den Rotorgleichungen die auftretenden Produkte der Änderungen vernachlässigt, folgendes lineare System:

$$\sqrt{3} \begin{bmatrix} (U_{S0} + \Delta U_S) \cos(\Delta\omega_S t + \Delta\alpha_S) - U_{S0} \\ (U_{S0} + \Delta U_S) \sin(\Delta\omega_S t + \Delta\alpha_S) \\ 0 \\ 0 \end{bmatrix} =$$

$$= \frac{1}{\sigma L_{Sh}} \begin{bmatrix} \frac{R_S}{1+\sigma_S} & -\sigma L_{Sh}\omega_{S0} & -(1-\sigma) R_S & \\ \sigma L_{Sh}\omega_{S0} & \frac{R_S}{1+\sigma_S} & & -(1-\sigma) R_S \\ (1-\sigma) R'_R & & \frac{R'_R}{1+\sigma_R} & -\sigma L_{Sh}\omega_{R0} \\ & (1-\sigma) R'_R & \sigma L_{Sh}\omega_{R0} & \frac{R'_R}{1+\sigma_R} \end{bmatrix} \cdot \begin{bmatrix} \Delta\Psi_{Sp} \\ \Delta\Psi_{Sq} \\ \Delta\Psi_{Rp} \\ \Delta\Psi_{Rq} \end{bmatrix} + \begin{bmatrix} 0 \\ 0 \\ \Delta\dot{\gamma}\,\Psi_{Rq0} \\ -\Delta\dot{\gamma}\,\Psi_{Rp0} \end{bmatrix} + \frac{d}{dt} \begin{bmatrix} \Delta\Psi_{Sp} \\ \Delta\Psi_{Sq} \\ \Delta\Psi_{Rp} \\ \Delta\Psi_{Rq} \end{bmatrix}$$

(4. 151)

$$\Delta M_W + \frac{J}{p}\frac{d\Delta\dot{\gamma}}{dt} = -\frac{(1-\sigma)p}{\sigma L_{Sh}} (\Psi_{Rq0}\Delta\Psi_{Sp} - \Psi_{Rp0}\Delta\Psi_{Sq} - \Psi_{Sq0}\Delta\Psi_{Rp} + \Psi_{Sp0}\Delta\Psi_{Rq}) \quad .$$

(4. 152)

Zur Lösung bietet sich die Laplace-Transformation an, wobei zu beachten ist, daß sämtliche Anfangswerte verschwinden. Zunächst wird Gl. (4. 152) transformiert:

$$\Delta \tilde{M}_W + \frac{J}{p} s \Delta\tilde{\dot{\gamma}} = -\frac{(1-\sigma)p}{\sigma L_{Sh}} \left(\Psi_{Rq0} \Delta\tilde{\Psi}_{Sp} - \Psi_{Rp0} \Delta\tilde{\Psi}_{Sq} - \Psi_{Sq0} \Delta\tilde{\Psi}_{Rp} + \Psi_{Sp0} \Delta\tilde{\Psi}_{Rq} \right) \quad . \tag{4.153}$$

$\Delta\tilde{\dot{\gamma}}$ aus Gl. (4. 153) wird in das transformierte System (4. 151) eingesetzt, sodaß man folgendes System im Bildbereich erhält:

$$\sqrt{3} \begin{bmatrix} \mathcal{L}\left\{(U_{S0} + \Delta U_S) \cos(\Delta \omega_S t + \Delta \alpha_S) - U_{S0}\right\} \\ \mathcal{L}\left\{(U_{S0} + \Delta U_S) \sin(\Delta \omega_S t + \Delta \alpha_S)\right\} \\ \Delta \tilde{M}_W \\ \Delta \tilde{M}_W \end{bmatrix} =$$

$$\begin{bmatrix} a+s & -\omega_{S0} & -d & 0 \\ \omega_{S0} & a+s & 0 & -d \\ -b\Psi_{Rq0} + \frac{c}{\Psi_{Rq0}} s & b\Psi_{Rp0} & b\Psi_{Sq0} + \frac{f}{\Psi_{Rq0}} s + \frac{e}{\Psi_{Rq0}} s^2 & -b\Psi_{Sp0} - \frac{e\,\omega_{R0}}{\Psi_{Rq0}} s \\ -b\Psi_{Rq0} & b\Psi_{Rp0} - \frac{c}{\Psi_{Rp0}} s & b\Psi_{Sq0} - \frac{e\,\omega_{R0}}{\Psi_{Rp0}} s & -b\Psi_{Sp0} - \frac{f}{\Psi_{Rp0}} s - \frac{e}{\Psi_{Rp0}} s^2 \end{bmatrix} \cdot \begin{bmatrix} \Delta\tilde{\Psi}_{S} \\ \Delta\tilde{\Psi}_{S} \\ \Delta\tilde{\Psi}_{R} \\ \Delta\tilde{\Psi}_{R} \end{bmatrix} \tag{4.154}$$

mit den dimensionsbehafteten Abkürzungen:

$$a = \frac{R_S}{(1+\sigma_S)\sigma L_{Sh}} \; , \qquad d = (1+\sigma_S)(1-\sigma)\, a \quad ,$$

$$f = \frac{J R_R'}{(1+\sigma_R) p\sigma L_{Sh}} \; , \qquad c = (1+\sigma_R)(1-\sigma)\, f \quad ,$$

$$b = \frac{(1-\sigma)p}{\sigma L_{Sh}} \; , \qquad e = \frac{J}{p} \quad .$$

Die stationären Ausgangswerte der Flüsse in (4. 154) können mit Hilfe der Beziehung (4. 149) durch die drei stationären Ausgangswerte U_{S0}, ω_{S0} und ω_{R0} oder $\dot{\gamma}_0$ ausgedrückt werden.

Die Lösung des Systems (4. 154) im Bildbereich, d. h. die Berechnung des Flußvektors für einen vorgegebenen Störgrößenvektor, macht die Inversion der Matrix des

Systems erforderlich. Die bei der Inversion als Nenner sämtlicher Elemente auftretende Determinante ist ein Polynom in s. Durch Nullsetzen der Determinante erhält man als charakteristische Gleichung des Systems eine Gleichung 5. Grades in s, deren nichttriviale Wurzeln s_i die Eigenfrequenzen ω_i und Eigenzeitkonstanten τ_i des Systems liefern:

$$s_i = -\frac{1}{\tau_i} + j\,\omega_i \quad . \tag{4.155}$$

Im vorliegenden Fall treten zwei Paare konjugiert komplexer Wurzeln und eine reelle Wurzel auf, also zwei Eigenfrequenzen und drei Eigenzeitkonstanten, die sowohl von den Systemparametern der Maschine als auch von dem stationären Ausgangsbetriebszustand abhängen. Ergeben sich bei der Berechnung der gemäß (4.155) definierten Wurzeln negative Zeitkonstanten, dann ist das System instabil. Dieser Fall der Instabilität kann bei bestimmten Systemparameterkonstellationen der Asynchronmaschine (z.B. bei relativ großem Statorwiderstand) und bei bestimmten Ausgangsbetriebszuständen (z.B. bei Betrieb mit relativ kleiner Statorfrequenz) auftreten [10]. Eigenschaften des realen Systems, die durch den nicht starren mechanischen Verband verursacht werden, sind in obiger Analyse wegen der Voraussetzung einer starren Wellenverbindung nicht enthalten [11]. Die invertierte Beziehung (4.154) ermöglicht z.B. für den Fall sprungartiger Änderung sämtlicher Störgrößen, wenn man wie folgt linearisiert

$$\mathcal{L}\{(U_{S0} + \Delta U_S)\cos(\Delta\omega_S t + \Delta\alpha_S) - U_{S0}\} \approx \mathcal{L}\{\Delta U_S\} = \frac{1}{s}\,\Delta U_S \quad , \tag{4.156}$$

$$\mathcal{L}\{(U_{S0} + \Delta U_S)\sin(\Delta\omega_S t + \Delta\alpha_S)\} \approx \mathcal{L}\{(U_{S0} + \Delta U_S)(\Delta\omega_S t + \Delta\alpha_S)\} =$$

$$= (U_{S0} + \Delta U_S)\,\Delta\omega_S\,\frac{1}{s^2} + (U_{S0} + \Delta U_S)\,\Delta\alpha_S\,\frac{1}{s} \quad , \tag{4.157}$$

mit

$$\Delta\tilde{M}_W = \frac{1}{s}\,\Delta M_W \quad ,$$

die Berechnung der Flußänderungen, woraus mit (4.142) die Stromänderungen und mit Gl. (4.153) die Änderung der mechanischen Winkelgeschwindigkeit $\Delta\dot{\gamma}$ resultieren. Die in (4.156) und (4.157) enthaltene Linearisierung der Zeitfunktionen liefert nur dann eine genügend genaue Näherung, wenn der Phasenwinkelsprung $\Delta\alpha_S$ und der Winkel $\Delta\omega_S t$ entsprechend beschränkt werden. Die analytische Transformation sämtlicher Funktionen aus dem Bildbereich in den Zeitbereich, die mit großem mathematischen Aufwand verbunden ist, kann mit Hilfe der Partialbruchzerlegung bewerkstelligt werden. Vorteilhafter ist die Anwendung numerischer Verfahren. Um den zeitlichen Verlauf der echten Strangströme aus den Zeitfunktionen der transformierten Ströme zu erhalten, muß dann noch die Transformation gemäß (4.136) durchgeführt werden.

Im Fall eines stabilen Systems führt der durch sprungartige Änderung sämtlicher Störgrößen ausgelöste Übergangsvorgang zu einem neuen stationären Betriebszustand, der durch das System (4.147), (4.148) beschrieben wird, wenn man sämtliche Differentialquotienten der Flußänderungen und der Änderung der mechanischen Winkelgeschwindigkeit null setzt. Wegen der in (4.156), (4.157) durchgeführten vereinfachenden Linearisierung der Zeitfunktionen führt die Berechnung des Übergangsvorgangs nicht exakt zu dem neuen stationären Betriebszustand der Maschine.

Für normale Drehstromasynchronmaschinen läßt sich die hier erläuterte Systembeschreibung stark vereinfachen, wenn die Statorspeisefrequenz 50 Hz beträgt ($\omega_{S0} = 100\ \pi\ s^{-1}$) und der Synchronismus ($\omega_{R0} = 0$) als stationärer Ausgangsbetriebszustand gewählt wird [12].

4.8 Drehstromasynchronmaschine mit Stromverdrängungsläufer

Stromverdrängungsläufer sind Käfigläufer, deren Stabwiderstand R_s und Stabinduktivität L_s nicht, wie im Abschn. 4.2 angenommen, vom zeitlichen Verlauf der Ströme unabhängig sind. Der Grund hierfür ist der bei bestimmter konstruktiver Ausbildung des Nut- oder Stabquerschnitts (Tiefnutläufer, Hochstabläufer) auftretende Stromverdrängungseffekt, dessen Theorie hier nicht behandelt werden soll. Beim Stromverdrängungsläufer nützt man die durch die Stromverdrängung bedingte Frequenzabhängigkeit des Wirkwiderstandes eines in Eisen eingebetteten Leiterstabs aus, um das Anfahrverhalten der am starren Netz konstanter Spannung und Frequenz betriebenen Maschine zu verbessern, d.h. das Anzugsdrehmoment zu erhöhen.

Für den Fall, daß der Stator der Maschine mit einem symmetrischen Drehspannungssystem konstanter Frequenz gespeist wird und die Winkelgeschwindigkeit des Rotors konstant ist, sind der Gleichstrom-Stabwiderstand R_s und die durch (4.33) und (4.34) bestimmte Stabinduktivität L_s in den Formeln (4.58) für den umgerechneten Rotorwiderstand R'_R und (4.59) für die umgerechnete Rotorstreuinduktivität

$L'_{R\sigma}$ durch folgende Ausdrücke zu ersetzen [6, S. 241 u. 274; 7, S. 229], um den Einfluß der Stromverdrängung zu berücksichtigen (Voraussetzung: Rechtecknuten, Stablänge = aktive Eisenlänge):

$$R_{sw} \approx R_S\,\varphi(\xi) \tag{4.158}$$

$$L_{sw} = \mu_0\, l\,[\frac{h_n}{3 b_n}\,\varphi'(\xi) + \frac{h_s}{s_n}] \tag{4.159}$$

mit

$$\varphi(\xi) = \xi\,\frac{\sinh 2\xi + \sin 2\xi}{\cosh 2\xi - \cos 2\xi} \quad , \tag{4.160}$$

$$\varphi'(\xi) = \frac{3}{2\xi}\;\frac{\sinh 2\xi - \sin 2\xi}{\cosh 2\xi - \cos 2\xi} \tag{4.161}$$

und der dimensionslosen Variablen

$$\xi = \sqrt{\frac{\mu_0\,\omega_R}{2\rho}}\; h_n \quad . \tag{4.162}$$

ρ ist der spezifische Widerstand des Leitermaterials und h_n die mit der Leiterhöhe identische Nuthöhe. Die einzige Betriebsgröße, von der die Variable ξ bei Annahme konstanter Leitertemperaturen abhängt, ist ω_R, die elektrische Frequenz der Rotorgrößen, die mit dem Schlupf s gemäß Beziehung (4.120) ausgedrückt werden kann. Die Funktionen (4.160) und (4.161) sind in den Abbn. 4.19 und 4.20 darge-

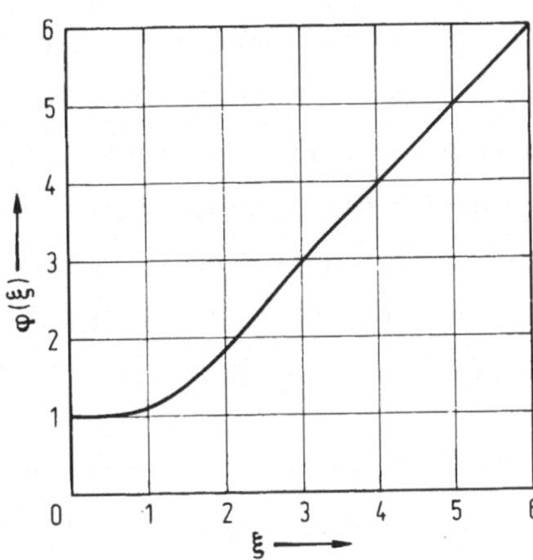

Abb. 4.19 Wirkwiderstandszunahme eines Rechteckstabs infolge Stromverdrängung

stellt. Für $\xi < 0,5$ kann man beide Funktionen gleich 1 setzen und für $\xi > 2,5$ gelten die Näherungen

$$\varphi(\xi) \approx \xi \quad ,$$

$$\varphi'(\xi) \approx \frac{3}{2\xi} \quad .$$

Da es sich bei der Stromverdrängung um einen linearen Effekt handelt, kann das stationäre Betriebsverhalten der von einem unsymmetrischen Netz konstanter Frequenz ω_S gespeisten Drehstromasynchronmaschine mit Stromverdrängungsläufer

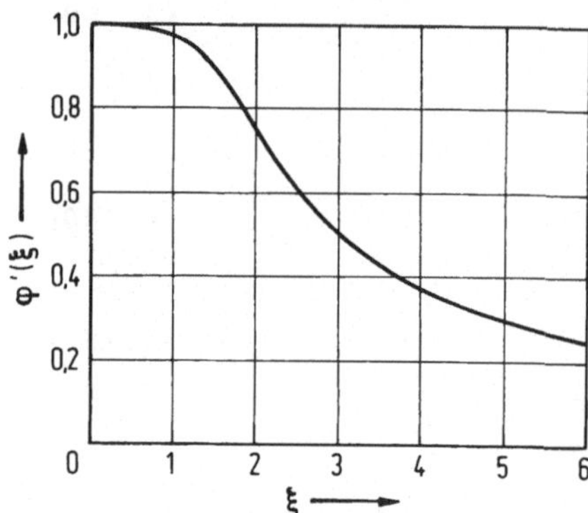

Abb. 4.20 Induktivitätsabnahme eines Rechteckstabs infolge Stromverdrängung

gemäß Abschn. 4.3 berechnet werden, wenn man die Systemparameter R'_R und $L'_{R\sigma}$, wie oben geschildert, unter Benutzung der Beziehungen (4.158), (4.159) modifiziert. In der Variablen ξ nach (4.162) ist für die Rotorfrequenz ω_R beim Mitsystem s ω_S und beim Gegensystem (2-s) ω_S einzusetzen.

Bei stationärem Betrieb am symmetrischen Netz wirkt sich die Stromverdrängung im Motorbetriebsbereich am stärksten beim Schlupf s = 1 (Stillstand) aus, ihr Einfluß vermindert sich dann mit abnehmendem Schlupf. Durch entsprechende Wahl der Leiterhöhe und Nuttiefe kann man somit bei gleichem Leiterquerschnitt eine Anhebung der Drehmomentkennlinie im Anfahrbereich erreichen, ohne das Verhalten im Bereich des Nennbetriebs zu verändern. Die Berechnung der Kennlinie kann nach der Beziehung (4.108) erfolgen, wenn die Größen R'_R und $L'_{R\sigma}$ - auch in den Formeln (4.97) und (4.98) für Kippschlupf und Kippmoment - gemäß (4.158) und (4.159) modifiziert werden.

Die Berücksichtigung der Stromverdrängung bei der Berechnung von Übergangsvorgängen wird dadurch möglich, daß man aus dem Frequenzgang der Impedanz des Läuferstabs ein Netzwerk herleiten kann, welches das gleiche Verhalten zeigt. Bei diesem Netzwerk handelt es sich um ein unendliches Kettenersatzschaltbild, das in dem Käfigläufermodell der Abb. 4.3 an Stelle des Stabwiderstands R_s und der Stabinduktivität L_s einzufügen ist [13]. In Abb. 4.21 ist das auf drei Maschen beschränkte Kettenersatzschaltbild unter der Voraussetzung von Rechtecknuten angegeben. Eine solche Beschränkung liefert für symmetrischen Motorbetrieb eine ausrei-

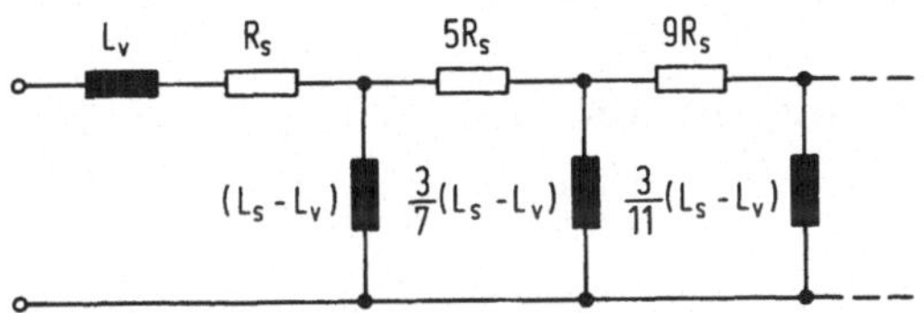

Abb. 4.21 Kettenersatzschaltbild für einen rechteckigen Käfigläuferstab

chend gute Näherung. In Abb. 4.21 wurde für den vom Nutschlitz abhängigen Anteil der Stabinduktivität L_s nach (4.33) die Abkürzung

$$L_v = \mu_0 \, l \, \frac{h_s}{s_n}$$

verwendet.

5. Drehstromsynchronmaschine

5.1 Drehstromsynchronmaschine mit ausgeprägten Polen (Systemanalyse)

Die Statoren von Drehstromsynchronmaschinen sind wie die der Drehstromasynchronmaschinen meist mit dreisträngigen symmetrischen Zweischichtwicklungen ausgestattet, die an ein vorhandenes Drehspannungssystem angeschlossen werden oder zur Erzeugung eines solchen dienen. Der Rotor besitzt außer der über Schleifringe und Bürsten an die Erregerspannungsquelle angeschlossenen Erregerwicklung eine aus einem Kurzschlußkäfig bestehende sog. Dämpferwicklung. Diese Dämpferwicklung dient zur Dämpfung mechanischer Pendelungen des Rotors oder Polrads bei Übergangsvorgängen oder Ungleichförmigkeit des äußeren Drehmoments. Sie kann auch für den asynchronen Selbstanlauf der Synchronmaschine am vorhandenen Netz bemessen werden. Bei der Einphasenmaschine, einer Synchronmaschine mit nur einem Statorstrang, hat die Dämpferwicklung die wichtige Aufgabe, das gegenläufige Drehfeld zu kompensieren. Bezüglich der Rotorbauart unterscheidet man zwei Typen von Synchronmaschinen: Vollpolmaschinen und Schenkelpolmaschinen. In Abb. 5.1 sind die beiden Rotortypen schematisch dargestellt. Der

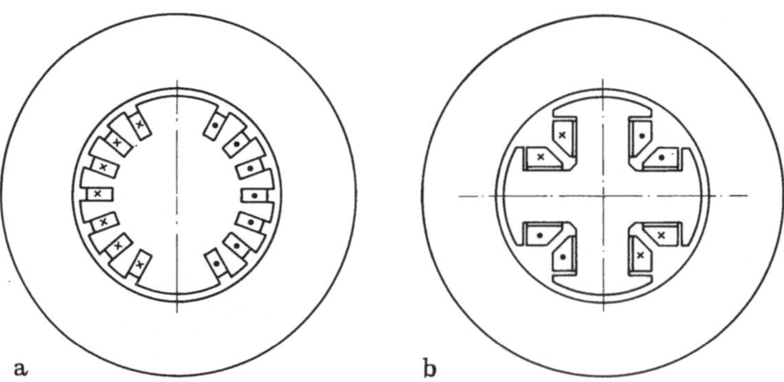

Abb. 5.1 Drehstromsynchronmaschine mit Vollpolläufer (a) und Schenkelpolläufer (b) schematisch im Schnitt

zweipolige Vollpolläufer oder Turborotor ist auf zwei Drittel des Umfangs mit Nuten versehen, in denen die Erregerwicklung untergebracht ist. Als Dämpferwicklung dienen die metallischen Nutenkeile aus Bronze und darunter liegende Dämpferstäbe aus Kupfer, die an den beiden Enden des Rotors durch eine zusätzliche zweckmäßige Wicklung untereinander verbunden werden. Die Wirkung dieser Dämpferwicklung wird durch die dämpfende Wirkung des massiven Rotoreisens, des sog. Ballens, noch verstärkt. Die mit mehr als einem Polpaar ausgestatteten Schenkelpolläufer besitzen geblecht oder massiv ausgeführte Einzelpole, die jeweils eine Erregerspule tragen. Im Fall vollständig geblechter Pole sind in Nuten der Polschuhe Dämpferstäbe untergebracht, die an den beiden Stirnseiten des Polrads durch Kurzschlußringe miteinander verbunden werden.

Drehstromsynchronmaschinen werden als Generatoren zur Erzeugung elektrischer Energie für das vorhandene Drehstrom-Verbundnetz, das in Europa eine Frequenz von 50 Hz hat, eingesetzt. Da die Betriebsfrequenz der Synchronmaschine somit festliegt, folgt aus der wirtschaftlichen Betriebsdrehzahl der Antriebsmaschine die Polpaarzahl des Generators. Die schnellaufenden Dampfturbinen dienen daher zum Antrieb der zweipoligen Turbogeneratoren, während man mit den langsamer laufenden Wasserturbinen Schenkelpolmaschinen (mit mehr als einem Polpaar) antreibt. Die Polpaarzahl am 50 Hz-Netz betriebener Drehstromsynchronmotoren wird durch die anzutreibende Arbeitsmaschine bestimmt.

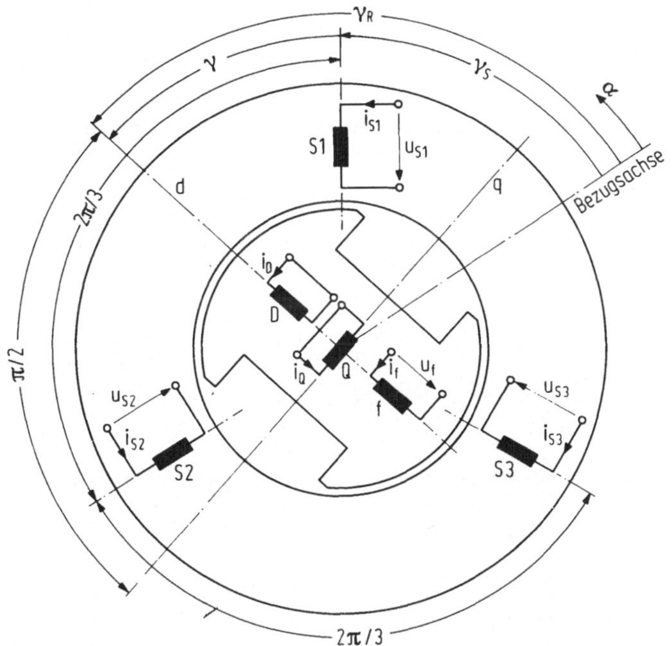

Abb. 5.2 Zweipoliges Modell einer Drehstromsynchronmaschine mit ausgeprägten Polen

Zunächst sollen die allgemeinen Systemgleichungen einer Schenkelpolmaschine aufgestellt werden, die dann auf den Sonderfall der Vollpolmaschine mit konstantem

Luftspalt zugeschnitten werden können. Das der Systemanalyse zugrunde liegende zweipolige Maschinenmodell ist in Abb. 5. 2 dargestellt. Die Positionswinkel der Achsen der Stator-Wicklungsstränge (Index S), der Erregerwicklung (Index f) und der Ersatz-Dämpferwicklung (Index D und Q) gegenüber einer willkürlichen Bezugsachse sind in dem Maschinenmodell angegeben. Die beiden orthogonalen Ersatz-Dämpferwicklungen sollen näherungsweise die gleiche Wirkung haben wie die Dämpferwicklung der realen Maschine. Die Umrechnung des realen Dämpferkäfigs auf die Ersatzwicklung wird hier nicht wiedergegeben. Für die Berechnung der Induktivitäten werden die gleichen Voraussetzungen getroffen wie bei der Drehstromasynchronmaschine. Die Eigeninduktivitäten der drei Rotor-Wicklungsstränge und die zwischen ihnen bestehenden Wechselinduktivitäten sind vom Rotorpositionswinkel γ unabhängig, während alle übrigen Induktivitäten, nämlich die Eigen- und Wechselinduktivitäten der Statorstränge und die Wechselinduktivitäten zwischen den Stator- und den Rotorsträngen, vom Positionswinkel γ abhängen. Zur Berechnung der von γ abhängigen Induktivitäten wird für den Ersatzluftspalt der folgende zweckmäßige Ansatz gemacht:

$$\frac{1}{\delta''(\alpha,t)} = A + B \cos 2(\alpha - \gamma_R) \quad . \tag{5.1}$$

Diese Funktion des reziproken Ersatzluftspalts ist in Abb. 5. 3 dargestellt. Mit

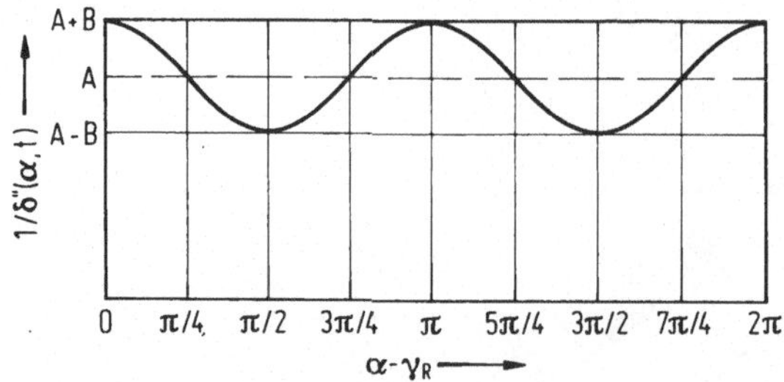

Abb. 5. 3 Ansatz für den Reziprokwert des Ersatzluftspalts der Schenkelpolmaschine

Hilfe von (5. 1) können die beiden Konstanten A und B durch die Extremwerte des Ersatzluftspalts ausgedrückt werden:

$$A = \frac{1}{2}\left(\frac{1}{\delta''_{min}} + \frac{1}{\delta''_{max}}\right) \quad , \tag{5.2}$$

$$B = \frac{1}{2}\left(\frac{1}{\delta''_{min}} - \frac{1}{\delta''_{max}}\right) \quad . \tag{5.3}$$

δ''_{min} ist der Ersatzluftspalt in Polmitte und δ''_{max} der in der Mitte der Pollücke.

Für die Luftspaltfeldwechselinduktivität zwischen zwei Statorsträngen erhält man aus (3.12) mit (3.21), (3.22) und (5.1) für P = Q = S, wenn man sich beim positionswinkelabhängigen Anteil auf die 1. Harmonische beschränkt und keine Schrägung zuläßt:

$$L_{sab} = \frac{4\mu_0 l \tau_p w_S^2}{\pi^2 p} \left[A \sum_{\nu=1}^{\nu=\infty} \frac{1}{\nu^2} \xi_{S\nu}^2 \cos\nu(\gamma_{Sa}-\gamma_{Sb}) + \xi_{S1}^2 \frac{B}{2} \cos(\gamma_{Sa}+\gamma_{Sb}-2\gamma_R) \right] .$$

Mit den Abkürzungen

$$L_{SA} = \frac{4\mu_0 l \tau_p (w_S \xi_{S1})^2}{\pi^2 p} A \quad , \tag{5.4}$$

$$L_{SB} = \frac{4\mu_0 l \tau_p (w_S \xi_{S1})^2}{\pi^2 p} \frac{B}{2} \tag{5.5}$$

folgt daraus

$$L_{Sab} = L_{SA} \left[\cos(\gamma_{Sa}-\gamma_{Sb}) + \sum_{\nu=2}^{\nu=\infty} \left(\frac{\xi_{S\nu}}{\nu \xi_{S1}}\right)^2 \cos\nu(\gamma_{Sa}-\gamma_{Sb}) \right] + L_{SB} \cos(\gamma_{Sa}+\gamma_{Sb}-2\gamma_R) . \tag{5.6}$$

Für die Extremwerte der Luftspaltfeldeigeninduktivität eines Statorstrangs (a=b) bei alleiniger Berücksichtigung der 1. Harmonischen werden ebenfalls Abkürzungen eingeführt:

$$\text{Max. (für } \gamma_R = \gamma_{Sa} = \gamma_{Sb}\text{):} \qquad L_{SA} + L_{SB} = \frac{2}{3} L_{hd} , \tag{5.7}$$

$$\text{Min. (für } \gamma_R = \gamma_{Sa} - \frac{\pi}{2} = \gamma_{Sb} - \frac{\pi}{2}\text{):} \quad L_{SA} - L_{SB} = \frac{2}{3} L_{hq} . \tag{5.8}$$

Im Fall des Maximums fällt die Achse des betreffenden Statorstrangs mit der d-Achse des Rotors und im Fall des Minimums mit der q-Achse des Rotors zusammen. Die als Hauptinduktivitäten zu verstehenden Induktivitäten L_{hd} und L_{hq} werden über die Faktoren c_d und c_q mit der gemäß (4.21), (4.5) definierten Hauptinduktivität

$$L_{Sh} = \frac{3}{2} \frac{4\mu_0 l \tau_p (w_S \xi_{S1})^2}{\pi^2 p \delta''_{min}}$$

in Zusammenhang gebracht:

$$L_{hd} = c_d L_{Sh} \quad , \tag{5.9}$$

$$L_{hq} = c_q L_{Sh} \quad . \tag{5.10}$$

Aus (5.7) und (5.8) folgt die Umkehrung

$$\frac{3}{2} L_{SA} = \frac{1}{2} (L_{hd} + L_{hq}) \quad , \tag{5.11}$$

$$\frac{3}{2} L_{SB} = \frac{1}{2} (L_{hd} - L_{hq}) \tag{5.12}$$

und daraus mit (5.9), (5.10), (5.4), (5.5) und (5.2), (5.3)

$$c_d = \frac{1}{4} (3 + \frac{\delta''_{min}}{\delta''_{max}}) \quad ,$$

$$c_q = \frac{1}{4} (1 + 3 \frac{\delta''_{min}}{\delta''_{max}}) \quad .$$

Wegen $\delta''_{min}/\delta''_{max} < 1$ gilt für Schenkelpolmaschinen $c_d < 1$ und $c_q < c_d$. Bei Vollpolmaschinen ist wegen des konstanten Luftspalts $c_d = c_q = 1$.

Für die Luftspaltfeldwechselinduktivität zwischen einem Statorstrang (Sa) und einer Rotorwicklung T erhält man aus (3.12) mit (3.21), (3.22) und (5.1) für P = S und Qb = T bei Beschränkung auf die 1. Harmonische und ohne Schrägung

$$L_{Sa,T} = \frac{4 \mu_0 l \tau_p (w_S \xi_{S1})(w_T \xi_{T1})}{\pi^2 p} [A \cos(\gamma_{Sa} - \gamma_T) + \frac{B}{2} \cos(\gamma_{Sa} + \gamma_T - 2\gamma_R)] \quad .$$

Für den Index T muß entsprechend der betrachteten Rotorwicklung f, D oder Q gewählt werden. Mit den Gln. (5.4), (5.5) folgt daraus

$$L_{Sa,T} = \frac{w_T \xi_{T1}}{w_S \xi_{S1}} [L_{SA} \cos(\gamma_{Sa} - \gamma_T) + L_{SB} \cos(\gamma_{Sa} + \gamma_T - 2\gamma_R)] \quad . \tag{5.13}$$

Die Ermittlung der wirksamen Windungszahlen $w_D \xi_{D1}$ und $w_Q \xi_{Q1}$ der Ersatz-Dämpferwicklungen aus der wirklichen Dämpferwicklung wird hier nicht aufgeführt, ebenso wie die Berechnung der Eigeninduktivitäten der Ersatz-Dämpferwicklungen und deren Wechselinduktivitäten mit der Erregerwicklung [14]. Die Wechselinduktivitäten zwischen der Q-Wicklung und der D-Wicklung bzw. der Erregerwicklung f werden vernachlässigt, da der Abstand zwischen den Achsen dieser Wicklungen jeweils 90° elektrisch beträgt und somit bezüglich des idealisierten Luftspaltfelds eine Entkopplung vorliegt.

Die Luftspaltfeldeigeninduktivität der Erregerwicklung kann nach Beziehung (3. 12) mit a = b = f aus der Felderregerkurve dieser Wicklung gewonnen werden. Es empfiehlt sich dabei, keine Fourieranalyse der Felderregerkurve vorzunehmen und die Integration gemäß (3. 12) direkt abschnittsweise vorzunehmen. Als erstes Beispiel wird die Berechnung der Luftspaltfeldeigeninduktivität der Erregerwicklung eines Turborotors (vgl. Abb. 5. 1) angegeben. Zur Vereinfachung der Aufgabe wird nicht von diskreten Nutdurchflutungen, sondern von einem über den bewickelten Teil des Rotorumfangs sich erstreckenden kontinuierlichen Strombelag (Abb. 5. 4) ausgegangen. Für den Wert A_f des Strombelags ergibt sich mit w_f als der Zahl der in Reihe geschalteten Windungen

$$A_f = \frac{w_f\, i_f}{(2/3)\, \tau_p} \quad .$$

Durch Integration des Strombelags gemäß (3. 7) resultiert als Felderregerkurve die in Abb. 5. 4 dargestellte Trapezkurve. Für die gesuchte Induktivität erhält man

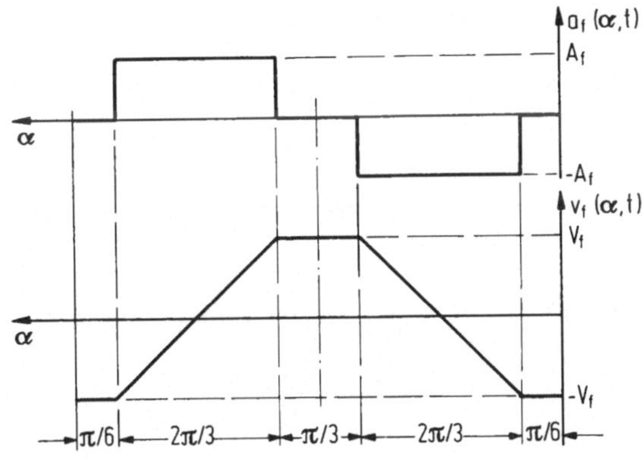

Abb. 5. 4 Strombelag und Felderregerkurve des Turborotors ($V_f = w_f\, i_f/2$)

dann unter Voraussetzung eines konstanten Ersatzluftspalts und der Polpaarzahl p = 1 nach Beziehung (3. 12)

$$L_{ff} = \frac{\mu_0\, l\, \tau_p}{\pi\, \delta''}\, 4(w_f/2)^2 \left[\frac{\pi}{6} + \int\limits_{\alpha=\pi/6}^{\alpha=\pi/2} \left(\frac{\alpha - \pi/2}{\pi/3}\right)^2 d\alpha \right] \quad ,$$

$$L_{ff} = \frac{5}{18} \frac{\mu_0 l \tau_p w_f^2}{\delta''} .$$

Um die gesamte Eigeninduktivität der Erregerwicklung zu erhalten, muß der Wert der Luftspaltfeldinduktivität noch um die Nut- und Stirnfeldinduktivitäten vergrössert werden.

Im zweiten Beispiel wird die Luftspaltfeldeigeninduktivität der Erregerwicklung einer Schenkelpolmaschine berechnet. Die Durchflutungen werden an den Polkanten konzentriert gedacht, sodaß sich als Strombelag δ-Impulse ergeben, deren Integrale gleich den entsprechenden Durchflutungen sind. Als Felderregerkurve resultiert dann die in Abb. 5.5 dargestellte Rechteckfunktion. Unter Voraussetzung eines konstanten Ersatzluftspalts δ''_{min} unter den Polen wird die Luftspaltfeldeigeninduktivität nach (3.12)

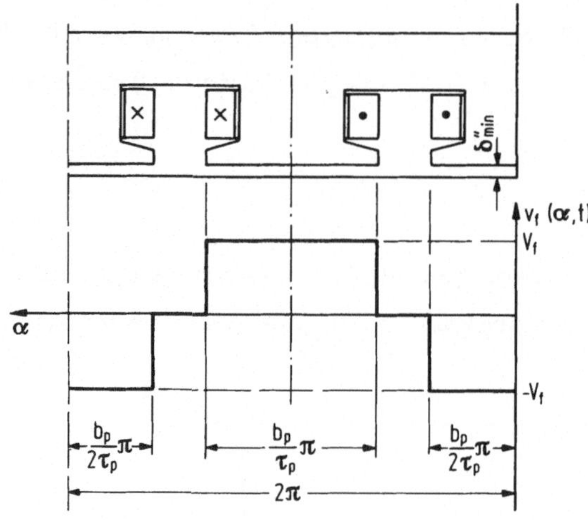

Abb. 5.5 Felderregerkurve des Schenkelpolläufers ($V_f = w_f i_f/2 p$)

$$L_{ff} = \frac{1}{2} \frac{b_P}{\tau_p} \frac{\mu_0 l \tau_p w_f^2}{p \delta''_{min}} \tag{5.14}$$

mit b_P als Breite des Polschuhs.

Nach diesen Vorbemerkungen zu den Induktivitäten der Synchronmaschine kann das Spannungsgleichungssystem gemäß (2.1) und (2.2) aufgestellt werden:

$$\begin{bmatrix}(u_S)\\u_f\\0\\0\end{bmatrix}=\begin{bmatrix}(R_S)&&&\\&R_f&&\\&&R_D&\\&&&R_Q\end{bmatrix}\cdot\begin{bmatrix}(i_S)\\i_f\\i_D\\i_Q\end{bmatrix}+\frac{d}{dt}\left\{\begin{bmatrix}(L_{SS})+(S_S)&(L_{Sf})&(L_{SD})&(L_{SQ})\\(L_{Sf})'&L_{ff}&L_{fD}&0\\(L_{SD})'&L_{fD}&L_{DD}&0\\(L_{SQ})'&0&0&L_{QQ}\end{bmatrix}\cdot\begin{bmatrix}(i_S)\\i_f\\i_D\\i_Q\end{bmatrix}\right\}. \quad (5.15)$$

Der Spannungs- und der Stromvektor des Stators sind wie in (4. 2) bei der Drehstromasynchronmaschine definiert. Die Widerstandsmatrix des Stators (R_S) ist wie in (4. 3) eine Diagonalmatrix. Die Widerstände der als galvanisch entkoppelt angenommenen Ersatz-Dämpferwicklungen werden als gegeben betrachtet [14].

Die Luftspaltfeldinduktivitäten der Statorstränge resultieren aus Beziehung (5. 6) mit den Indizes a, b = 1, 2, 3 und den Positionswinkeln der Strangachsen nach Abb. 5. 2. Bei der Aufstellung der Matrix (L_{SS}) wurden die in (4. 6) und (4. 7) angegebenen Definitionen der Oberwellenkoeffizienten σ_{Sii} und σ_{Sik} verwendet.

$$(L_{SS})=\begin{bmatrix}(1+\sigma_{Sii})L_{SA}+L_{SB}\cos 2\gamma & (-\frac{1}{2}+\sigma_{Sik})L_{SA}+L_{SB}\cos(2\gamma-\frac{2\pi}{3}) & (-\frac{1}{2}+\sigma_{Sik})L_{SA}+L_{SB}\cos(2\gamma-\frac{4\pi}{3})\\ (-\frac{1}{2}+\sigma_{Sik})L_{SA}+L_{SB}\cos(2\gamma-\frac{2\pi}{3}) & (1+\sigma_{Sii})L_{SA}+L_{SB}\cos(2\gamma-\frac{4\pi}{3}) & (-\frac{1}{2}+\sigma_{Sik})L_{SA}+L_{SB}\cos 2\gamma\\ (-\frac{1}{2}+\sigma_{Sik})L_{SA}+L_{SB}\cos(2\gamma-\frac{4\pi}{3}) & (-\frac{1}{2}+\sigma_{Sik})L_{SA}+L_{SB}\cos 2\gamma & (1+\sigma_{Sii})L_{SA}+L_{SB}\cos(2\gamma-\frac{2\pi}{3})\end{bmatrix}.$$

Sowohl die Eigeninduktivitäten als auch die Wechselinduktivitäten der Statorstränge bestehen aus einem konstanten und einem in Abhängigkeit vom Rotorpositionswinkel γ mit der Periodendauer π wechselnden Anteil.

Die Luftspaltfeldwechselinduktivitäten zwischen den Statorsträngen und den Rotorwicklungen resultieren aus der Beziehung (5. 13) mit den Indizes a = 1, 2, 3 und T = f, D, Q und den Positionswinkeln der Strangachsen nach Abb. 5. 2. Unter Verwendung der Gln. (5. 7) und (5. 8) und der Übersetzungsverhältnisse

$$\ddot{u}_f=\frac{w_S\,\xi_{S1}}{w_f\,\xi_{f1}}, \quad \ddot{u}_D=\frac{w_S\,\xi_{S1}}{w_D\,\xi_{D1}}, \quad \ddot{u}_Q=\frac{w_S\,\xi_{S1}}{w_Q\,\xi_{Q1}} \quad (5.16)$$

erhält man für diese Induktivitäten:

$$(L_{Sf}) = \frac{2}{3} L_{hd} \frac{1}{\ddot{u}_f} \begin{pmatrix} \cos\gamma \\ \cos(\gamma - \frac{2\pi}{3}) \\ \cos(\gamma - \frac{4\pi}{3}) \end{pmatrix} ,$$

$$(L_{SD}) = \frac{2}{3} L_{hd} \frac{1}{\ddot{u}_D} \begin{pmatrix} \cos\gamma \\ \cos(\gamma - \frac{2\pi}{3}) \\ \cos(\gamma - \frac{4\pi}{3}) \end{pmatrix} ,$$

$$(L_{SQ}) = \frac{2}{3} L_{hq} \frac{1}{\ddot{u}_Q} \begin{pmatrix} \cos(\gamma + \frac{\pi}{2}) \\ \cos(\gamma + \frac{\pi}{2} - \frac{2\pi}{3}) \\ \cos(\gamma + \frac{\pi}{2} - \frac{4\pi}{3}) \end{pmatrix} .$$

Die Matrix der Nutfeld- und Stirnfeldinduktivitäten der Statorstränge, (S_S), ist wie bei der Drehstromasynchronmaschine in (4.9) anzusetzen.

Um die Koeffizientenmatrizen, insbesondere die Matrix (L_{SS}), deren von γ unabhängiger Anteil zyklisch und symmetrisch ist, zu vereinfachen, wird folgende leistungsinvariante Transformation durchgeführt:

$$\begin{pmatrix} (u_S) \\ u_f \\ 0 \\ 0 \end{pmatrix} = \begin{pmatrix} (C_S) & & & \\ & 1/\ddot{u}_f & & \\ & & 1/\ddot{u}_D & \\ & & & 1/\ddot{u}_Q \end{pmatrix} \cdot \begin{pmatrix} (\underline{u}_S) \\ u'_f \\ 0 \\ 0 \end{pmatrix} , \quad \begin{pmatrix} (i_S) \\ i_f \\ i_D \\ i_Q \end{pmatrix} = \begin{pmatrix} (C_S) & & & \\ & \ddot{u}_f & & \\ & & \ddot{u}_D & \\ & & & \ddot{u}_Q \end{pmatrix} \cdot \begin{pmatrix} (\underline{i}_S) \\ i'_f \\ i'_D \\ i'_Q \end{pmatrix} \quad (5.17)$$

mit (C_S) nach (4.12) und der nach Abb. 5.2 auch hier geltenden Winkelbeziehung (4.14). Die Anwendung der Transformation zeigt, daß nur im Fall mit dem Rotor verbundener Bezugsachse, d.h. für

$$\gamma_R = 0 \quad , \quad \gamma_S = -\gamma \quad , \quad (5.18)$$

Unabhängigkeit der Induktivitätsmatrix vom Positionswinkel γ und damit von der

Zeit erreicht wird. Die Inversion der Transformationsbeziehung (5. 17) ergibt

$$\begin{bmatrix}(\underline{u}_S)\\ u'_f\\ 0\\ 0\end{bmatrix} = \begin{bmatrix}(C_S)^{*\prime} & & & \\ & \ddot{u}_f & & \\ & & \ddot{u}_D & \\ & & & \ddot{u}_Q\end{bmatrix}\cdot\begin{bmatrix}(u_S)\\ u_f\\ 0\\ 0\end{bmatrix}, \quad \begin{bmatrix}(\underline{i}_S)\\ i'_f\\ i'_D\\ i'_Q\end{bmatrix} = \begin{bmatrix}(C_S)^{*\prime} & & & \\ & 1/\ddot{u}_f & & \\ & & 1/\ddot{u}_D & \\ & & & 1/\ddot{u}_Q\end{bmatrix}\cdot\begin{bmatrix}(i_S)\\ i_f\\ i_D\\ i_Q\end{bmatrix}, \quad (5.19)$$

wobei die transformierten Vektoren $(\underline{u}_S)$ und $(\underline{i}_S)$ wie in (4. 17) definiert sind.

Wendet man die Transformation (5. 17) auf das System (5. 15) unter Beachtung von (5. 18) an, dann erhält man ein System der Form (2. 18)

$$\begin{bmatrix}\underline{u}_{S1}\\ \underline{u}^*_{S1}\\ u_{S0}\\ u'_f\\ 0\\ 0\end{bmatrix} = \begin{bmatrix}R_S & & & & & \\ & R_S & & & & \\ & & R_S & & & \\ & & & R'_f & & \\ & & & & R'_D & \\ & & & & & R'_Q\end{bmatrix}\cdot\begin{bmatrix}\underline{i}_{S1}\\ \underline{i}^*_{S1}\\ i_{S0}\\ i'_f\\ i'_D\\ i'_Q\end{bmatrix} + j\begin{bmatrix}\dot{\gamma} & & & & & \\ & -\dot{\gamma} & & & & \\ & & 0 & & & \\ & & & 0 & & \\ & & & & 0 & \\ & & & & & 0\end{bmatrix}\cdot\begin{bmatrix}\underline{\Psi}_{S1}\\ \underline{\Psi}^*_{S1}\\ \Psi_{S0}\\ \Psi'_f\\ \Psi'_D\\ \Psi'_Q\end{bmatrix} + \frac{d}{dt}\begin{bmatrix}\underline{\Psi}_{S1}\\ \underline{\Psi}^*_{S1}\\ \Psi_{S0}\\ \Psi'_f\\ \Psi'_D\\ \Psi'_Q\end{bmatrix} \quad (5.20)$$

mit der in folgender Flußbeziehung enthaltenen transformierten Induktivitätsmatrix

$$\begin{bmatrix}\underline{\Psi}_{S1}\\ \underline{\Psi}^*_{S1}\\ \Psi_{S0}\\ \Psi'_f\\ \Psi'_D\\ \Psi'_Q\end{bmatrix} = \begin{bmatrix}\frac{1}{2}(L_{hd}+L_{hq})+L_{S\sigma} & \frac{1}{2}(L_{hd}-L_{hq}) & 0 & \frac{1}{\sqrt{3}}L_{hd} & \frac{1}{\sqrt{3}}L_{hd} & j\frac{1}{\sqrt{3}}L_{hq}\\ \frac{1}{2}(L_{hd}-L_{hq}) & \frac{1}{2}(L_{hd}+L_{hq})+L_{S\sigma} & 0 & \frac{1}{\sqrt{3}}L_{hd} & \frac{1}{\sqrt{3}}L_{hd} & -j\frac{1}{\sqrt{3}}L_{hq}\\ 0 & 0 & L_{S0} & 0 & 0 & 0\\ \frac{1}{\sqrt{3}}L_{hd} & \frac{1}{\sqrt{3}}L_{hd} & 0 & L'_{ff} & L'_{fD} & 0\\ \frac{1}{\sqrt{3}}L_{hd} & \frac{1}{\sqrt{3}}L_{hd} & 0 & L'_{fD} & L'_{DD} & 0\\ -j\frac{1}{\sqrt{3}}L_{hq} & j\frac{1}{\sqrt{3}}L_{hq} & 0 & 0 & 0 & L'_{QQ}\end{bmatrix}\cdot\begin{bmatrix}\underline{i}_{S1}\\ \underline{i}^*_{S1}\\ i_{S0}\\ i'_f\\ i'_D\\ i'_Q\end{bmatrix} \quad (5.21)$$

Die Elemente der transformierten Widerstands- und Induktivitätsmatrizen wurden gemäß dem in Abschn. 2. 2 angegebenen Verfahren aus den Parametern des Systems (5. 15) ermittelt, es gilt

$$R'_f = \ddot{u}_f^2 R_f \,, \qquad R'_D = \ddot{u}_D^2 R_D \,, \qquad R'_Q = \ddot{u}_Q^2 R_Q$$

$$L'_{ff} = \ddot{u}_f^2 L_{ff} \,, \qquad L'_{DD} = \ddot{u}_D^2 L_{DD} \,, \qquad L'_{QQ} = \ddot{u}_Q^2 L_{QQ}$$

$$L'_{fD} = \ddot{u}_f \ddot{u}_D L_{fD} \,. \tag{5.22}$$

Die Streuinduktivität des Stators, $L_{S\sigma}$, ist analog zu (4.22)

$$L_{S\sigma} = S_{Sii} - S_{Sik} + \sigma_{OS} \frac{1}{2} (L_{hd} + L_{hq})$$

und die Nullinduktivität des Stators, L_{S0}, analog zu (4.24)

$$L_{S0} = S_{Sii} + 2\, S_{Sik} + \sigma_{OS0} \frac{1}{2} (L_{hd} + L_{hq}) \quad ,$$

wobei die Oberwellenkoeffizienten σ_{OS} und σ_{OS0} gemäß (4.23) und (4.25) definiert sind. Bei der Transformation der Matrix (L_{SS}) wurden die Induktivitäten L_{SA} und L_{SB} mit Hilfe der Beziehungen (5.11), (5.12) durch die in (5.7) und (5.8) physikalisch gedeuteten Hauptinduktivitäten L_{hd}, L_{hq} ersetzt. Wie aus (5.21) hervorgeht, führt die Transformation von (L_{SS}) nur im Falle der Vollpolmaschine, für die $L_{hd} = L_{hq}$ gilt, zu einer Diagonalmatrix.

Das innere Drehmoment der Drehstromsynchronmaschine berechnet sich nach der hier gültigen Beziehung (2.43a) zu

$$M_{i1} = 2p \,\mathrm{Im}\left\{ \frac{1}{\sqrt{3}} L_{hd}\, i'_f \underline{i}_{S1} + \frac{1}{2}(L_{hd} - L_{hq})\, \underline{i}_{S1}^2 + \frac{1}{\sqrt{3}} L_{hd}\, i'_D \underline{i}_{S1} - j \frac{1}{\sqrt{3}} L_{hq}\, i'_Q \underline{i}_{S1} \right\} . \tag{5.23}$$

Der erste Term in (5.23) ist das Drehmoment, das durch Zusammenwirkung des vom Polrad erregten Luftspaltfelds mit dem vom Stator erregten entsteht. Der zweite Term ist das nur bei Schenkelpolmaschinen ($L_{hd} \neq L_{hq}$) auftretende sog. Reaktionsmoment, das allein von den Statorströmen abhängt. Auf diesem Reaktionsmoment beruht die Wirkungsweise der Reaktionsmaschine, einer Synchronmaschine mit ausgeprägten Polen und ohne Erregerwicklung. Der dritte und vierte Term des inneren Drehmoments ergeben zusammen das asynchrone Drehmoment, das aus der Zusammenwirkung zwischen der Statorwicklung und der Dämpferwicklung resultiert.

Mit (5.20), (5.21), (5.23), den Transformationsbeziehungen (5.17) bzw. (5.19) und der mechanischen Gleichung (1.6) ist das Synchronmaschinenmodell vollständig beschrieben. Die Vorzüge gegenüber der Darstellung im Originalsystem drücken sich in der wesentlich vereinfachten Induktivitätsmatrix aus.

Die zur Schaltung der Wicklungssysteme am Schluß des Abschn. 4. 1 gemachten Aussagen gelten auch für die Statorwicklung der Drehstromsynchronmaschine.

5.2 Stationärer symmetrischer Betrieb der Drehstromsynchronmaschine mit ausgeprägten Polen

Die Statorwicklung werde von einem symmetrischen sinusförmigen Spannungssystem der Frequenz ω_S gespeist, die Erregerwicklung sei an eine starre Gleichspannungsquelle angeschlossen und das Polrad rotiere konstant mit synchroner Winkelgeschwindigkeit Ω_s:

$$\dot{\gamma} = p\,\Omega_s = \omega_S \tag{5.24}$$

mit

$$\gamma = \omega_S t + \gamma_0 \quad . \tag{5.25}$$

In diesen stabilen Betriebszustand gelangt die Maschine im Fall des Generators durch entsprechende Steuerung der Antriebsmaschine und im Fall des Motors durch selbständigen asynchronen Anlauf mit Hilfe der Dämpferwicklung oder massiver Pole oder durch Einsatz eines zusätzlichen Anwurfmotors. Den bei nichtselbständigem Anlauf erforderlichen Vorgang des Zuschaltens der Statorwicklung der synchron laufenden und entsprechend erregten Synchronmaschine an das vorhandene Drehstromnetz bezeichnet man als Synchronisieren. Zur Vermeidung unerwünschter Übergangsvorgänge (Strom- und Drehmomentstöße) muß das Statorspannungssystem der im Stator stromlosen, synchronlaufenden Synchronmaschine dem Drehspannungssystem des Netzes entsprechen und insbesondere im Augenblick des Zuschaltens die Spannung zwischen den zu verbindenden Klemmen verschwinden.

Aus dem Spannungsvektor des Originalsystems

$$\begin{bmatrix} u_{S1} \\ u_{S2} \\ u_{S3} \end{bmatrix} = \sqrt{2}\,U_S \begin{bmatrix} \cos(\omega_S t + \alpha_{S0}) \\ \cos(\omega_S t + \alpha_{S0} - 2\pi/3) \\ \cos(\omega_S t + \alpha_{S0} - 4\pi/3) \end{bmatrix} \tag{5.26}$$

$$u_f = U_f, \qquad u_D = 0, \qquad u_Q = 0$$

folgt mit (5.19), (5.18) und (5.25) der zeitlich konstante transformierte Spannungsvektor

$$\begin{bmatrix} \underline{u}_{S1} \\ \underline{u}^*_{S1} \\ u_{S0} \end{bmatrix} = \begin{bmatrix} \sqrt{\frac{3}{2}}\, U_S\, e^{j(\alpha_{S0}-\gamma_0)} \\ \sqrt{\frac{3}{2}}\, U_S\, e^{-j(\alpha_{S0}-\gamma_0)} \\ 0 \end{bmatrix} \tag{5.27}$$

$$u'_f = ü_f U_f, \qquad u'_D = 0\,, \qquad u'_Q = 0 \quad .$$

Läßt man diesen Störgrößenvektor auf das zeitinvariante lineare System (5.20), (5.21) wirken, dann müssen dessen stationäre Lösungen, nämlich der transformierte Stromvektor, ebenfalls zeitlich konstant sein. Zunächst erhält man direkt

$$i_{S0} = 0, \qquad i'_D = 0, \qquad i'_Q = 0 \tag{5.28}$$

und

$$i_f = I_f = U_f/R_f \quad . \tag{5.29}$$

Die Dämpferwicklung ist also im stationären symmetrischen Betrieb stromlos und die Erregerwicklung führt einen Gleichstrom.

Mit dem Lösungsansatz für den Raumzeiger des Statorstroms

$$\underline{i}_{S1} = \sqrt{\frac{3}{2}}\, \underline{I}_{S1}\, e^{j(\alpha_{S0}-\gamma_0)} \tag{5.30}$$

liefert die erste Gleichung des Systems (5.20), (5.21), wenn man außerdem (5.24) und (5.27) beachtet, die stationäre Beziehung

$$U_S\, e^{j(\alpha_{S0}-\gamma_0)} = R_S \underline{I}_{S1}\, e^{j(\alpha_{S0}-\gamma_0)} + j\omega_S \Big[\frac{1}{2}(L_d+L_q)\, \underline{I}_{S1}\, e^{j(\alpha_{S0}-\gamma_0)} + \frac{1}{2}(L_d-L_q)\, \underline{I}^*_{S1}\, e^{-j(\alpha_{S0}-\gamma_0)} + \frac{\sqrt{2}}{3} L_{hd}\, I'_f \Big] \,,$$

wobei als Abkürzungen die Induktivitäten

$$L_d = L_{hd} + L_{S\sigma} \quad , \tag{5.31}$$

$$L_q = L_{hq} + L_{S\sigma}$$

eingeführt wurden. Setzt man $\alpha_{S0} = 0$ und definiert man den Phasenwinkel zwischen dem Statorspannungs-Raumzeiger $\underline{u}_{S1}$ und dem Raumzeiger der vom Erregerstrom bestimmten Polradspannung als Polradwinkel,

$$\vartheta = \frac{\pi}{2} + \gamma_0 \quad , \tag{5.32}$$

dann lautet die Spannungsgleichung unter Verwendung der Abkürzung $X = \omega_S L$

$$U_S = R_S \underline{I}_{S1} + j\frac{1}{2}(X_d+X_q)\underline{I}_{S1} - j\frac{1}{2}(X_d-X_q)\underline{I}^*_{S1} e^{j2\vartheta} + \frac{\sqrt{2}}{3} X_{hd} I'_f e^{j\vartheta} \quad . \tag{5.33}$$

Liegen das Statorspannungssystem und die Erregerspannung gemäß (5.26) mit $\alpha_{S0} = 0$ fest und ist γ_0, der Rotorpositionswinkel für $t = 0$, und damit der Polradwinkel ϑ gegeben, dann ermöglichen die Beziehungen (5.29) und (5.33) die Ermittlung der Ströme. Die Momentanwerte der Strangströme erhält man dann durch Anwendung der Beziehung (5.17):

$$\begin{bmatrix} i_{S1} \\ i_{S2} \\ i_{S3} \end{bmatrix} = \sqrt{2}\,\mathrm{Re} \begin{bmatrix} \underline{I}_{S1} e^{j\omega_S t} \\ \underline{a}^2 \underline{I}_{S1} e^{j\omega_S t} \\ \underline{a}\underline{I}_{S1} e^{j\omega_S t} \end{bmatrix}$$

$$i_f = \frac{U_f}{R_f} , \qquad i_D = 0 , \qquad u_Q = 0 \quad .$$

Für den Zeiger des Statorstroms i_{S1} schreibt man mit dem positiv definierten Nacheilwinkel φ_S gegenüber U_S, dem Zeiger der Spannung u_{S1}:

$$\underline{I}_{S1} = I_S e^{-j\varphi_S} \quad . \tag{5.34}$$

Als häufig vorkommende Aufgabenstellung sei der Fall erwähnt, daß das Statorspannungssystem und der erwünschte Statorstromzeiger (5.34) bekannt sind und sowohl der Polradwinkel als auch der erforderliche Erregerstrom mit Hilfe der Spannungsgleichung (5.33) zu ermitteln sind. Bevor auf das für die praktische Lösung solcher Aufgaben geeignete Zeigerdiagramm eingegangen wird, muß noch das innere Drehmoment der Drehstromsynchronmaschine für stationären symmetrischen Betrieb berechnet werden. Aus (5.23) folgt mit (5.28), (5.30), $\alpha_{S0} = 0$ und (5.32)

$$M_{i1} = 3\,p\,\mathrm{Im}\left\{ j\,\frac{\sqrt{2}}{3} L_{hd}\, I'_f\, \underline{I}_{S1}\, e^{-j\vartheta} - \frac{1}{2}(L_{hd} - L_{hq})\, \underline{I}_{S1}^2\, e^{-j2\vartheta} \right\}.$$

In dieser Formel wird der Statorstromzeiger durch die aus der Spannungsgleichung (5. 33) unter Vernachlässigung des Statorstrangwiderstands R_S gewonnene Beziehung

$$\underline{I}_{S1}\, e^{-j\vartheta} = -\frac{U_S \sin\vartheta}{X_q} + j\,\frac{-U_S \cos\vartheta + \frac{\sqrt{2}}{3} X_{hd}\, I'_f}{X_d} \tag{5. 35}$$

ersetzt, sodaß sich das innere Drehmoment als Funktion der Statorspannung, des Erregerstroms und des Polradwinkels ergibt:

$$M_{i1} = -\frac{3p}{\omega_S}\left[\frac{\frac{\sqrt{2}}{3} X_{hd}\, I'_f}{X_d}\, U_S \sin\vartheta + \frac{X_d - X_q}{2\,X_q\,X_d}\, U_S^2 \sin 2\vartheta \right] . \tag{5. 36}$$

Das vom Erregerstrom unabhängige Reaktionsmoment tritt nur bei Schenkelpolmaschinen ($X_d \neq X_q$) auf. Dieses Reaktionsmoment bewirkt, daß im Fall konstanter Statorspannung und konstanten Erregerstroms das betragsmäßig maximale innere Drehmoment bei einem Polradwinkel $|\vartheta_{max}| < \pi/2$ auftritt. Da nur für $|\vartheta| < |\vartheta_{max}|$ stabiler Betrieb der Drehstromsynchronmaschine am starren symmetrischen Netz möglich ist, bezeichnet man diesen Winkel als s t a t i s c h e S t a b i l i t ä t s g r e n z e. Versteht man den Rotorpositionswinkel γ_0 als Phasenwinkel zwischen dem durch (5. 26) mit $\alpha_{S0} = 0$ festgelegten Statorspannungssystem und der durch (5. 25) bestimmten Rotation des Polrads, dann kann man den Polradwinkel nach (5. 32) physikalisch deuten. Ausgehend vom Leerlaufwert $\vartheta = 0$, dem der Wert $\gamma_0 = -\pi/2$ entspricht, erhält man dann die folgenden beiden stabilen Betriebsbereiche:

$$M_i < 0: \quad 0 < \vartheta < |\vartheta_{max}| \;, \qquad -\frac{\pi}{2} < \gamma_0 < (|\vartheta_{max}| - \frac{\pi}{2}) \tag{5. 37}$$

$$M_i > 0: \quad 0 > \vartheta > -|\vartheta_{max}| \;, \qquad -\frac{\pi}{2} > \gamma_0 > -(|\vartheta_{max}| + \frac{\pi}{2}) \;. \tag{5. 38}$$

Wegen des positiven Vorzeichens der synchronen Winkelgeschwindigkeit $\Omega = \Omega_S$ entspricht gemäß der eingangs festgelegten Vorzeichenregelung $M_i < 0$ Aufnahme und $M_i > 0$ Abgabe innerer mechanischer Leistung. Bei Vernachlässigung der Statorverluste und der mechanischen Verluste bedeutet $M_i < 0$ Generatorbetrieb und $M_i > 0$ Motorbetrieb. Aus (5. 37) und (5. 38) geht damit hervor, daß das Polrad gegenüber dem Leerlauf ($\gamma_0 = -\pi/2$) im Generatorbetrieb um den Winkel $|\vartheta|$ vor- und im Motorbetrieb um den Winkel $|\vartheta|$ nacheilt. Aus dieser Tatsache erklärt sich, daß nur im Bereich $-|\vartheta_{max}| < \vartheta < |\vartheta_{max}|$ stabiler stationärer Betrieb möglich ist, wenn man z. B. von einem von ϑ unabhängigen äußeren Drehmoment ausgeht (Abb. 5. 6).

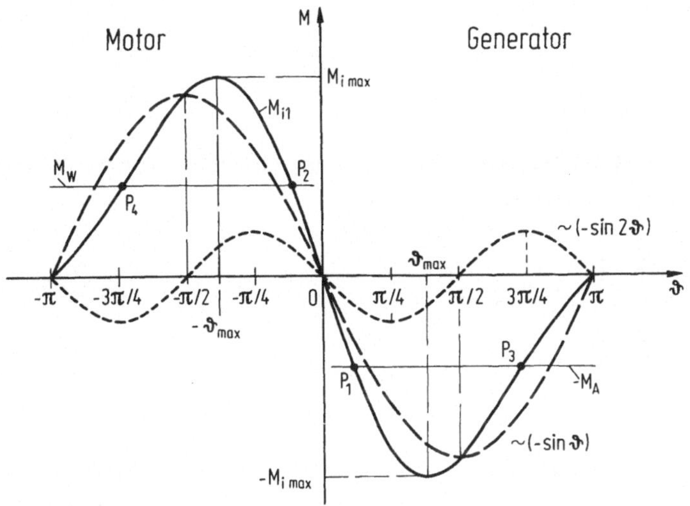

Abb. 5. 6 Drehmoment der Drehstromsynchronmaschine mit ausgeprägten Polen in Abhängigkeit vom Polradwinkel (einschließlich der vom Erregerstrom abhängigen und der Reaktionskomponente)

Definiert man in der Drehmomentbilanz (1. 6) als äußeres Drehmoment

$$M_a = - M_{i2} + M_{v1} + M_{v2} \quad , \tag{5.39}$$

dann erhält man

$$M_{i1} - M_a = J \frac{d\Omega}{dt} \quad , \tag{5.40}$$

wobei für Generatorbetrieb $M_a = - M_A$ mit $M_A > 0$ und für Motorbetrieb $M_a = M_W$ mit $M_W > 0$ gilt. Läßt man gegenüber den Betriebspunkten P_1 und P_2 im Diagramm von Abb. 5. 6 eine kleine positive oder negative Winkeländerung $\Delta\vartheta$ zu, dann tritt eine Drehmomentdifferenz auf, die gemäß (5. 40) als Beschleunigungs- oder Verzögerungsmoment die fiktive Winkeländerung $\Delta\vartheta$ rückgängig macht. Die beiden Betriebspunkte P_1 und P_2 sind somit stabil. Eine analoge Überlegung führt bei den Betriebspunkten P_3 und P_4 zum gegenteiligen Ergebnis (Instabilität).

Die *elektrische Leistung*, die die Maschine über Leitungen mit der Umgebung austauscht, wird gemäß (2. 16)

$$P_{el} = P_S + V_f \tag{5.41}$$

mit der Statorleistung

$$P_S = 3\,\mathrm{Re}\{\, \underline{I}_{S1}^* \, U_S \} = 3\, U_S\, I_S \cos \varphi_S \tag{5.42}$$

und der Erregerleistung

$$V_f = I_f\, U_f = R_f\, I_f^2 \quad . \tag{5.43}$$

Da im stationären symmetrischen Betrieb die magnetische Energie gemäß (2. 42) zeitlich konstant ist, folgt aus (2. 39) bis (2. 41)

$$P_S = V_{elS} + P_{mech\,1} \tag{5.44}$$

mit der Statorverlustleistung

$$V_{elS} = 3\, R_S\, I_S^2 \tag{5.45}$$

und

$$P_{mech\,1} = \frac{\omega_S}{p}\, M_{i1} \quad . \tag{5.46}$$

Üblicherweise wird bei großen Synchronmaschinen der Statorwiderstand R_S vernachlässigt, so daß nach (5. 44) Statorleistung und innere mechanische Leistung gleich groß werden.

Die Darstellung der Spannungsgleichung (5. 33) unter der Voraussetzung $R_S = 0$ ist als Zeigerdiagramm in Abb. 5. 7 für den Fall des Generatorbetriebs bei "Abgabe induktiver Blindleistung" ($3\pi/2 > \varphi_S > \pi$) veranschaulicht. Allgemein besteht zwischen der Lage des Statorstromzeigers $\underline{I}_{S1}$ und dem Betriebszustand der Maschine folgender Zusammenhang:

$-\frac{\pi}{2} < \varphi_S < \frac{\pi}{2}$	(Quadrant I und IV):	Motorbetrieb $P_S > 0$
$\frac{\pi}{2} < \varphi_S < \frac{3\pi}{2}$	(Quadrant II und III):	Generatorbetrieb $P_S < 0$
$\pi < \varphi_S < 2\pi$	(Quadrant I und II):	"Abgabe induktiver Blindleistung", übererregter Betrieb
$0 < \varphi_S < \pi$	(Quadrant III und IV):	"Aufnahme induktiver Blindleistung", untererregter Betrieb,

wobei für die "abgegebene induktive Blindleistung" gilt

$$Q = -\,3\, U_S\, I_S \sin \varphi_S \quad .$$

Als Nennleistung eines Drehstromsynchrongenerators wird die Statorscheinleistung

$$S_N = \sqrt{3}\, U_N\, I_N = 3\, U_{SN}\, I_{SN} \tag{5.47}$$

definiert, wobei U_N und I_N die Nenneffektivwerte der Leiterspannung und des Leiterstroms sind und U_{SN}, I_{SN} die entsprechenden Stranggrößen. Die im Nennbe-

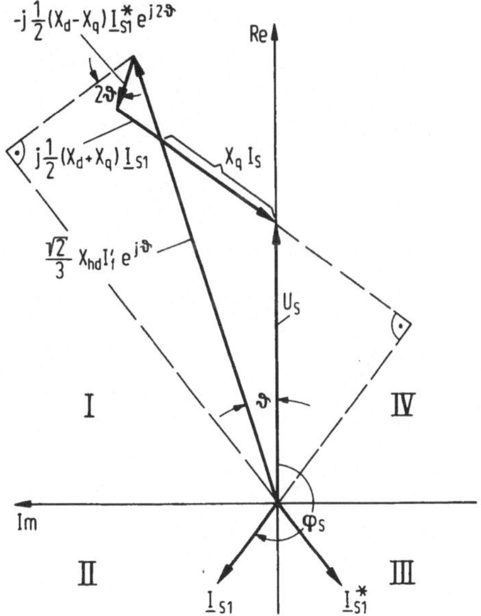

Abb. 5.7 Zeigerdiagramm der Drehstromsynchronmaschine mit Schenkelpolläufer (Generatorbetrieb $\pi < \varphi_S < 3\pi/2$)

trieb abgegebene Leistung des Generators ist

$$P_{SN} = \sqrt{3}\, U_N\, I_N \cos\varphi_N \tag{5.48}$$

mit $\cos\varphi_N$ als Nennleistungsfaktor und $\varphi_N = \varphi_{SN} - \pi$. Im Nennbetrieb haben außerdem die Frequenz, die Erregerspannung und damit der Erregerstrom ihre Nennwerte ($f_N = \omega_{SN}/2\pi$, $U_f = U_{fN}$, $I_f = I_{fN}$).

Im stationären Kurzschluß, dem sog. Dauerkurzschluß, ist $U_S = 0$ und $P_S = 0$. Unter der Annahme $R_S = 0$, die bei stationärem Betrieb mit Nennfrequenz zulässig ist, folgt aus (5.35) für den Effektivwert des Statorstrangstroms im Dauerkurzschluß

$$I_{Sk} = \frac{\frac{\sqrt{2}}{3} X_{hd}\, I_f'}{X_d} \quad . \tag{5.49}$$

Im stationären Leerlauf ist wegen $I_S = 0$ nach (5.33) der Polradwinkel $\vartheta = 0$ und der Effektivwert der Statorstrangspannung

$$U_{S0} = \frac{\sqrt{2}}{3} X_{hd} I'_f \quad . \tag{5.50}$$

Mit I'_{f0} wird der transformierte Erregerstrom bezeichnet, der bei Leerlauf und Nennfrequenz im Stator die Nennstrangspannung U_{SN} ergibt:

$$i'_{f0} = \frac{U_{SN}}{\frac{\sqrt{2}}{3} X_{hd}} \quad . \tag{5.51}$$

Der zu diesem Erregerstrom I'_{f0} gehörende Kurzschlußstrom wird dann nach (5.49)

$$I_{Sk0} = \frac{U_{SN}}{X_d} \quad . \tag{5.52}$$

Als Kenngrößen, die das stationäre Betriebsverhalten der Synchronmaschine bestimmen, werden folgende *bezogene Reaktanzen* für Nennfrequenz definiert

$$x_d = \frac{X_d}{U_{SN}/I_{SN}} \quad , \qquad x_q = \frac{X_q}{U_{SN}/I_{SN}} \quad . \tag{5.53}$$

Der Reziprokwert von x_d wird auch als *Leerlauf-Kurzschluß-Verhältnis* bezeichnet, für das man mit (5.52)

$$K_c = \frac{1}{x_d} = \frac{I_{Sk0}}{I_{SN}} \tag{5.54}$$

erhält.

Aus dem Spannungszeigerdiagramm der Abb. 5.7 ergibt sich für Generatorbetrieb der Drehstromsynchronmaschine am starren symmetrischen Netz mit $U_S = U_{SN}$ und $f_S = f_N$, wenn man sämtliche Spannungszeiger durch $X_d I_{SN}$ dividiert, das in Abb. 5.8 für einen übererregten und einen untererregten Betriebszustand dargestellte *Stromdiagramm*. Projiziert man den Punkt P_0 des Stromdiagramms auf Ordinate und Abszisse des Achsenkreuzes, dann erhält man auf der Ordinate die abgegebene Wirkleistung P und auf der Abszisse die induktive Blindleistung Q, beide bezogen auf die Nennleistung und multipliziert mit dem Faktor $\frac{1}{2}(1 + x_q/x_d)$. Die *Betriebsgrenzen* der Maschine sind durch die zulässige thermische Beanspruchung der Wicklungen ($I_S \leqq I_{SN}$, $I_f \leqq I_{fN}$) und durch die vom Erregerstrom abhängige statische Stabilitätsgrenze $\vartheta < \vartheta_{max}$ gegeben. Außerdem ist die maximale zur Verfügung stehende mechanische Antriebsleistung zu beachten.

Eine häufig vorkommende Aufgabenstellung ist die folgende: Gegeben ist der bezogene Statorstrom I_S/I_{SN} und der Phasenwinkel $\varphi_S' = \varphi_S - \pi$. Gesucht sind der Polradwinkel ϑ, der erforderliche bezogene Erregerstrom I_f/I_{f0}, die bezogene abgegebene Wirkleistung P/S_N und die bezogene abgegebene induktive Blindleistung Q/S_N. Zur Lösung mit Hilfe des Stromdiagramms werden die Kenngrößen x_d und x_q der Maschine gebraucht.

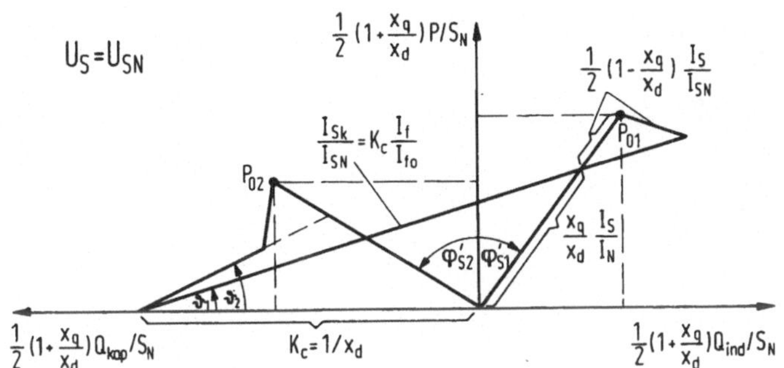

Abb. 5. 8 Stromdiagramm des am starren Netz betriebenen Drehstromsynchrongenerators mit Schenkelpolläufer (P_{01}: Abgabe induktiver Blindleistung $0 < \varphi_S' < \pi/2$; P_{02}: Aufnahme induktiver Blindleistung $-\pi/2 < \varphi_S' < 0$; $\varphi_S' = \varphi_S - \pi$)

Wird die Drehstromsynchronmaschine als G e n e r a t o r am symmetrischen starren Netz gefahren, dann wird die ans Netz abgegebene elektrische Leistung P durch das innere Drehmoment der Antriebsmaschine und der Leistungsfaktor $\cos\varphi_S'$ bzw. die Blindleistung Q durch den Erregerstrom gesteuert. In diesem Zusammenhang interessieren die sog. V-Kurven und Regulierkurven des am symmetrischen Netz konstanter Spannung und Frequenz betriebenen Drehstromsynchrongenerators. Die V - K u r v e n (Abb. 5. 9) geben die Abhängigkeit des bezogenen Statorstroms I_S/I_{SN} vom bezogenen Erregerstrom I_f/I_{f0} für den Fall konstanter abgegebener Leistung P an. Im Stromdiagramm von Abb. 5. 8 bedeutet dies, daß der Punkt P_0 als Ortskurve eine Parallele zur Abszisse beschreibt. Das Minimum des Statorstroms I_S/I_{SN} wird jeweils bei $\varphi_S' = 0$ bzw. $\cos\varphi_S' = 1$ erreicht. Beim Durchfahren der V-Kurven sind die oben erwähnten Betriebsgrenzen einzuhalten.

Die R e g u l i e r k u r v e n (Abb. 5. 10) geben die Abhängigkeit des bezogenen Erregerstroms I_f/I_{f0} vom bezogenen Statorstrom I_S/I_{SN} für den Fall konstanten Leistungsfaktors $\cos\varphi_S'$ wieder. Im Stromdiagramm bedeutet dies, daß der Punkt P_0 als Ortskurve eine durch φ_S' gekennzeichnete Ursprungsgerade beschreibt. Mit Hilfe des Diagramms von Abb. 5. 11, das die statische Stabilitätsgrenze ϑ_{max} in Abhängigkeit vom bezogenen Erregerstrom zeigt, können die Grenzkurven in den

Abbn. 5.9 und 5.10 parametriert werden.

Wird die Drehstromsynchronmaschine als Motor am starren symmetrischen Netz gefahren, dann hängt die vom Netz aufgenommene elektrische Leistung vom inneren

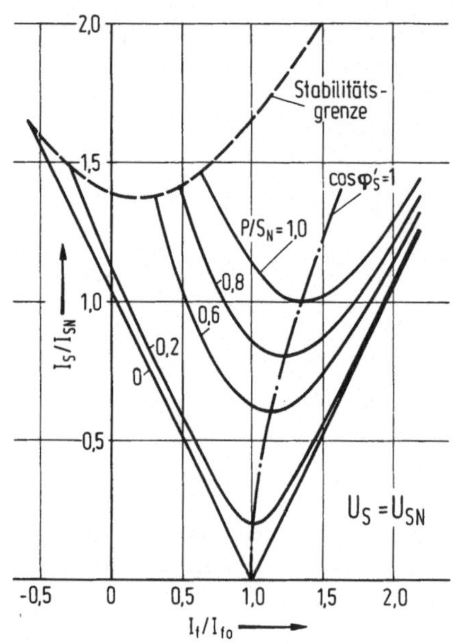

Abb. 5.9 V-Kurven eines Drehstromsynchrongenerators mit Schenkelpolläufer ($x_d = 0{,}96$; $x_q = 0{,}6$)

Drehmoment der Arbeitsmaschine ab, während der Leistungsfaktor bzw. die Blindleistung wie beim Generator vom Erregerstrom bestimmt werden.

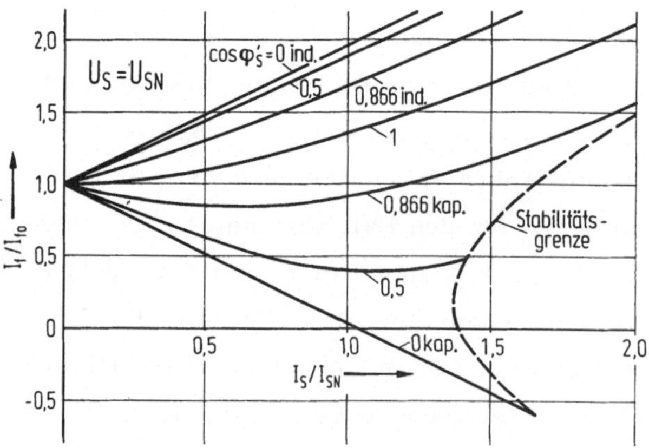

Abb. 5.10 Regulierkurven eines Drehstromsynchrongenerators mit Schenkelpolläufer ($x_d = 0{,}96$; $x_q = 0{,}6$)

Handelt es sich um einen Drehstromsynchrongenerator im Einzelbetrieb, d.h. um einen zur Speisung eines passiven, nur aus Verbrauchern bestehenden Netzes eingesetzten Generator, dann wird im Gegensatz zum Parallelbetrieb am starren aktiven Netz die Statorfrequenz durch das innere Drehmoment der Antriebsmaschine bestimmt. Nimmt man an, daß das passive Netz durch die in Abb. 5.12 dargestellte symmetrische Schaltung beschrieben werden kann, dann gilt ab-

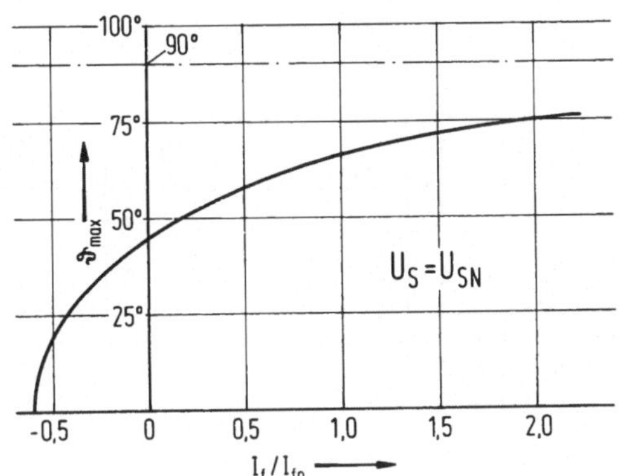

Abb. 5.11 Stabilitätsgrenze eines am starren Netz betriebenen Drehstromsynchrongenerators mit Schenkelpolläufer in Abhängigkeit vom Erregerstrom (x_d = 0,96 ; x_q = 0,6)

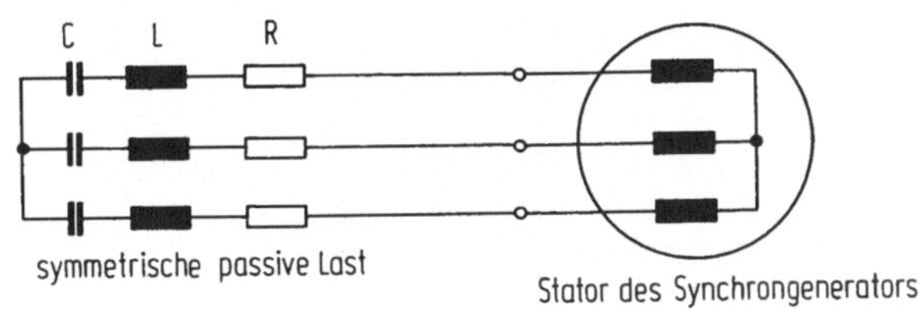

Abb. 5.12 Drehstromsynchrongenerator im Einzelbetrieb

weichend von (5.15) folgendes Spannungsgleichungssystem:

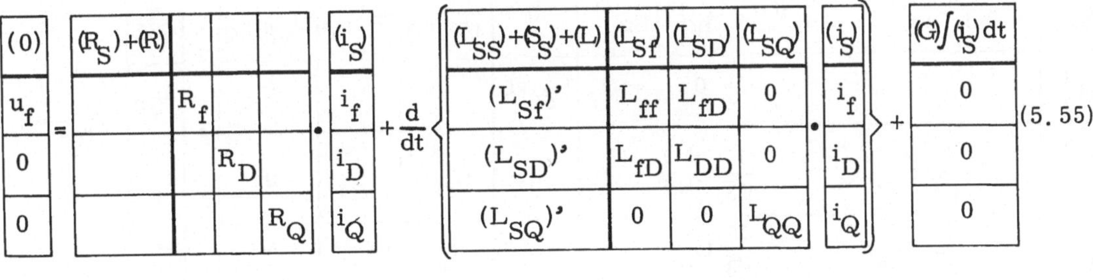

$$\begin{bmatrix} (0) \\ u_f \\ 0 \\ 0 \end{bmatrix} = \begin{bmatrix} (R_S)+(R) & & & \\ & R_f & & \\ & & R_D & \\ & & & R_Q \end{bmatrix} \cdot \begin{bmatrix} (i_S) \\ i_f \\ i_D \\ i_Q \end{bmatrix} + \frac{d}{dt}\left\{ \begin{bmatrix} (L_{SS})+(S_S)+(L) & (L_{Sf}) & (L_{SD}) & (L_{SQ}) \\ (L_{Sf})' & L_{ff} & L_{fD} & 0 \\ (L_{SD})' & L_{fD} & L_{DD} & 0 \\ (L_{SQ})' & 0 & 0 & L_{QQ} \end{bmatrix} \cdot \begin{bmatrix} (i_S) \\ i_f \\ i_D \\ i_Q \end{bmatrix} \right\} + \begin{bmatrix} (G)\int (i_S)\,dt \\ 0 \\ 0 \\ 0 \end{bmatrix} \qquad (5.55)$$

mit

$$(R) = \begin{bmatrix} R & & \\ & R & \\ & & R \end{bmatrix}, \qquad (L) = \begin{bmatrix} L & & \\ & L & \\ & & L \end{bmatrix}, \qquad (G) = \begin{bmatrix} 1/C & & \\ & 1/C & \\ & & 1/C \end{bmatrix}.$$

Wendet man die in Abschn. 5.1 auf das System (5.15) angewandte Transformation auch auf das System (5.55) an, dann erhält man abweichend von (5.20), (5.21) folgendes transformierte System:

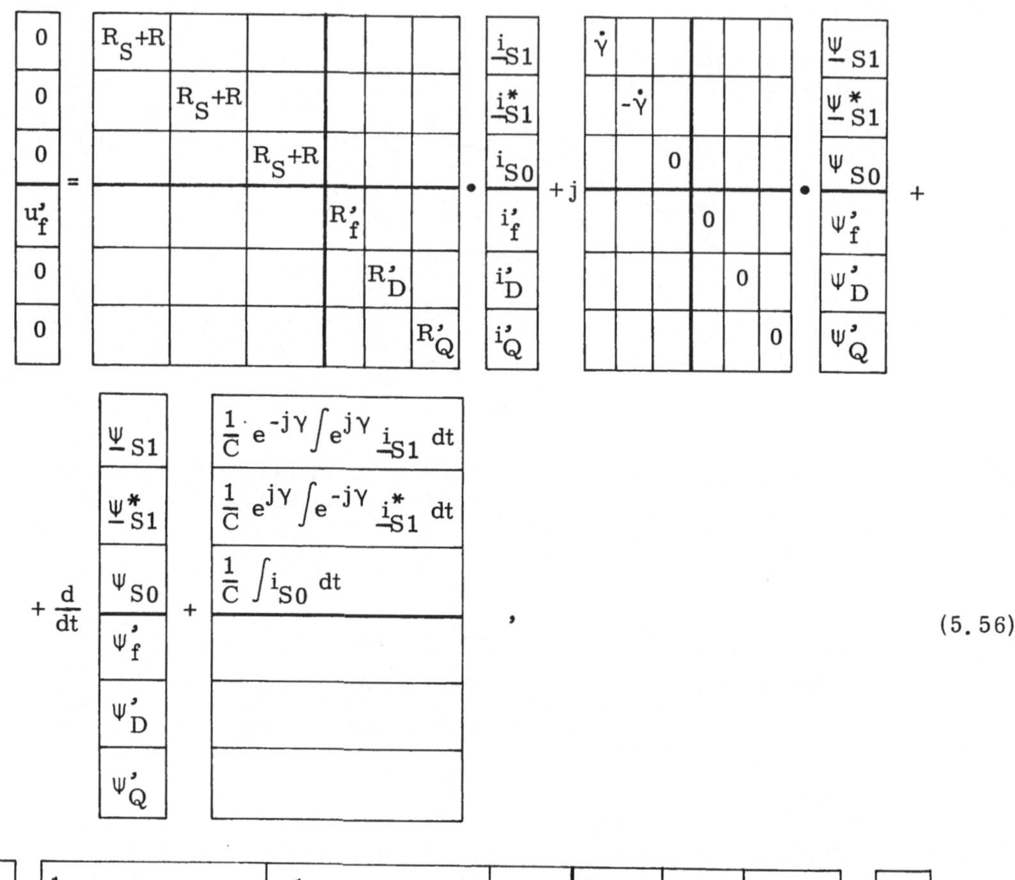

$$\begin{bmatrix} 0 \\ 0 \\ 0 \\ u'_f \\ 0 \\ 0 \end{bmatrix} = \begin{bmatrix} R_S+R & & & & & \\ & R_S+R & & & & \\ & & R_S+R & & & \\ & & & R'_f & & \\ & & & & R'_D & \\ & & & & & R'_Q \end{bmatrix} \cdot \begin{bmatrix} \underline{i}_{S1} \\ \underline{i}^*_{S1} \\ i_{S0} \\ i'_f \\ i'_D \\ i'_Q \end{bmatrix} + j \begin{bmatrix} \dot{\gamma} & & & & & \\ & -\dot{\gamma} & & & & \\ & & 0 & & & \\ & & & 0 & & \\ & & & & 0 & \\ & & & & & 0 \end{bmatrix} \cdot \begin{bmatrix} \underline{\psi}_{S1} \\ \underline{\psi}^*_{S1} \\ \psi_{S0} \\ \psi'_f \\ \psi'_D \\ \psi'_Q \end{bmatrix} + \frac{d}{dt} \begin{bmatrix} \underline{\psi}_{S1} \\ \underline{\psi}^*_{S1} \\ \psi_{S0} \\ \psi'_f \\ \psi'_D \\ \psi'_Q \end{bmatrix} + \begin{bmatrix} \frac{1}{C} e^{-j\gamma} \int e^{j\gamma} \underline{i}_{S1}\, dt \\ \frac{1}{C} e^{j\gamma} \int e^{-j\gamma} \underline{i}^*_{S1}\, dt \\ \frac{1}{C} \int i_{S0}\, dt \\ \\ \\ \\ \end{bmatrix}, \qquad (5.56)$$

$$\begin{bmatrix} \underline{\psi}_{S1} \\ \underline{\psi}^*_{S1} \\ \psi_{S0} \\ \psi'_f \\ \psi'_D \\ \psi'_Q \end{bmatrix} = \begin{bmatrix} \frac{1}{2}(L_{hd}+L_{hq})+L_{S\sigma}+L & \frac{1}{2}(L_{hd}-L_{hq}) & 0 & \frac{1}{\sqrt{3}}L_{hd} & \frac{1}{\sqrt{3}}L_{hd} & j\frac{1}{\sqrt{3}}L_{hq} \\ \frac{1}{2}(L_{hd}-L_{hq}) & \frac{1}{2}(L_{hd}+L_{hq})+L_{S\sigma}+L & 0 & \frac{1}{\sqrt{3}}L_{hd} & \frac{1}{\sqrt{3}}L_{hd} & -j\frac{1}{\sqrt{3}}L_{hq} \\ 0 & 0 & L_{S0}+L & 0 & 0 & 0 \\ \frac{1}{\sqrt{3}}L_{hd} & \frac{1}{\sqrt{3}}L_{hd} & 0 & L'_{ff} & L'_{fD} & 0 \\ \frac{1}{\sqrt{3}}L_{hd} & \frac{1}{\sqrt{3}}L_{hd} & 0 & L'_{fD} & L'_{DD} & 0 \\ -j\frac{1}{\sqrt{3}}L_{hq} & j\frac{1}{\sqrt{3}}L_{hq} & 0 & 0 & 0 & L'_{QQ} \end{bmatrix} \cdot \begin{bmatrix} \underline{i}_{S1} \\ \underline{i}^*_{S1} \\ i_{S0} \\ i'_f \\ i'_D \\ i'_Q \end{bmatrix}. \qquad (5.57)$$

Gesucht wird die stationäre Lösung dieses Systems für den Fall konstanter Winkelgeschwindigkeit gemäß (5.24), (5.25). Die Beziehungen (5.28) und (5.29) für die

Ströme ergeben sich auch hier. Mit dem konstanten Lösungsansatz für den Raumzeiger des Statorstroms

$$\underline{i}_{S1} = \sqrt{\frac{3}{2}}\,\underline{I}_{S1}\, e^{-j\gamma_0}$$

liefert die erste Gleichung des Systems (5. 56), (5. 57) die stationäre Beziehung

$$0 = (R + j\omega_S L + \frac{1}{j\omega_S C})\underline{I}_{S1}\, e^{-j\gamma_0} + R_S \underline{I}_{S1}\, e^{-j\gamma_0} +$$

$$+ j\omega_S \left[\frac{1}{2}(L_d + L_q)\,\underline{I}_{S1}\, e^{-j\gamma_0} + \frac{1}{2}(L_d - L_q)\,\underline{I}^*_{S1}\, e^{j\gamma_0} + \frac{\sqrt{2}}{3} L_{hd}\, I'_f \right] \quad . \qquad (5.58)$$

Der Anfangswert γ_0 des Rotorpositionswinkels γ kann beliebig gewählt werden, da der Maschine kein vorgegebenes Statorspannungssystem von außen aufgezwungen wird. Wählt man $\gamma_0 = -\pi/2$ und führt man die Reaktanzschreibweise ein, dann folgt aus (5. 58) die Spannungsgleichung

$$0 = (R+jX)\,\underline{I}_{S1} + R_S \underline{I}_{S1} + j\frac{1}{2}(X_d + X_q)\,\underline{I}_{S1} - j\frac{1}{2}(X_d - X_q)\,\underline{I}^*_{S1} + \frac{\sqrt{2}}{3} X_{hd}\, I'_f \qquad (5.59)$$

mit der Abkürzung

$$X = \omega_S L - \frac{1}{\omega_S C} \quad .$$

Die Momentanwerte der Statorstrangströme ergeben sich dann wie beim Betrieb am starren symmetrischen Netz mit dem Zeiger (5. 34), wobei der Phasenwinkel φ_S als Nacheilwinkel des Statorstromzeigers gegenüber der Polradspannung zu verstehen ist. In Abb. 5. 13 ist die Spannungsgleichung (5. 59) für den Fall $X > 0$ unter der Voraussetzung $R_S = 0$ als Zeigerdiagramm dargestellt. Im Rahmen einer praktischen Aufgabenstellung könnte z. B. außer der Lastimpedanz der Effektivwert des Strangstroms, I_S, gegeben und der Phasenwinkel φ_S und der Erregerstrom gesucht sein. Zu beachten ist, daß bei der graphischen Lösung dieser Aufgabe das Achsenkreuz erst am Ende der Konstruktion des Zeigerdiagramms festgelegt wird.

Für die elektrische Leistung des Generators im Einzelbetrieb gilt auch Beziehung (5. 41), wobei für die Statorleistung

$$P_S = -(\underline{i}_S)^{*\prime}\,(R)\,(\underline{i}_S) = -3\,R\,I_S^2 \qquad (5.60)$$

gilt (negatives Vorzeichen bedeutet Leistungsabgabe der Maschine). Da im stationären symmetrischen Einzelbetrieb die in der Maschine und in der Last gespeicherte magnetische und elektrische Energie zeitlich konstant ist, gilt auch hier Beziehung (5.44) mit (5.45) und (5.46). Daraus folgt mit (5.60) unter der Annahme $R_S = 0$

$$-3\,R\,I_S^2 = \frac{\omega_S}{p}\,M_{i1} \quad . \tag{5.61}$$

Bei konstanter Winkelgeschwindigkeit muß nach (5.40) $M_{i1} = M_a$ sein. Bei vorgegebener Last (R, L, C) und vorgegebenem äußeren Drehmoment M_a gemäß (5.39) können somit die stationären Betriebsgrößen I_S, φ_S und ω_S mit Hilfe der Beziehungen (5.59) und (5.61) berechnet werden. Der Effektivwert der Strangspannung wird dann

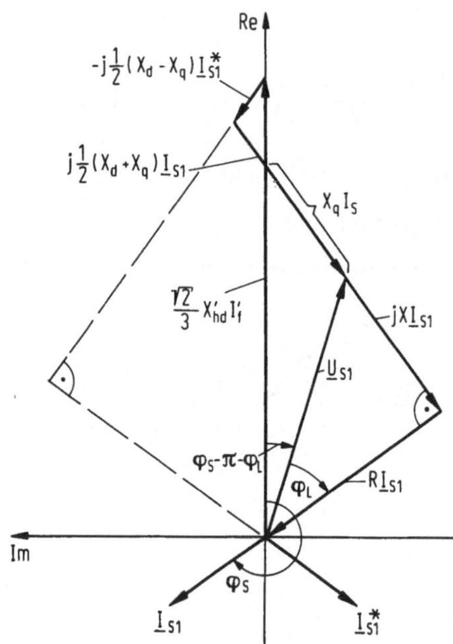

Abb. 5.13 Zeigerdiagramm des Drehstromsynchrongenerators mit Schenkelpolläufer im Einzelbetrieb mit ohmsch-induktiver Last

$$U_S = \sqrt{R^2 + X^2}\; I_S \quad .$$

5.3 Stationärer Betrieb des Turbogenerators am symmetrischen Netz

Die das stationäre Betriebsverhalten der zweipoligen Drehstromsynchronmaschine mit Vollpolläufer beschreibenden Beziehungen erhält man aus den im Abschn. 5.2 hergeleiteten Gleichungen dadurch, daß man wegen $L_q = L_d$ die Querinduktivität L_q durch die Längsinduktivität L_d ersetzt. Gilt für den Spannungsvektor (5.26) und für die Winkelgeschwindigkeit (5.24), dann erhält man für den Turbogenerator gemäß

(5.33) die Spannungsgleichung

$$U_S = R_S \underline{I}_{S1} + j X_d \underline{I}_{S1} + \frac{\sqrt{2}}{3} X_{hd} I'_f e^{j\vartheta} \quad . \tag{5.62}$$

Für das **innere Drehmoment** des Turbogenerators folgt dann unter der Voraussetzung $R_S = 0$ aus (5.36)

$$M_{i1} = - \frac{3p}{\omega_S} I_{Sk} U_S \sin\vartheta$$

mit dem Dauerkurzschlußstrom I_{Sk} nach (5.49). Da kein Reaktionsmoment auftritt, ist die **statische Stabilitätsgrenze** bei dem Polradwinkel $\vartheta_{max} = \pi/2$ erreicht, d.h. nur für $0 < \vartheta < \pi/2$ ist stabiler stationärer Generatorbetrieb möglich. Für die Leistungen gelten die Beziehungen (5.41) bis (5.46). Die Darstellung der Spannungsgleichung (5.62) des Turbogenerators unter der Voraussetzung $R_S = 0$ als Zeigerdiagramm ist in Abb. 5.14 für den Fall "Abgabe induktiver Blind-

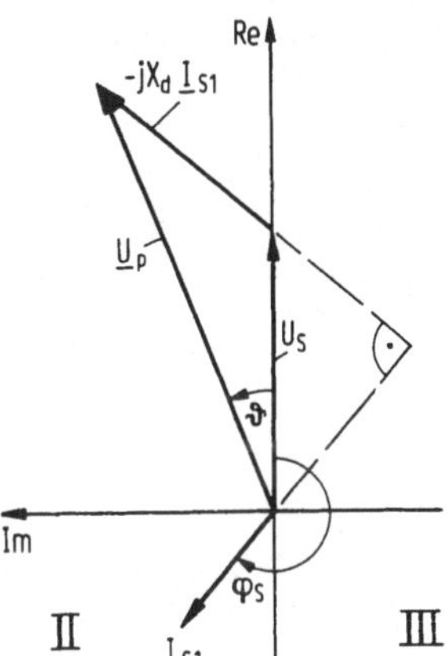

Abb. 5.14 Zeigerdiagramm des Turbogenerators ($\pi < \varphi_S < 3\pi/2$)

leistung" ($3\pi/2 > \varphi_S > \pi$) veranschaulicht, wobei als Polradspannung die Größe

$$\underline{U}_P = \frac{\sqrt{2}}{3} X_{hd} I'_f e^{j\vartheta}$$

definiert ist. Die Definitionen (5.47) bis (5.54) gelten mit dem Zusatz $X_q = X_d$ auch für den Turbogenerator.

Aus dem Spannungszeigerdiagramm der Abb. 5.14 erhält man für $U_S = U_{SN}$ und $f_S = f_{SN}$ mit $\varphi'_S = \varphi_S - \pi$ das in Abb. 5.15 dargestellte **Stromdiagramm** des Turbogenerators. Durch Projektion des Punktes P_0 wird auf der Ordinate die bezogene abgegebene Wirkleistung und auf der Abszisse die bezogene abgegebene induktive Blindleistung markiert. Mit Ausnahme der bei $\vartheta_{max} = \pi/2$ liegende Stabilitätsgrenze sind die Betriebsgrenzen denen der Schenkelpolmaschine gleich.

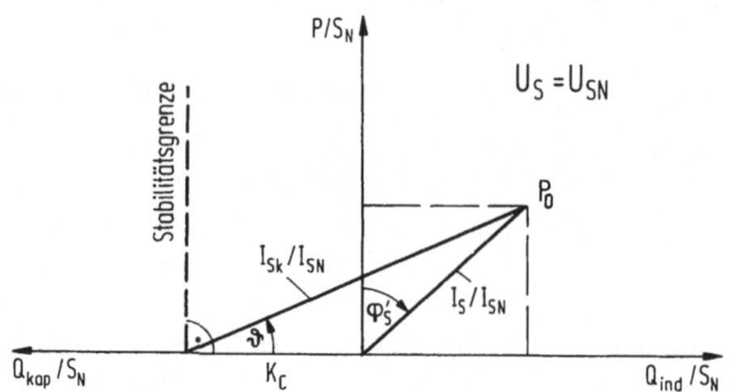

Abb. 5.15 Stromdiagramm des am starren Netz betriebenen Turbogenerators ($\pi < \varphi_S < 3\pi/2$, $\varphi'_S = \varphi_S - \pi$)

Die bereits im Abschn. 5.2 erwähnten V-Kurven und Regulierkurven, die für die Steuerung der Wirkleistung bzw. des Leistungsfaktors von Bedeutung sind, können für den Turbogenerator aus dem Stromdiagramm ermittelt werden. Für die V-Kurven erhält man

$$\frac{I_S}{I_{SN}} = \sqrt{\left(\frac{P}{S_N}\right)^2 + \left[\sqrt{\left(K_C \frac{I_f}{I_{f0}}\right)^2 - \left(\frac{P}{S_N}\right)^2} - K_C\right]^2}\,, \qquad \frac{P}{S_N} = \text{const}$$

und für die Regulierkurven

$$\frac{I_f}{I_{f0}} = \sqrt{1 + 2\,x_d \frac{I_S}{I_{SN}} \sin\varphi'_S + \left(x_d \frac{I_S}{I_{SN}}\right)^2}\,, \qquad \cos\varphi'_S = \text{const}\,.$$

Beide Funktionen sind für einige Parameterwerte in einem Diagramm in Abb. 5.16 veranschaulicht.

5.4 Dynamisches Verhalten der Drehstromsynchronmaschine

Übergangsvorgänge der Drehstromsynchronmaschine können mit den in 5.1 hergeleiteten transformierten komplexen Gleichungen (5.20), (5.21), (5.23) in Zusammenhang mit der Drehmomentgleichung (1.6) berechnet werden. Um das im allgemeinen Fall nichtlineare Differentialgleichungssystem mit Hilfe des Analogrechners lösen zu können, muß das komplexe System in ein reelles überführt werden.

Hierzu dient die bereits in 4.7 bei der Drehstromasynchronmaschine benutzte unitäre Transformation, die jedoch hier nur auf die komplexen Statorvariablen angewendet wird:

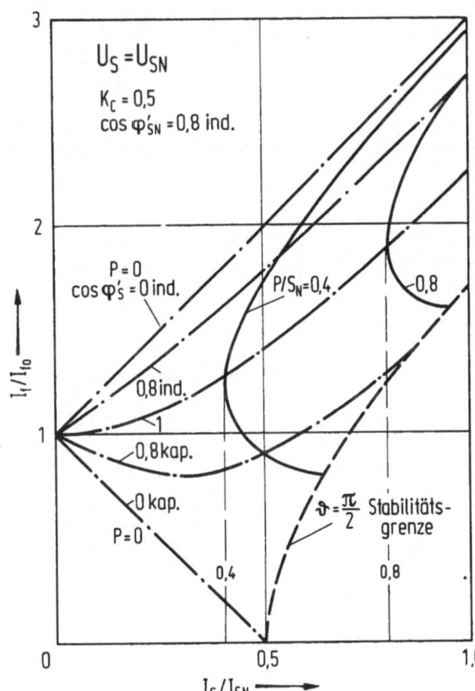

Abb. 5.16 Regulierkurven und V-Kurven eines Turbogenerators

$$\begin{bmatrix} (\underline{u}_S) \\ u'_f \\ 0 \\ 0 \end{bmatrix} = \begin{bmatrix} (K) & & & \\ & 1 & & \\ & & 1 & \\ & & & 1 \end{bmatrix} \cdot \begin{bmatrix} (\overline{u}_S) \\ u'_f \\ 0 \\ 0 \end{bmatrix} , \quad \begin{bmatrix} (\underline{i}_S) \\ i'_f \\ i'_D \\ i'_Q \end{bmatrix} = \begin{bmatrix} (K) & & & \\ & 1 & & \\ & & 1 & \\ & & & 1 \end{bmatrix} \cdot \begin{bmatrix} (\overline{i}_S) \\ i'_f \\ i'_D \\ i'_Q \end{bmatrix} \qquad (5.63)$$

mit (K) nach (4.130).

Die transformierten reellen Spannungs- und Stromvektoren sind dann

$$(\overline{u}_S) = \begin{bmatrix} u_d \\ u_q \\ u_0 \end{bmatrix} , \qquad (\overline{i}_S) = \begin{bmatrix} i_d \\ i_q \\ i_0 \end{bmatrix} . \qquad (5.64)$$

Die Inversion der Transformationsbeziehung (5.63) gewinnt man leicht wegen der Unitarität der Transformationsmatrix, $(K)^{-1} = (K)^{*\prime}$.

Wendet man die Transformation (5.63) auf das komplexe System (5.20), (5.21) an, dann erhält man folgendes reelle System:

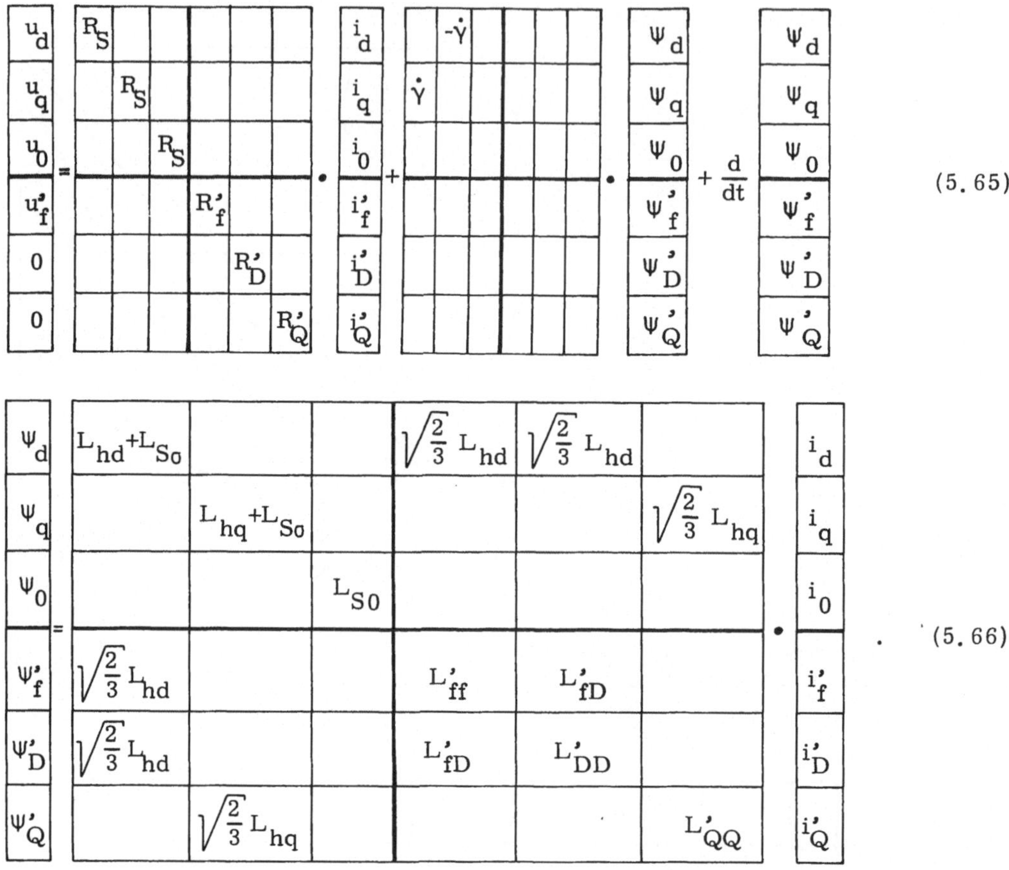

Beziehung (5.23) für das innere Drehmoment ergibt, wenn man gemäß (5.63) den komplexen Raumzeiger der Statorströme durch die reellen Variablen ersetzt,

$$M_{i1} = p\,[\sqrt{\tfrac{2}{3}}\,L_{hd}\,i'_f\,i_q + (L_{hd}-L_{hq})i_d\,i_q + \sqrt{\tfrac{2}{3}}\,L_{hd}\,i'_D\,i_q - \sqrt{\tfrac{2}{3}}\,L_{hq}\,i'_Q\,i_d] \quad . \qquad (5.67)$$

Durch Einsetzen der Flußbeziehungen (5.66) oder durch direkte Anwendung von Beziehung (2.43a) erhält man die häufig verwendete, (4.135) entsprechende, Beziehung

$$M_{i1} = p\,(\Psi_d\,i_q - \Psi_q\,i_d) \quad . \qquad (5.68)$$

Zwischen den echten Momentanwerten der Statorspannungen und -ströme und den transformierten Variablen (5.64) bestehen die durch Zusammenfassung der Transformationsbeziehungen (5.17) und (5.63) gewonnenen Zusammenhänge

$$(u_S) = (C_S)\,(K)\,(\overline{u}_S) \;, \qquad (i_S) = (C_S)(K)(\overline{i}_S) \qquad (5.69)$$

mit den Inversionen

$$(\bar{u}_S) = (K)^{*'}(C_S)^{*'}(u_S) \quad , \qquad (\bar{i}_S) = (K)^{*'}(C_S)^{*'}(i_S) \quad . \tag{5.70}$$

Für die Transformationsmatrix $(C_S)(K)$ gilt Beziehung (4.137) mit dem Zusatz $\gamma_S = -\gamma$.

Wendet man die Transformation (5.70) auf das symmetrische Statorspannungssystem nach (5.26) an, dann resultiert der transformierte reelle Spannungsvektor

$$\begin{bmatrix} u_d \\ u_q \\ u_0 \end{bmatrix} = \sqrt{3}\, U_S \begin{bmatrix} \sin(\omega_S t + \alpha_{S0} - \gamma) \\ -\cos(\omega_S t + \alpha_{S0} - \gamma) \\ 0 \end{bmatrix} \quad . \tag{5.71}$$

Setzt man $\alpha_{S0} = 0$ und für den Rotorpositionswinkel gemäß (5.25) und (5.32)

$$\gamma = \omega_S t + \vartheta - \frac{\pi}{2} \quad , \tag{5.72}$$

wobei der Polradwinkel $\vartheta(t)$ im allgemeinen Fall als Funktion der Zeit zu betrachten ist, dann folgt aus (5.71)

$$\begin{bmatrix} u_d \\ u_q \\ u_0 \end{bmatrix} = \sqrt{3}\, U_S \begin{bmatrix} \cos\vartheta \\ -\sin\vartheta \\ 0 \end{bmatrix} \quad . \tag{5.73}$$

Läuft die Maschine mit synchroner Winkelgeschwindigkeit $\dot{\gamma} = \omega_S$, dann ist der Polradwinkel ϑ zeitlich konstant.

Handelt es sich um einen Übergangsvorgang einer am starren symmetrischen Netz betriebenen Drehstromsynchronmaschine, deren Erregerspannung gegeben ist, dann ist außer u_f' der Vektor (5.73) als Störgrößenvektor in das System (5.65), (5.66) einzusetzen. Für $\dot{\gamma}$ gilt dann gemäß (5.72)

$$\dot{\gamma} = \omega_S + \dot{\vartheta} \quad .$$

Zusammen mit der mechanischen Gleichung (1.6), in die das Antriebs- bzw. Arbeitsmoment als weitere Störgröße und das innere Drehmoment der Synchronmaschine gemäß (5.67) oder (5.68) einzusetzen ist, liefern die Gln. (5.65), (5.66) ein nichtlineares Differentialgleichungssystem zur Berechnung der Ströme (bzw. Flüsse) und des Polradwinkels $\vartheta(t)$. Die echten Statorstrangströme gewinnt man dann durch Rücktransformation gemäß (5.69).

Als Beispiel eines elektrischen Übergangsvorgangs wird der dreipolige Stoßkurzschluß bei konstanter Winkelgeschwindigkeit $\dot{\gamma} = \omega_S$ und konstanter Erregerspannung U_f untersucht. Das Trägheitsmoment des Rotors wird als so groß angenommen, daß während des elektrischen Übergangsvorgangs sich die Winkelgeschwindigkeit nicht ändert. Diese Annahme hat sich bei großen Synchronmaschinen als zulässig erwiesen.

Werden die Klemmen der im Stern geschalteten Statorwicklung kurzgeschlossen, dann erzwingt die Schaltung folgende Beziehungen:

$$i_{S1} + i_{S2} + i_{S3} = 0 \quad , \qquad i_0 = 0 \tag{5.74}$$

$$u_{S1} = u_{S2} = u_{S3} \quad . \tag{5.75}$$

Aus der 3. Gleichung des Systems (5.65) folgt mit $i_0 = 0$ nach (5.74)

$$u_0 = 0 \quad , \qquad u_{S1} + u_{S2} + u_{S3} = 0 \tag{5.76}$$

und daraus mit (5.75)

$$u_{S1} = 0 \quad , \qquad u_{S2} = 0 \quad , \qquad u_{S3} = 0 \quad . \tag{5.77}$$

Die Transformation (5.70) liefert dann mit (5.77)

$$u_d = 0 \quad , \qquad u_q = 0 \quad . \tag{5.78}$$

Bevor das System (5.65), (5.66) auf den zu behandelnden Fall zugeschnitten wird, wird noch eine einfache leistungsinvariante Transformation durchgeführt [15], um Gleichheit der in der 4. und 5. Zeile bzw. Spalte der Induktivitätsmatrix enthaltenen Wechselinduktivitäten zu erreichen:

$$\begin{bmatrix} u'_f \\ 0 \\ 0 \end{bmatrix} = \begin{bmatrix} \sqrt{\frac{2}{3}}\frac{1}{\ddot{u}_{fD}} & & \\ & \sqrt{\frac{2}{3}}\frac{1}{\ddot{u}_{fD}} & \\ & & \sqrt{\frac{2}{3}} \end{bmatrix} \cdot \begin{bmatrix} u''_f \\ 0 \\ 0 \end{bmatrix} , \qquad \begin{bmatrix} i'_f \\ i'_D \\ i'_Q \end{bmatrix} = \begin{bmatrix} \sqrt{\frac{3}{2}}\,\ddot{u}_{fD} & & \\ & \sqrt{\frac{3}{2}}\,\ddot{u}_{fD} & \\ & & \sqrt{\frac{3}{2}} \end{bmatrix} \cdot \begin{bmatrix} i''_f \\ i''_D \\ i''_Q \end{bmatrix}$$

mit

$$\ddot{u}_{fD} = \frac{2}{3}\,\frac{L_{hd}}{L'_{fD}} \leqq 1 \quad , \tag{5.79}$$

wofür sich, wenn man bezüglich der Kopplung zwischen Erregerwicklung und D-Dämpferersatzwicklung nur die 1. Harmonische des Luftspaltfelds berücksichtigt, mit (5.22) und (5.16)

$$\ddot{u}_{fD} = 1 \tag{5.79a}$$

ergibt. Setzt man in (5.79) die vollständige Wechselinduktivität L'_{fD} ein, dann ist $\ddot{u}_{fD} < 1$. Das System (5.65), (5.66) nimmt dann folgende Form an:

$$\begin{array}{|c|}\hline u_d \\ u_q \\ u_0 \\ \hline u''_f \\ 0 \\ 0 \\ \hline\end{array} = \begin{array}{|ccc|ccc|}\hline R_S & & & & & \\ & R_S & & & & \\ & & R_S & & & \\ \hline & & & R''_f & & \\ & & & & R''_D & \\ & & & & & R''_Q \\ \hline\end{array} \bullet \begin{array}{|c|}\hline i_d \\ i_q \\ i_0 \\ \hline i''_f \\ i''_D \\ i''_Q \\ \hline\end{array} + \begin{array}{|c|}\hline -\dot{\gamma}\,\Psi_q \\ \dot{\gamma}\,\Psi_d \\ 0 \\ \hline 0 \\ 0 \\ 0 \\ \hline\end{array} + \frac{d}{dt}\begin{array}{|c|}\hline \Psi_d \\ \Psi_q \\ \Psi_0 \\ \hline \Psi''_f \\ \Psi''_D \\ \Psi''_Q \\ \hline\end{array} , \tag{5.80}$$

$$\begin{array}{|c|}\hline \Psi_d \\ \Psi_q \\ \Psi_0 \\ \hline \Psi''_f \\ \Psi''_D \\ \Psi''_Q \\ \hline\end{array} = \begin{array}{|ccc|ccc|}\hline L_d & & & L'_{hd} & L'_{hd} & \\ & L_q & & & & L_{hq} \\ & & L_{S0} & & & \\ \hline L'_{hd} & & & L''_{ff} & L'_{hd} & \\ L'_{hd} & & & L'_{hd} & L''_{DD} & \\ & L_{hq} & & & & L''_{QQ} \\ \hline\end{array} \bullet \begin{array}{|c|}\hline i_d \\ i_q \\ i_0 \\ \hline i''_f \\ i''_D \\ i''_Q \\ \hline\end{array} \tag{5.81}$$

mit

$$R''_f = \frac{3}{2}\ddot{u}_{fD}^2 R'_f \quad , \qquad R''_D = \frac{3}{2}\ddot{u}_{fD}^2 R'_D \quad , \qquad R''_Q = \frac{3}{2} R'_Q$$

$$L''_{ff} = \frac{3}{2}\ddot{u}_{fD}^2 L'_{ff} \quad , \qquad L''_{DD} = \frac{3}{2}\ddot{u}_{fD}^2 L'_{DD} \quad , \qquad L''_{QQ} = \frac{3}{2} L'_{QQ}$$

$$L'_{hd} = \frac{3}{2}\ddot{u}_{fD}^2 L'_{fD} = \frac{2}{3}\,\frac{L_{hd}^2}{L'_{fD}} \quad . \tag{5.82}$$

Mit (5.79) folgt aus (5.82)

$$L'_{hd} = \ddot{u}_{fD} L_{hd} \quad ,$$

d. h. im Sonderfall (5.79a) ist $L'_{hd} = L_{hd}$, während im allgemeinen $L'_{hd} < L_{hd}$ gilt. Für den Fall des dreipoligen Stoßkurzschlusses bei konstanter Winkelgeschwindigkeit $\dot{\gamma} = \omega_S$ und konstanter Erregerspannung U_f bzw. U''_f resultiert mit (5.74), (5.76) und (5.78) aus (5.80), (5.81) folgendes lineare zeitinvariante Differentialgleichungssystem

$$\begin{bmatrix} 0 \\ 0 \\ U''_f \\ 0 \\ 0 \end{bmatrix} = \begin{bmatrix} R_S & -\omega_S L_q & & & -\omega_S L_{hq} \\ \omega_S L_d & R_S & \omega_S L'_{hd} & \omega_S L'_{hd} & \\ & & R''_f & & \\ & & & R''_D & \\ & & & & R''_Q \end{bmatrix} \cdot \begin{bmatrix} i_d \\ i_q \\ i''_f \\ i''_D \\ i''_Q \end{bmatrix} + \begin{bmatrix} L_d & & L'_{hd} & L'_{hd} & \\ & L_q & & & L_{hq} \\ L'_{hd} & & L''_{ff} & L'_{hd} & \\ L'_{hd} & & L'_{hd} & L''_{DD} & \\ & L_{hq} & & & L''_{QQ} \end{bmatrix} \frac{d}{dt} \begin{bmatrix} i_d \\ i_q \\ i''_f \\ i''_D \\ i''_Q \end{bmatrix} . \tag{5.83}$$

Da der Kurzschluß aus dem Leerlauf heraus erfolgen soll, verschwinden die Anfangswerte sämtlicher Ströme, ausgenommen der des Erregerstroms:

$$i_{d0} = 0 \ , \quad i_{q0} = 0 \ , \quad i''_{D0} = 0 \ , \quad i''_{Q0} = 0 \ . \tag{5.84}$$

Der Erregerstrom wird als Summe des konstanten Anfangswerts i''_{f0} und der zeitlich veränderlichen Änderung $\Delta i''_f$ angesetzt:

$$i''_f = i''_{f0} + \Delta i''_f \tag{5.85}$$

mit

$$i''_{f0} = \frac{U''_f}{R''_f} \ , \quad i_{f0} = \frac{U_f}{R_f} \ . \tag{5.86}$$

Unterwirft man unter Beachtung von (5.84) bis (5.86) das Gleichungssystem (5.83) der Laplace-Transformation, dann erhält man:

$$\begin{bmatrix} 0 \\ -\frac{1}{s}\omega_S L'_{hd} i''_{f0} \\ 0 \\ 0 \\ 0 \end{bmatrix} = \begin{bmatrix} R_S + s L_d & -\omega_S L_q & s L'_{hd} & s L'_{hd} & -\omega_S L_{hq} \\ \omega_S L_d & R_S + s L_q & \omega_S L'_{hd} & \omega_S L'_{hd} & s L_{hq} \\ s L'_{hd} & 0 & R''_f + s L''_{ff} & s L'_{hd} & 0 \\ s L'_{hd} & 0 & s L'_{hd} & R''_D + s L''_{DD} & 0 \\ 0 & s L_{hq} & 0 & 0 & R''_Q + s L''_{QQ} \end{bmatrix} \cdot \begin{bmatrix} \tilde{I}_d \\ \tilde{I}_q \\ \Delta \tilde{i}''_f \\ \tilde{i}''_D \\ \tilde{i}''_Q \end{bmatrix} . \tag{5.87}$$

Die Elimination der Dämpferwicklung erreicht man dadurch, daß man mit Hilfe der 4. und 5. Gleichung die Dämpferströme durch die übrigen Ströme ausdrückt,

$$\tilde{i}_D'' = - \frac{s\,L_{hd}'\,(\tilde{i}_d + \Delta\tilde{i}_f'')}{R_D'' + s\,L_{DD}''} \quad , \tag{5.88}$$

$$\tilde{i}_Q'' = - \frac{s\,L_{hq}\,\tilde{i}_q}{R_Q'' + s\,L_{QQ}''} \quad , \tag{5.89}$$

und in die ersten drei Gleichungen einsetzt. System (5.87) erhält dann die Form

$$\begin{bmatrix} 0 \\ \frac{1}{s}\,\omega_S\,L_{hd}'\,i_{f0}'' \\ 0 \end{bmatrix} = \begin{bmatrix} R_S + s\,\tilde{L}_d & -\omega_S\,\tilde{L}_q & s\,\tilde{L}_{hd}' \\ \omega_S\,\tilde{L}_d & R_S + s\,\tilde{L}_q & \omega_S\,\tilde{L}_{hd}' \\ s\,\tilde{L}_{hd}' & 0 & R_f'' + s\,\tilde{L}_{ff}'' \end{bmatrix} \bullet \begin{bmatrix} \tilde{i}_d \\ \tilde{i}_q \\ \Delta\tilde{i}_f'' \end{bmatrix} \tag{5.90}$$

mit

$$\tilde{L}_d = L_d - \frac{s\,L_{hd}'^{2}}{R_D'' + s\,L_{DD}''} \quad , \tag{5.91}$$

$$\tilde{L}_q = L_q - \frac{s\,L_{hq}^{2}}{R_Q'' + s\,L_{QQ}''} \quad , \tag{5.92}$$

$$\tilde{L}_{hd}' = L_{hd}' - \frac{s\,L_{hd}'^{2}}{R_D'' + s\,L_{DD}''} \quad , \tag{5.93}$$

$$\tilde{L}_{ff}'' = L_{ff}'' - \frac{s\,L_{hd}'^{2}}{R_D'' + s\,L_{DD}''} \quad . \tag{5.94}$$

Eliminiert man in (5.90) mit Hilfe der 3. Gleichung noch die Erregerwicklung

$$\Delta\tilde{i}_f'' = - \frac{s\,\tilde{L}_{hd}'\,\tilde{i}_d}{R_f'' + s\,\tilde{L}_{ff}''} \quad , \tag{5.95}$$

dann ergibt sich die endgültige Form

$$\begin{bmatrix} 0 \\ -\frac{1}{s}\omega_S L'_{hd}\, i''_{f0} \end{bmatrix} = \begin{bmatrix} R_S + s\,\tilde{\tilde{L}}_d & -\omega_S \tilde{L}_q \\ \omega_S \tilde{\tilde{L}}_d & R_S + s\,\tilde{L}_q \end{bmatrix} \cdot \begin{bmatrix} \tilde{i}_d \\ \tilde{i}_q \end{bmatrix} \tag{5.96}$$

mit

$$\tilde{\tilde{L}}_d = \tilde{L}_d - \frac{s\,\tilde{L}'^{\,2}_{hd}}{R''_f + s\,\tilde{L}''_{ff}} \quad . \tag{5.97}$$

Im stationären Leerlauf mit $\dot{\gamma} = \omega_S$ und $i''_f = i''_{f0}$, dem Ausgangsbetriebszustand, wird nach (5.80), (5.81)

$$u_d = u_{d0} = 0 \quad , \qquad u_q = u_{q0} = \omega_S L'_{hd}\, i''_{f0} \quad .$$

Die Rücktransformation gemäß (5.69) liefert dann mit γ nach (5.25) den Stator-Strangspannungsvektor

$$\begin{bmatrix} u_{S1} \\ u_{S2} \\ u_{S3} \end{bmatrix} = -\sqrt{2}\,U_0 \begin{bmatrix} \sin(\omega_S t + \gamma_0) \\ \sin(\omega_S t + \gamma_0 - 2\pi/3) \\ \sin(\omega_S t + \gamma_0 - 4\pi/3) \end{bmatrix} \tag{5.98}$$

mit dem Effektivwert der Leerlaufspannung

$$U_0 = \frac{1}{\sqrt{3}}\,\omega_S L'_{hd}\, i''_{f0} \quad .$$

Damit lautet die Lösung des Systems (5.96) im Unterbereich:

$$\tilde{i}_d = \frac{-\omega_S \tilde{L}_q}{(R_S + s\,\tilde{\tilde{L}}_d)(R_S + s\,\tilde{L}_q) + \omega_S^2 \tilde{L}_q \tilde{\tilde{L}}_d}\;\frac{1}{s}\sqrt{3}\,U_0 \quad , \tag{5.99}$$

$$\tilde{i}_q = \frac{-(R_S + s\,\tilde{\tilde{L}}_d)}{(R_S + s\,\tilde{\tilde{L}}_d)(R_S + s\,\tilde{L}_q) + \omega_S^2 \tilde{L}_q \tilde{\tilde{L}}_d}\;\frac{1}{s}\sqrt{3}\,U_0 \quad . \tag{5.100}$$

Die Lösungen für den Erregerstrom und die Dämpferströme resultieren daraus mit (5.95), (5.88) und (5.89).

Die Rücktransformation der Ströme (5.99), (5.100) und des Erregerstroms in den Zeitbereich, die hier im einzelnen nicht durchgeführt wird, ergibt folgende Näherungslösungen, wenn man die Reaktanzschreibweise $X = \omega_S L$ verwendet [15]:

$$i_d = -\sqrt{3}\,U_0\left[\frac{1}{X_d} + \left(\frac{1}{X'_d} - \frac{1}{X_d}\right)e^{-t/\tau'_d} + \left(\frac{1}{X''_d} - \frac{1}{X'_d}\right)e^{-t/\tau''_d} - \frac{1}{X''_d}e^{-t/\tau''_a}\cos\omega_S t\right], \quad (5.101)$$

$$i_q = -\frac{\sqrt{3}\,U_0}{X''_q}\,e^{-t/\tau''_a}\sin\omega_S t \quad , \quad (5.102)$$

$$\Delta i''_f = i''_{f0}\left(\frac{X_d}{X'_d} - 1\right)\left[e^{-t/\tau'_d} - \left(1 - \frac{\tau''_f}{\tau''_d}\right)e^{-t/\tau''_d} - \frac{\tau''_f}{\tau''_d}\,e^{-t/\tau''_a}\cos\omega_S t\right] . \quad (5.103)$$

Die in diesen Lösungen enthaltenen Reaktanzen und Zeitkonstanten sind folgendermaßen definiert:

Die sog. subtransienten oder A n f a n g s r e a k t a n z e n ergeben sich zu

$$X''_d = \omega_S\,\tilde{\tilde{L}}_d \quad ,$$

$$X''_q = \omega_S\,\tilde{L}_q \quad ,$$

wenn man in den Beziehungen (5. 97) für $\tilde{\tilde{L}}_d$ und (5. 92) für $\tilde{L}_q$ die Widerstände R''_f, R''_D, R''_Q gleich Null setzt. Als transiente oder Ü b e r g a n g s r e a k t a n z wird bezeichnet:

$$X'_d = \omega_S(L_d - L'^2_{hd}/L''_{ff}) \quad .$$

Als Abkürzung wird weiter eingeführt:

$$X''_a = \frac{2\,X''_q\,X''_d}{X''_q + X''_d} \quad . \quad (5.104)$$

Als s u b t r a n s i e n t e Z e i t k o n s t a n t e ist definiert

$$\tau''_d = \frac{L''_{DD} - \dfrac{L'^2_{hd}}{L_d}\left[1 - \dfrac{(L_d - L'_{hd})^2}{L_d\,L''_{ff} - L'^2_{hd}}\right]}{R''_D}$$

und als t r a n s i e n t e Z e i t k o n s t a n t e

$$\tau'_d = \frac{L''_{ff} - L'^2_{hd}/L_d}{R''_f} \quad .$$

Die weiteren Zeitkonstanten sind:

$$\tau''_a = \frac{X''_a}{\omega_S R_S} \quad ,$$

$$\tau''_f = \frac{L''_{DD} - L'_{hd}}{R''_D} \quad .$$

Für die Zeitkonstanten gilt folgende Ungleichung

$$\tau'_d > \tau''_a > \tau''_d > \tau''_f$$

und für die Reaktanzen

$$X_d > X'_d > X''_a > X''_d \quad .$$

Überführt man das System (5. 96) dadurch, daß man $s = j\omega_S$ setzt, in die Frequenzgangdarstellung, dann kann man für die beiden Eigenimpedanzen in der Diagonalen der Koeffizientenmatrix Ersatzschaltbilder entwickeln, die eine anschauliche Erklärung der dynamischen Reaktanzen und der Zeitkonstanten ermöglichen. Für die d-Eigenimpedanz erhält man mit (5. 97)

$$R_S + j\omega_S \tilde{\tilde{L}}_d(s=j\omega_S) = R_S + j\omega_S(\tilde{L}_d - \tilde{L}'_{hd}) + \frac{j\omega_S \tilde{L}'_{hd}[R''_f + j\omega_S(\tilde{L}''_{ff} - \tilde{L}'_{hd})]}{j\omega_S \tilde{L}'_{hd} + [R''_f + j\omega_S(\tilde{L}''_{ff} - \tilde{L}'_{hd})]} \quad ,$$

woraus mit (5. 91), (5. 93) und (5. 94) folgt

$$R_S + j\omega_S \tilde{\tilde{L}}_d(s=j\omega_S) = R_S + j\omega_S(L_d - L'_{hd}) + \frac{j\omega_S \tilde{L}'_{hd}[R''_f + j\omega_S(L''_{ff} - L'_{hd})]}{j\omega_S \tilde{L}'_{hd} + [R''_f + j\omega_S(L''_{ff} - L'_{hd})]} \tag{5.105}$$

mit

$$j\omega_S \tilde{L}'_{hd} = \frac{j\omega_S L'_{hd}[R''_{DD} + j\omega_S(L''_{DD} - L'_{hd})]}{j\omega_S L'_{hd} + [R''_{DD} + j\omega_S(L''_{DD} - L'_{hd})]} \quad . \tag{5.106}$$

Aus (5. 105) und (5. 106) gewinnt man direkt das Ersatzschaltbild von Abb. 5. 17. Wegen $L'_{hd} < L_{hd}$ ist die Induktivität $L_d - L'_{hd}$ größer als die Statorstreuinduktivität $L_{S\sigma}$ gemäß (5. 31). Setzt man alle Widerstände Null, dann liefert diese Ersatzschaltung die synchrone Reaktanz X_d, wenn die Schalter S_1 und S_2 offen sind, die transiente Reaktanz X'_d, wenn S_1 offen und S_2 geschlossen ist, und die subtransiente Reaktanz X''_d, wenn S_1 und S_2 geschlossen sind. Schließt man die Eingangsklemmen K kurz, dann "sieht" man vom offenen Schalter S_2 aus die transiente Zeitkonstante τ'_d, wenn

S_1 offen ist und außer R_f'' alle Widerstände Null gesetzt werden, und vom offenen Schalter S_1 aus die subtransiente Zeitkonstante τ_d'', wenn S_2 geschlossen ist und

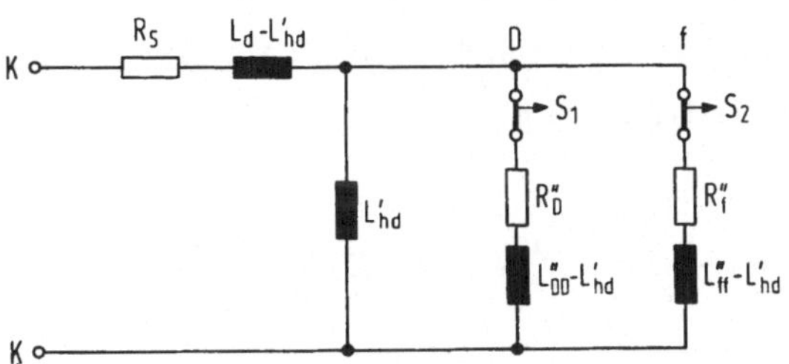

Abb. 5.17 Ersatzschaltbild der Eigenimpedanz $R_S + j\omega_S \tilde{\tilde{L}}_d(s=j\omega_S)$

außer R_D'' alle Widerstände Null gesetzt werden. Die Zeitkonstante τ_f'' ist die Zeitkonstante des D-Zweigs allein.

Die q-Eigenimpedanz wird mit (5.92)

$$R_S+j\omega_S \tilde{L}_q(s=j\omega_S) = R_S+j\omega_S(L_q-L_{hq}) + \frac{j\omega_S L_{hq}[R_Q''+j\omega_S(L_{QQ}''-L_{hq})]}{j\omega_S L_{hq}+[R_Q''+j\omega_S(L_{QQ}''-L_{hq})]} ,$$

woraus direkt das Ersatzschaltbild von Abb. 5.18 folgt. Diese Schaltung liefert, wenn man alle Widerstände Null setzt, die subtransiente Reaktanz X_q''.

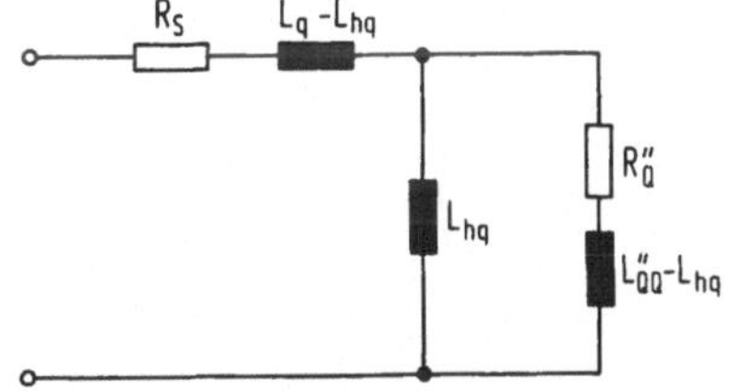

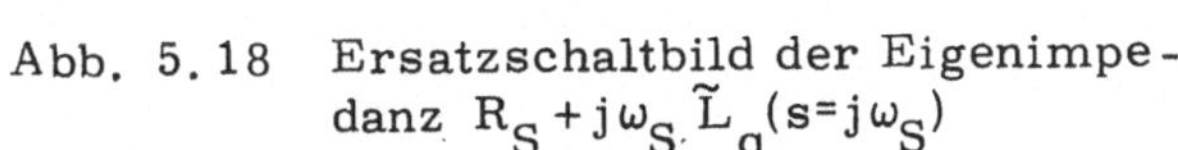
Abb. 5.18 Ersatzschaltbild der Eigenimpedanz $R_S + j\omega_S \tilde{L}_q(s=j\omega_S)$

Aus diesen Erläuterungen der Reaktanzen und Zeitkonstanten geht hervor, daß die in (5.101) bis (5.103) auftretenden subtransienten Zeitfunktionen insbesondere von der Dämpferwicklung bestimmt werden, während für die in (5.101) und (5.103) enthaltenen transienten Zeitfunktionen die Erregerwicklung maßgebend ist. Die "Streuung" der D-Dämpferwicklung ist erfahrungsgemäß kleiner als die der Erregerwicklung, d.h. es gilt im Ersatzbild Abb. 5.17

$$(L_{DD}'' - L_{hd}') < (L_{ff}'' - L_{hd}') ,$$

weil die Dämpferwicklung mit dem Stator magnetisch stärker gekoppelt ist als die Erregerwicklung. Handelt es sich um eine Synchronmaschine mit geblechtem Rotor und ohne Dämpferwicklung, dann gilt $X''_d = X'_d$ und $X''_q = X_q$. Um die in den Statorsträngen der Synchronmaschine fließenden Stoßkurzschlußströme zu erhalten, müssen die transformierten Ströme (5.101) und (5.102) mit Hilfe der Beziehung (5.69) unter Beachtung von (5.25) rücktransformiert werden. Für den Strom im Strang S1 resultiert daraus die Näherung:

$$i_{S1} = -\sqrt{2}\, U_0 \left\{ \left[\frac{1}{X_d} + \left(\frac{1}{X'_d} - \frac{1}{X_d}\right) e^{-t/\tau'_d} + \left(\frac{1}{X''_d} - \frac{1}{X'_d}\right) e^{-t/\tau''_d} \right] \cos(\omega_S t + \gamma_0) - \frac{1}{X''_a} e^{-t/\tau''_a} \cos\gamma_0 - \frac{1}{2}\left(\frac{1}{X''_d} - \frac{1}{X''_q}\right) e^{-t/\tau''_a} \cos(2\omega_S t + \gamma_0) \right\} . \quad (5.107)$$

Die Ströme der Stränge S2 bzw. S3 erhält man aus (5.107), indem man γ_0 durch $\gamma_0 - 2\pi/3$ bzw. $\gamma_0 - 4\pi/3$ ersetzt. Der zeitliche Verlauf des Stoßkurzschlußstroms wird wesentlich vom Anfangswert γ_0 des Rotorpositionswinkels, der gemäß (5.98) als Nullphasenwinkel der Leerlaufspannung gedeutet werden kann, bestimmt. Da der Kurzschluß bei t = 0 geschaltet wird, bestimmt γ_0 den Wert der Leerlaufspannungen in diesem Zeitpunkt. Bei zweipoligen Turbogeneratoren ist $X''_q \approx X''_d$ und damit nach (5.104) $X''_a \approx X''_d$. Für diesen Fall erhält man bei einem Anfangswinkel $\gamma_0 = 0,\ \pm\pi$ (Nulldurchgang der Leerlaufspannung) den größtmöglichen Stoßkurzschlußstrom, da das Gleichstromglied seinen Höchstwert erreicht (vgl. Abb. 5.19),

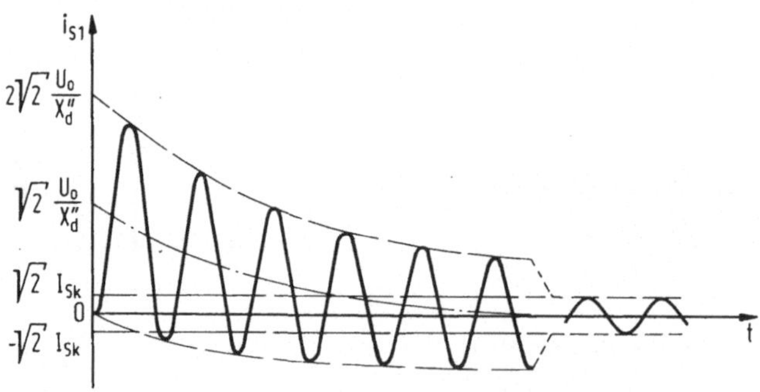

Abb. 5.19 Stoßkurzschlußstrom des Turbogenerators ($X''_q = X''_d$) bei dreipoligem Kurzschluß im ungünstigsten Schaltaugenblick ($\gamma_0 = \pi$)

während beim Schalten im Maximum der Leerlaufspannung ($\gamma_0 = \pm\pi/2;\ \pm 3\pi/2$) das Gleichstromglied überhaupt nicht auftritt. Als stationäre Lösung erhält man aus (5.107) den zeitlichen Verlauf des Dauerkurzschlußstroms, dessen Effektivwert bereits mit Gl. (5.49) ermittelt wurde.

Der weit häufiger vorkommende Kurzschlußfall ist der zweipolige Stoßkurzschluß, dessen mathematische Behandlung jedoch wesentlich schwieriger ist als die des symmetrischen dreipoligen Stoßkurzschlusses. Hier soll lediglich das Verfahren demonstriert werden, wie man mit Hilfe des Systems (5.80), (5.81) für den Fall konstanter Erregerspannung und konstanter Winkelgeschwindigkeit eine Näherungslösung für den zweipoligen Stoßkurzschlußstrom finden kann.

Aus dem Schaltbild von Abb. 5.20 folgen für die Ströme und Spannungen die Bedin-

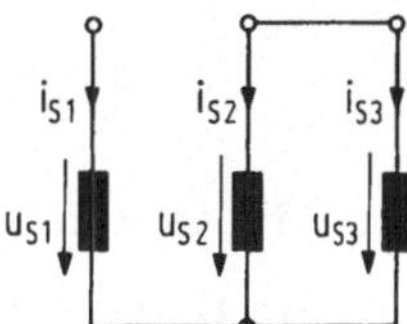

Abb. 5.20 Zweipoliger Kurzschluß des Drehstromsynchrongenerators

gungen:

$$u_{S2} = u_{S3}$$

$$i_{S2} + i_{S3} = 0 \quad , \qquad i_{S1} = 0 \quad .$$

Mit (5.70) erhält man daraus für die transformierten Größen die Bedingungen

$$i_0 = 0 \quad , \tag{5.108}$$

$$u_d \sin\gamma = - u_q \cos\gamma \quad , \tag{5.109}$$

$$i_d \cos\gamma = i_q \sin\gamma \quad . \tag{5.110}$$

Die 3. Gleichung des Systems (5.80), (5.81) liefert mit (5.108)

$$u_0 = 0 \quad , \qquad u_{S1} + u_{S2} + u_{S3} = 0 \quad .$$

Unter Beachtung von (5.109) wird die 1. Gleichung des Systems (5.80) mit sin γ multipliziert und die 2. Gleichung mit cos γ und zur ersten addiert. Ersetzt man in der resultierenden Gleichung i_q gemäß (5.110), dann ergibt sich folgendes lineare zeitvariante Differentialgleichungssystem zur Berechnung der transformierten Ströme:

$$\begin{bmatrix} 0 \\ U_f'' \\ 0 \\ 0 \end{bmatrix} = \begin{bmatrix} R_S/\sin\gamma & & & \\ & R_f'' & & \\ & & R_D'' & \\ & & & R_Q'' \end{bmatrix} \bullet \begin{bmatrix} i_d \\ i_f'' \\ i_D'' \\ i_Q'' \end{bmatrix} + \frac{d}{dt} \begin{bmatrix} \Psi_S \\ \Psi_f'' \\ \Psi_D'' \\ \Psi_Q'' \end{bmatrix} \quad ,$$

$$\begin{bmatrix} \psi_S \\ \psi''_f \\ \psi''_D \\ \psi''_Q \end{bmatrix} = \begin{bmatrix} \frac{1}{\sin\gamma}(L_d \sin^2\gamma + L_q \cos^2\gamma) & L'_{hd} \sin\gamma & L'_{hd} \sin\gamma & L_{hq} \cos\gamma \\ L'_{hd} & L''_{ff} & L'_{hd} & 0 \\ L'_{hd} & L'_{hd} & L''_{DD} & 0 \\ \frac{\cos\gamma}{\sin\gamma} L_{hq} & 0 & 0 & L''_{QQ} \end{bmatrix} \bullet \begin{bmatrix} i_d \\ i''_f \\ i''_D \\ i''_Q \end{bmatrix} \qquad (5.111)$$

mit γ nach (5.25).

Damit liegt ein reelles System der Form (2.1), (2.2) vor, das durch Inversion der Induktivitätsmatrix in ein Differentialgleichungssystem der Flüsse verwandelt werden kann:

$$(u) = [(R)(L)^{-1}] (\psi) + \frac{d}{dt}(\psi) \quad .$$

Das Näherungsverfahren zur Lösung besteht darin, daß man die 2π-periodischen zeitvarianten Elemente der Koeffizientenmatrix $[(R)(L)^{-1}]$ durch ihre arithmetischen Mittelwerte ersetzt und somit ein zeitinvariantes System erhält, das der Lösung mit Laplace-Transformation zugänglich ist. Die Berechtigung dieser Näherungsmethode resultiert aus der Tatsache, daß die Elemente der Widerstandsmatrix erfahrungsgemäß sehr klein sind. Über die invertierte Beziehung (5.111) gewinnt man dann aus dem Lösungsvektor der Flüsse die gesuchten transformierten Ströme, aus denen über die Rücktransformation (5.69) der echte Stoßkurzschlußstrom gewonnen werden kann [16]:

$$i_{S2} = \frac{\sqrt{3}\,\sqrt{2}\,U_0}{(X''_q + X''_d) + (X''_q - X''_d)\cos 2\gamma} \left[e^{-t/\tau_ß} \sin\gamma_0 - (X''_d + \sqrt{X''_d X''_q})\, g_2 \sin\gamma \right] \qquad (5.112)$$

mit

$$\tau_ß = \frac{\sqrt{X''_d X''_q}}{\omega_S R_S} \quad ,$$

$$g_2 = \left(\frac{1}{X''_d + \sqrt{X''_d X''_q}} - \frac{1}{X'_d + \sqrt{X''_d X''_q}} \right) e^{-t/\tau''_{d2}} \quad +$$

$$+\left(\frac{1}{X'_d+\sqrt{X''_d X''_q}}-\frac{1}{X_d+\sqrt{X''_d X''_q}}\right)e^{-t/\tau'_{d2}}+\frac{1}{X_d+\sqrt{X''_d X''_q}} \quad ,$$

$$\tau'_{d2}=\frac{X''_{ff}}{\omega_S R''_f}\,\frac{X'_d+\sqrt{X''_d X''_q}}{X_d+\sqrt{X''_d X''_q}} \quad ,$$

$$\tau''_{d2}=\frac{X''_{DD}}{\omega_S R''_D}\left(1-\frac{X'^{\,2}_{hd}}{X''_{DD}X''_{ff}}\right)\frac{X''_d+\sqrt{X''_d X''_q}}{X'_d+\sqrt{X''_d X''_q}} \quad .$$

Im Fall des einpoligen Stoßkurzschlusses folgen aus dem Schaltbild von Abb. 5.21 die Bedingungen:

$$u_{S1}=0 \quad , \qquad i_{S2}=0 \quad , \qquad i_{S3}=0 \quad .$$

Mit (5.70) resultieren daraus für die transformierten Größen die Bedingungen:

$$u_d \cos\gamma - u_q \sin\gamma + \frac{1}{\sqrt{2}}\,u_0 = 0 \quad , \tag{5.113}$$

$$i_d = \sqrt{2}\cos\gamma\, i_0 \quad , \qquad i_q = -\sqrt{2}\sin\gamma\, i_0 \quad . \tag{5.114}$$

Gemäß (5.113) wird die 1. Gleichung des Systems (5.80) mit $\cos\gamma$, die 2. Gleichung mit $-\sin\gamma$ und die 3. Gleichung mit $1/\sqrt{2}$ multipliziert und eine Addition aller drei Gleichungen durchgeführt. Die Ströme i_d, i_q werden in der resultierenden Gleichung gemäß (5.114) ersetzt. Zur Berechnung der unbekannten Ströme erhält man damit das folgende lineare zeitvariante Differentialgleichungssystem:

$$\begin{bmatrix} 0 \\ U''_f \\ 0 \\ 0 \end{bmatrix} = \begin{bmatrix} \frac{3}{\sqrt{2}}R_S & & & \\ & R''_f & & \\ & & R''_D & \\ & & & R''_Q \end{bmatrix} \cdot \begin{bmatrix} i_0 \\ i''_f \\ i''_D \\ i''_Q \end{bmatrix} + \frac{d}{dt}\begin{bmatrix} \Psi_S \\ \Psi''_f \\ \Psi''_D \\ \Psi''_Q \end{bmatrix}$$

$$
\begin{bmatrix} \psi_S \\ \psi''_f \\ \psi''_D \\ \psi''_Q \end{bmatrix} = \begin{bmatrix} \sqrt{2}(L_d \cos^2\gamma + L_q \sin^2\gamma) + \frac{1}{\sqrt{2}} L_{S0} & L'_{hd}\cos\gamma & L'_{hd}\cos\gamma & -L_{hq}\sin\gamma \\ \sqrt{2}\, L'_{hd}\cos\gamma & L''_{ff} & L'_{hd} & 0 \\ \sqrt{2}\, L'_{hd}\cos\gamma & L'_{hd} & L''_{DD} & 0 \\ -\sqrt{2}\, L_{hq}\sin\gamma & 0 & 0 & L''_{QQ} \end{bmatrix} \cdot \begin{bmatrix} i_0 \\ i''_f \\ i''_D \\ i''_Q \end{bmatrix}
$$

mit γ nach (5.25).

Mit dem gleichen Näherungsverfahren wie beim zweipoligen Kurzschluß kann auch eine Lösung dieses Systems gefunden werden. Als Näherungslösung für den einpoligen Stoßkurzschluß erhält man dann [16]:

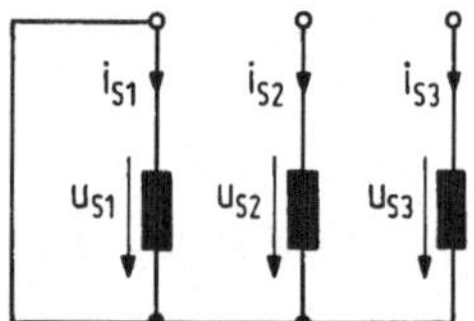

Abb. 5.21 Einpoliger Kurzschluß des Drehstromsynchrongenerators

$$
i_{S1} = \sqrt{3}\, i_0 = \frac{3\sqrt{2}\, U_0}{(X''_q + X''_d + X_{S0}) - (X''_q - X''_d)\cos 2\gamma} \cdot
$$

$$
\left[e^{-t/\tau_\alpha} \cos\gamma_0 - \left(X''_d + \tfrac{1}{2} X_{S0} + \sqrt{(X''_d + \tfrac{1}{2}X_{S0})(X''_q + \tfrac{1}{2}X_{S0})} \right) g_1 \cos\gamma \right] \tag{5.115}
$$

mit

$$
\tau_\alpha = \frac{\sqrt{(X''_d + \frac{1}{2}X_{S0})(X''_q + \frac{1}{2}X_{S0})}}{\omega_S \frac{3}{2} R_S} ,
$$

$$
g_1 = \left(\frac{1}{X''_d + \frac{1}{2}X_{S0} + \sqrt{(X''_d + \frac{1}{2}X_{S0})(X''_q + \frac{1}{2}X_{S0})}} - \frac{1}{X'_d + \frac{1}{2}X_{S0} + \sqrt{(X''_d + \frac{1}{2}X_{S0})(X''_q + \frac{1}{2}X_{S0})}} \right) e^{-t/\tau''_{d1}} +
$$

$$
+ \left(\frac{1}{X'_d + \frac{1}{2}X_{S0} + \sqrt{(X''_d + \frac{1}{2}X_{S0})(X''_q + \frac{1}{2}X_{S0})}} - \frac{1}{X_d + \frac{1}{2}X_{S0} + \sqrt{(X''_d + \frac{1}{2}X_{S0})(X''_q + \frac{1}{2}X_{S0})}} \right) e^{-t/\tau'_{d1}} +
$$

$$
+ \frac{1}{X_d + \frac{1}{2}X_{S0} + \sqrt{(X''_d + \frac{1}{2}X_{S0})(X''_q + \frac{1}{2}X_{S0})}} ,
$$

$$\tau'_{d1} = \frac{X''_{ff}}{\omega_S R''_f} \frac{X'_d + \sqrt{(X''_d + \frac{1}{2} X_{S0})(X''_q + \frac{1}{2} X_{S0})}}{X_d + \sqrt{(X''_d + \frac{1}{2} X_{S0})(X''_q + \frac{1}{2} X_{S0})}} ,$$

$$\tau''_{d1} = \frac{X''_{DD}}{\omega_S R''_D} \left(1 - \frac{X'^{2}_{hd}}{X''_{DD} X''_{ff}}\right) \frac{X''_d + \sqrt{(X''_d + \frac{1}{2} X_{S0})(X''_q + \frac{1}{2} X_{S0})}}{X'_d + \sqrt{(X''_d + \frac{1}{2} X_{S0})(X''_q + \frac{1}{2} X_{S0})}} .$$

Mit $t \to \infty$ erhält man aus den zeitlichen Verläufen (5.107), (5.112) und (5.115) für den dreipoligen (III), zweipoligen (II) und einpoligen (I) Kurzschluß folgende Effektivwerte des Dauerkurzschlußstroms, wenn $X''_q = X''_d$ gesetzt werden kann:

$$I_{Sk\,III} = \frac{U_0}{X_d} , \quad I_{Sk\,II} = \frac{\sqrt{3}\, U_0}{X_d + X''_d} , \quad I_{Sk\,I} = \frac{3\, U_0}{X_d + X''_d + X_{S0}} .$$

Wegen $X''_d \ll X_d$ und $X_{S0} \ll X_d$ folgt daraus der Zusammenhang

$$I_{Sk\,III} : I_{Sk\,II} : I_{Sk\,I} = 1 : \sqrt{3} : 3 . \quad (5.116)$$

Dem Vergleich der dynamischen Kurzschlußströme der drei Kurzschlußfälle legt man die Scheitelwerte der sog. Anfangs-Kurzschlußwechselströme zugrunde, die durch die Einhüllenden der zeitlichen Verläufe (5.107), (5.112) und (5.115) bei Verschwinden des von γ_0 abhängenden Gleichstromglieds bestimmt werden (Voraussetzung $X''_q = X''_d$):

$$\hat{i}_{Sk\,III} = \frac{\sqrt{2}\, U_0}{X''_d} , \quad \hat{i}_{Sk\,II} = \frac{\sqrt{3}\sqrt{2}\, U_0}{2\, X''_d} , \quad \hat{i}_{Sk\,I} = \frac{3\sqrt{2}\, U_0}{2\, X''_d + X_{S0}} . \quad (5.117)$$

Das Gleichstromglied bewirkt im ungünstigsten Fall eine Verdoppelung dieser Werte. Da erfahrungsgemäß $X_{S0} < X''_d$ ist, folgt aus dem Vergleich der Werte von (5.117), daß der einpolige Stoßkurzschluß bezüglich der auftretenden Stromhöchstwerte der gefährlichste der drei aufgeführten Fälle ist. Im Gegensatz zum Verhältnis der stationären Kurzschlußströme nach (5.116) werden die dynamischen Werte im dreipoligen Fall größer als im zweipoligen.

6. Gleichstrommaschine

6.1 Fremderregte kompensierte Gleichstrommaschine (Systemanalyse)

Im Gegensatz zu den Drehstrommaschinen ist der Stator von Gleichstrommaschinen mit einem Magnetpolsystem ausgestattet, das mit Gleichstrom erregt wird und im Luftspalt ein ruhendes magnetisches Feld mit am Umfang wechselnder Richtung bzw. Polarität erzeugt. Der Rotor der Gleichstrommaschine trägt in Nuten eine sog. Kommutatorwicklung, deren Anschlüsse durch ruhende, auf dem Kommutator schleifende Bürsten gebildet werden. Der Kommutator oder Stromwender ist ein aus gegeneinander isolierten axial angeordneten Kupfersegmenten, die mit der Wicklung verbunden sind, bestehender Zylinder. Erzwingt man durch die Anschlüsse der Kommutatorwicklung einen Gleichstrom, dann erhält man jeweils im Bereich der einem Statorpol zugeordneten Polteilung unabhängig von der Drehzahl gleichgerichtete konstante Rotornutdurchflutungen. Von Polteilung zu Polteilung wechselt die Durchflutungsrichtung am Umfang des Ankers, d.h. die Ankerleiter erfahren eine Stromrichtungsumkehr beim Durchfahren der Hauptpollücke. Das sich bei Erregung der Hauptpole und Stromfluß im rotierenden Anker ergebende Durchflutungsbild ist aus Abb. 6.1 ersicht-

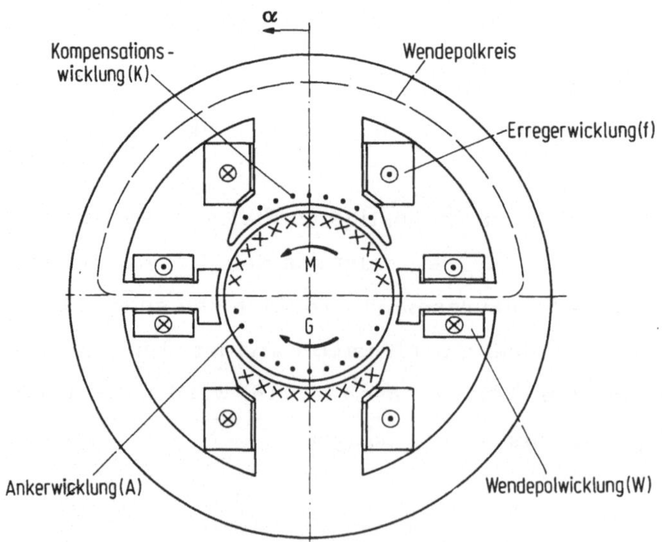

Abb. 6.1 Zweipolige Gleichstrommaschine (Schnitt durch die aktiven Teile)

lich. Ist der über die Bürsten fließende Ankerstrom zeitlich veränderlich, dann schwankt die Ankerdurchflutung entsprechend dieser Zeitfunktion. Die Wirkungsweise einer Kommutatorwicklung einschließlich des Vorgangs der Kommutierung oder Stromwendung kann anhand der in den Abbn. 6.2 und 6.3 angegebenen Beispie-

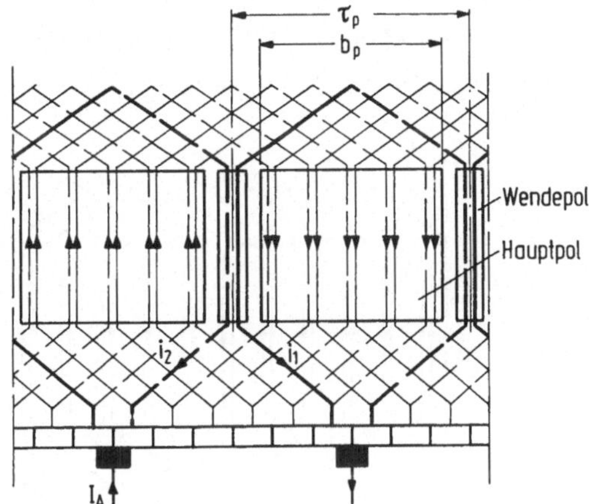

Abb. 6.2 Eingängige Schleifenwicklung (p = 1)

le von Wicklungsschaltbildern erkannt werden. In Abb. 6.2 ist die Abwicklung einer eingängigen Schleifenwicklung und in Abb. 6.3 die einer eingängigen Wellenwicklung gezeigt, wobei in beiden Fällen Spulen gleicher Weite zugrunde ge-

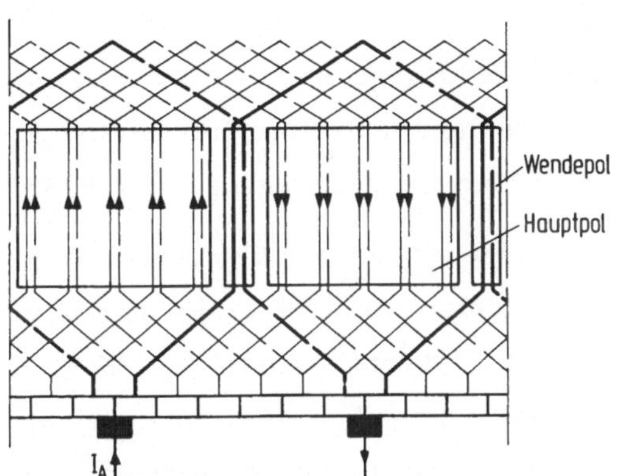

Abb. 6.3 Eingängige Wellenwicklung (p = 1)

legt wurden (sog. ungetreppte Wicklungen) und außerdem vorausgesetzt wurde, daß die Bürsten nicht mehr als jeweils zwei Kommutatorsegmente kurzschließen, um eine stark vereinfachte Erklärung der Kommutierung zu ermöglichen. In beiden Wicklungsbildern sind für eine bestimmte an den Bürsten angegebene Richtung des Ankerstroms die Stromrichtungen der einzelnen Ankerleiter oder Spulenseiten angegeben und außerdem die von den Bürsten kurzgeschlossenen Spulen markiert. In beiden zweipoligen Wicklungen (Polpaarzahl p = 1) entstehen durch die kurzgeschlossenen Spulen jeweils zwei parallele Ankerzweige. Ist die Polpaarzahl p > 1, dann bedeutet dies bei der eingängigen Schleifenwicklung, daß sich die zweipolige Anordnung entsprechend der Polpaarzahl am Umfang des Ankers wiederholt und die p Bürsten gleicher Polarität jeweils verbunden werden, sodaß 2a = 2p parallele Ankerzweige entstehen. Bei der eingängigen Wellenwicklung ist dagegen unabhängig von der Polpaarzahl die Zahl der parallelen Ankerzweige 2a = 2, was durch das in Abb. 6.4 gezeigte vierpolige Beispiel (p = 2) demonstriert wird.

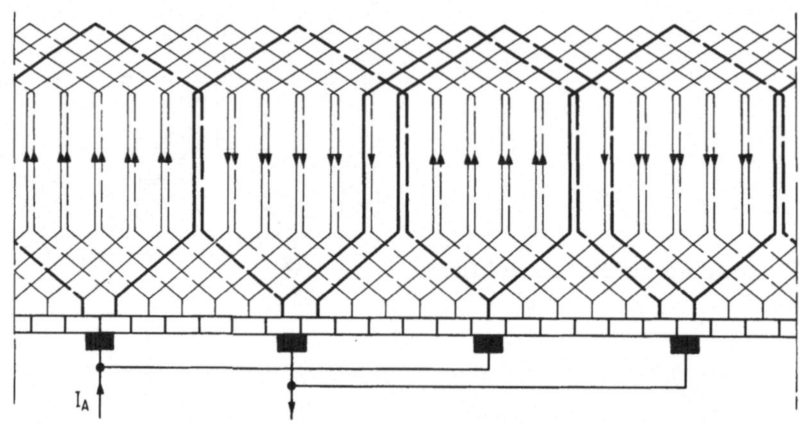

Abb. 6.4 Eingängige Wellenwicklung (p = 2)

Auf die Wicklungsgesetze und insbesondere die mehrgängigen Kommutatorwicklungen, sowie die zur Symmetrierung der Wicklungen dienenden sog. Ausgleichsverbinder wird hier nicht eingegangen [6, S. 83 bis 97; 9, S. 49 bis 60].

Aus den angegebenen Wicklungsbildern geht hervor, daß die Stromrichtungsumkehr in den Ankerleitern erfolgt, die zu den von den Bürsten kurzgeschlossenen Spulen gehören. Im Interesse einer funkenfreien Kommutierung ist es wünschenswert, daß der Strom in einer kurzgeschlossenen Spule ausgehend von seinem Anfangswert ($I_A/2a$) nach Beendigung des Kurzschlusses gerade den entgegengesetzt gleichgroßen Wert erreicht hat ($-I_A/2a$). Um dies zu bewerkstelligen, muß - wie in 6.2 gezeigt wird - in den kurzgeschlossenen Spulen zusätzlich zur Selbstinduktionsspannung eine ankerstrom- und drehzahlproportionale Spannung rotatorisch induziert werden. Zur Erzeugung dieser Spannung dient das magnetische Feld unter den in den Hauptpollücken untergebrachten und vom Ankerstrom erregten Wendepolen (Abb. 6.1). Außer den der Stromwendung dienenden Wendepolen besitzen große Gleichstrommaschinen als weitere zusätzliche Wicklung eine in Nuten in den Hauptpolen untergebrachte sog. Kompensationswicklung (Abb. 6.1). Sie dient zur Kompensation der Ankerdurchflutung unter den Hauptpolen und wird deshalb vom Ankerstrom durchflossen. Auf diese Weise wird eine "Verzerrung" des von der Hauptpolwicklung erregten Luftspaltfelds durch das von der Ankerdurchflutung erregte Feld vermieden. Diese ankerstromabhängig Feldverzerrung würde wegen des magnetischen Sättigungsverhaltens des Eisens eine Schwächung des Hauptpolflusses bewirken und außerdem dazu führen, daß die vom Luftspaltfeld unter den Hauptpolen in den Ankerspulen rotatorisch induzierten Spannungen, die mit dem p/a-fachen der zwischen benachbarten Kommutatorsegmenten auftretenden Spannungen identisch sind, unterschiedliche Größe haben.

Aus dem Durchflutungsbild Abb. 6.1 geht hervor, daß die Durchflutungen des Ankers der Wendepol- und der Kompensationswicklung eine gemeinsame Achse (Querachse) besitzen, die mit der Achse der Hauptpoldurchflutung (Längsachse) einen Winkel von 90° elektrisch bildet. Vernachlässigt man die magnetische Spannung im Eisen, dann ergibt die Anwendung des Durchflutungsgesetzes, daß die magnetische Luftspaltinduktion in Hauptpolmitte nur von der Hauptpoldurchflutung und die Induktion in Wendepolmitte nur von der Anker-, Wendepol- und Kompensationsdurchflutung bestimmt wird. Bezeichnet man mit Θ die Durchflutungen pro Polteilung, dann gilt für die Kompensations- und Ankerdurchflutung der Zusammenhang

$$\Theta_K = \alpha_p \, \Theta_A \tag{6.1}$$

mit der sog. relativen Hauptpolbedeckung

$$\alpha_p = \frac{b_p}{\tau_p}$$

(b_p, Hauptpolbogenbreite). Um die für eine einwandfreie Kommutierung erforderliche Induktion im Wendepolluftspalt zu erhalten, muß die Summe aus Kompensations- und Wendepoldurchflutung größer sein als die Ankerdurchflutung:

$$\Theta_K + \Theta_W = \vartheta \, \Theta_A \tag{6.2}$$

mit $\vartheta > 1$.

Unter idealisierenden Annahmen (kontinuierliche Strombeläge der Kompensations- und Ankerwicklung, diskrete Strombeläge der Haupt- und Wendepolwicklung, unendlich großer Luftspalt in den Lücken zwischen Haupt- und Wendepolen) erhält man durch Integration der Strombeläge gemäß (3.7) die in Abb. 6.5 aufgeführten Felderregerkurven (Verläufe der magnetischen Spannungen). Die Division durch die Ersatzluftspalte δ_p'' bzw. δ_W'' liefert aus den magnetischen Spannungen die magnetischen Feldstärken (mittlere Normalkomponente) und deren Addition ergibt die resultierende Normalkomponente der Luftspaltfeldstärke bzw. Luftspaltinduktion, deren Verlauf ebenfalls in Abb. 6.5 angegeben ist. Bezeichnet man mit w_{fp} bzw. w_{Wp} die Windungszahlen pro Haupt- bzw. Wendepol und mit z_A bzw. z_K die Zahl sämtlicher Anker- bzw. Kompensationsleiter, wobei Reihenschaltung ange-

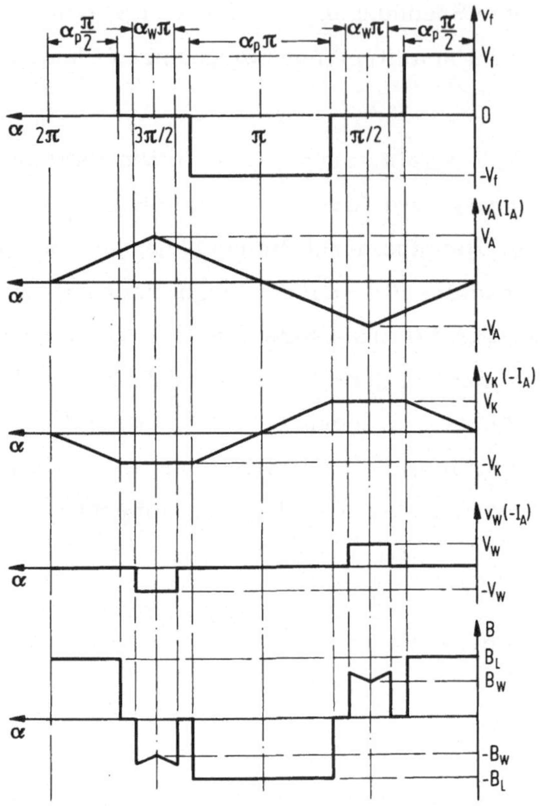

Abb. 6.5 Felderregerkurven und Feldkurve der kompensierten Gleichstrommaschine (idealisiert)

nommen wird, dann erhält man für die im Diagramm Abb. 6.5 angegebenen Beträge der magnetischen Spannungs- und Induktionswerte durch Anwendung des Durchflutungsgesetzes im Hauptpol- bzw. im Wendepolkreis:

$$V_f = w_{fp} I_f \quad ,$$

$$V_A = \frac{1}{2} \frac{z_A}{2p} \frac{I_A}{2a} \quad , \tag{6.3}$$

$$V_K = \frac{1}{2} \frac{z_K}{2p} I_A \quad , \tag{6.4}$$

$$V_W = w_{Wp} I_A \quad , \tag{6.5}$$

$$B_L = \mu_0 \frac{V_f}{\delta_p''} \quad ,$$

$$B_W = \mu_0 \frac{V_W + V_K - V_A}{\delta_W''}$$

und unter Berücksichtigung von (6. 2)

$$B_W = \mu_0 \frac{(\vartheta - 1) V_A}{\delta_W''} \quad . \tag{6.6}$$

Unter Zugrundelegung des in Abb. 6. 6 angegebenen Schaltbilds der fremderregten kompensierten Gleichstrommaschine werden ihre Systemgleichungen aufgestellt.

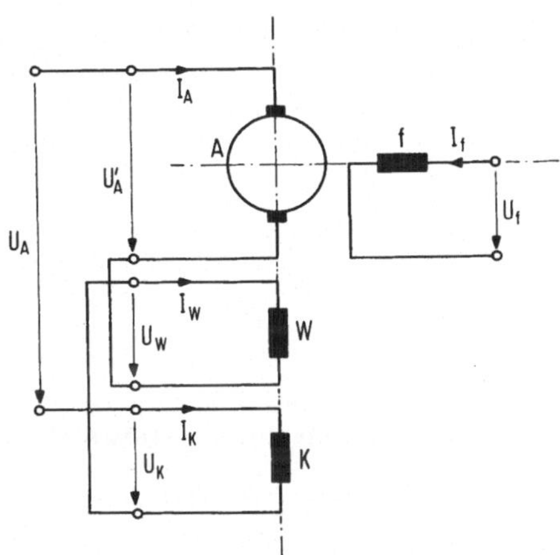

Abb. 6. 6 Schaltung der fremderregten kompensierten Gleichstrommaschine (A, Anker-; W, Wendepol-; K, Kompensations-; f, Erregerwicklung)

Im Unterschied zu den kommutatorlosen Maschinen kann das Verhalten der Gleichstrommaschine nicht mit einem Gleichungssystem der Form (2. 1) beschrieben werden. Das Gleichungssystem (2. 1) muß um die in der Kommutatorwicklung rotatorisch induzierte Spannung erweitert werden. Die die transformatorisch induzierten Spannungen bestimmenden Induktivitäten sind vom Rotorpositionswinkel unabhängig, da die den einzelnen Wicklungen zugeordneten Achsen (auch die der Ankerwicklung) feststehen. Vernachlässigt man Wirbelstromeffekte im Eisen und berücksichtigt man die magnetische Spannung im Eisen durch einen pauschalen Zuschlag zum geometrischen Luftspalt (Rechnen mit Ersatzluftspalten δ''), dann kann man diese Induktivitäten als konstant ansetzen. Im folgenden Spannungsgleichungssystem ist außerdem bereits vorweggenommen, daß die Luftspaltfeldwechselinduktivitäten zwischen Wicklungen, deren Achsen eine Winkeldifferenz von 90° elektrisch aufweisen, verschwinden:

$$\begin{bmatrix} U'_A \\ U_W \\ U_K \\ U_f \end{bmatrix} = \begin{bmatrix} R'_A & & & \\ & R_W & & \\ & & R_K & \\ & & & R_f \end{bmatrix} \cdot \begin{bmatrix} I_A \\ I_W \\ I_K \\ I_f \end{bmatrix} + \begin{bmatrix} L_{AA} & L_{AW} & L_{AK} & 0 \\ L_{AW} & L_{WW} & L_{WK} & 0 \\ L_{AK} & L_{WK} & L_{KK} & 0 \\ 0 & 0 & 0 & L_{ff} \end{bmatrix} \frac{d}{dt} \begin{bmatrix} I_A \\ I_W \\ I_K \\ I_f \end{bmatrix} + \begin{bmatrix} U_i \\ 0 \\ 0 \\ 0 \end{bmatrix} \quad . \tag{6.7}$$

Die Widerstände der einzelnen Wicklungen sollen ebenfalls konstant sein. R'_A enthält auch den konstant angenommenen Bürstenübergangswiderstand. Genauer wäre es mit einer konstanten Bürstenübergangsspannung zu rechnen.

Die Schaltung der einzelnen Wicklungen gemäß Abb. 6.6 liefert für die Ströme die Bedingungen

$$I_W = - I_A \quad , \qquad I_K = - I_A \tag{6.8}$$

und für die Spannungen

$$U_A = U'_A - U_W - U_K \quad .$$

Damit lassen sich die ersten drei Gleichungen des Systems (6.7) zu einer einzigen zusammenfassen:

$$U_A = R_A I_A + L_A \frac{d I_A}{dt} + U_i \tag{6.9}$$

mit dem Ankerkreiswiderstand

$$R_A = R'_A + R_W + R_K$$

und der Ankerkreisinduktivität

$$L_A = L_{AA} + L_{WW} + L_{KK} + 2(L_{WK} - L_{AK} - L_{AW}) \quad . \tag{6.10}$$

Im folgenden werden die einzelnen Induktivitäten unter Annahme der im Diagramm von Abb. 6.5 angegebenen vereinfachten Felderregerkurven ermittelt. Während die Wechselinduktivitäten reine Luftspaltfeldinduktivitäten sind, bestehen die Eigeninduktivitäten aus einem mit h indizierten Luftspaltfeldanteil und einem mit σ indizierten Streufeldanteil, wobei unter Streufeld die Nutfelder und die Felder in der Pollücke und im Stirnraum zu verstehen sind. Zur Berechnung der Luftspaltfeldinduktivitäten wird Gl. (3.12) mit den Definitionen (3.11) herangezogen. Der Luftspalt in der Pollücke wird als sehr groß gegenüber den Luftspalten unter den Hauptpolen und den Wendepolen angenommen, sodaß die mittlere Normalkomponente der Feldstärke in der Pollücke vernachlässigt werden kann und somit die Integration gemäß (3.12) nur jeweils über die Polbereiche ausgeführt werden muß.

Für die Luftspaltfeldeigeninduktivität der Ankerwicklung erhält man mit

$$v_A(I_A) = -V_A \frac{\alpha}{\pi/2} \tag{6.11}$$

im Bereich $0 \leqq \alpha \leqq \pi/2$

$$L_{Ah} = 4\frac{1}{\pi}\mu_0\, p\, l\, \tau_p \left(\frac{V_A}{I_A\ \pi/2}\right)^2 \left[\frac{1}{\delta_p''}\int_{\alpha=0}^{\alpha=\alpha_p \pi/2} \alpha^2\, d\alpha + \frac{1}{\delta_W''}\int_{\alpha=(1-\alpha_W)\pi/2}^{\alpha=\pi/2} \alpha^2\, d\alpha\right] ,$$

woraus mit (6.3) folgt:

$$L_{Ah} = L_0 \frac{1}{3}\left[\frac{\delta_W''}{\delta_p''}\alpha_p^3 + 1 - (1-\alpha_W)^3\right] \tag{6.12}$$

mit der Abkürzung

$$L_0 = \frac{\mu_0\, l\, \tau_p}{8\, p\, \delta_W''}\left(\frac{z_A}{2a}\right)^2 \quad . \tag{6.13}$$

Die Luftspaltfeldeigeninduktivität der Wendepolwicklung ergibt sich mit

$$v_W(I_W) = V_W \tag{6.14}$$

im Bereich $(1-\alpha_W)\,\pi/2 \leqq \alpha \leqq (1+\alpha_W)\,\pi/2$ zu

$$L_{Wh} = 2\frac{1}{\pi}\mu_0\, p l\, \tau_p \left(\frac{V_W}{I_W}\right)^2 \frac{1}{\delta_W''}\alpha_W\, \pi \quad ,$$

woraus mit (6.5) und (6.8) folgt:

$$L_{Wh} = \frac{16\, p^2\, w_{Wp}^2}{(z_A/2a)^2}\, L_0\, \alpha_W \quad . \tag{6.15}$$

Die Luftspaltfeldeigeninduktivität der Kompensationswicklung wird mit

$$v_K(I_K) = V_K \frac{\alpha}{\alpha_p\, \pi/2} \tag{6.16}$$

im Bereich $0 \leqq \alpha \leqq \alpha_p\, \pi/2$ und

$$v_K(I_K) = V_K \tag{6.17}$$

im Bereich $(1-\alpha_W)\, \pi/2 \leqq \alpha \leqq \pi/2$

$$L_{Kh} = 4\, \frac{1}{\pi}\, \mu_0\, p\, l\, \tau_p \left(\frac{V_K}{I_K}\right)^2 \left[\frac{1}{\delta_p''} \int\limits_{\alpha=0}^{\alpha=\alpha_p\, \pi/2} \left(\frac{\alpha}{\alpha_p\, \pi/2}\right)^2 d\alpha + \frac{1}{\delta_W''}\, \alpha_W\, \pi/2\right] ,$$

woraus mit (6.4) und (6.8) folgt:

$$L_{Kh} = \left(\frac{z_K}{z_A/2a}\right)^2 L_0 \left(\frac{\delta_W''}{\delta_p''}\, \frac{\alpha_p}{3} + \alpha_W\right) \quad . \tag{6.18}$$

Die Luftspaltfeldeigeninduktivität der Erregerwicklung kann direkt aus Beziehung (5.14) gewonnen werden, wenn man w_f durch $2p\, w_{fp}$, b_p/τ_p durch α_p und δ_{min}'' durch δ_p'' ersetzt:

$$L_{fh} = \frac{16\, p^2\, w_{fp}^2}{(z_A/2a)^2}\, L_0\, \frac{\delta_W''}{\delta_p''}\, \alpha_p \quad . \tag{6.19}$$

Die Wechselinduktivität zwischen Anker- und Wendepolwicklung wird mit (6.11) und (6.14)

$$L_{AW} = -\, 4\, \frac{1}{\pi}\, \mu_0\, p\, l\, \tau_p\, \frac{V_A}{I_A\, \pi/2}\, \frac{V_W}{I_W}\, \frac{1}{\delta_W''} \int\limits_{(1-\alpha_W)\, \pi/2}^{\pi/2} \alpha\, d\alpha \quad ,$$

woraus mit (6.3), (6.5) und (6.8) folgt:

$$L_{AW} = \frac{4\,p\,w_{Wp}}{(z_A/2a)} L_0 \alpha_W (1 - \frac{\alpha_W}{2}) \quad .$$

Die Wechselinduktivität zwischen Anker- und Kompensationswicklung wird mit (6.11) und (6.16) bzw. (6.17)

$$L_{AK} = -4 \frac{1}{\pi} \mu_0 \, p \, l \, \tau_p \frac{V_A}{I_A \, \pi/2} \frac{V_K}{I_K} \left[\frac{1}{\delta_p''} \int_{\alpha=0}^{\alpha=\alpha_p \pi/2} \frac{\alpha^2}{\alpha_p \, \pi/2} d\alpha + \frac{1}{\delta_W''} \int_{\alpha=(1-\alpha_W)\pi/2}^{\alpha=\pi/2} \alpha \, d\alpha \right] ,$$

woraus mit (6.3), (6.4) und (6.8) folgt:

$$L_{AK} = \frac{z_K}{z_A/2a} L_0 \left[\frac{\delta_W''}{\delta_p''} \frac{\alpha_p^2}{3} + \alpha_W (1 - \frac{\alpha_W}{2}) \right] \quad .$$

Die Wechselinduktivität zwischen Wendepol- und Kompensationswicklung wird mit (6.14) und (6.17)

$$L_{WK} = 2 \frac{1}{\pi} \mu_0 \, p \, l \, \tau_p \frac{V_W}{I_W} \frac{V_K}{I_K} \frac{1}{\delta_W''} \alpha_W \pi \quad ,$$

woraus mit (6.4), (6.5) und (6.8) folgt

$$L_{WK} = \frac{4\,p\,w_{Wp}\,z_K}{(z_A/2a)^2} L_0 \alpha_W \quad .$$

Um aus den Luftspaltfeldeigeninduktivitäten (6.12), (6.15), (6.18) und (6.19) die vollständigen Eigeninduktivitäten zu erhalten, müssen die hier nicht berechneten Streufeldinduktivitäten addiert werden:

$$L_{AA} = L_{Ah} + L_{A\sigma} ,$$

$$L_{WW} = L_{Wh} + L_{W\sigma} ,$$

$$L_{KK} = L_{Kh} + L_{K\sigma} ,$$

$$L_{ff} = L_{fh} + L_{f\sigma} .$$

Zweckmäßigerweise definiert man zur Vereinfachung der Schreibweise noch, wie folgt, Streukoeffizienten:

$$L_{A\sigma} = \sigma_A L_{Ah} , \quad L_{W\sigma} = \sigma_W L_{Wh} , \quad L_{K\sigma} = \sigma_K L_{Kh} , \quad L_{f\sigma} = \sigma_f L_{fh} \quad .$$

Die Bestimmung der Streukoeffizienten σ_W und σ_f macht eine genaue Untersuchung des magnetischen Feldes in den Pollücken erforderlich (σ_W, $\sigma_f = 0,1$ bis $0,3$). Den Hauptanteil der Streufeldinduktivitäten $L_{A\sigma}$ und $L_{K\sigma}$ macht jeweils die Nutfeldinduktivität (Index σn) aus, die im folgenden ermittelt wird.

Geht man von dem Ausdruck (4.33) für die Stabinduktivität L_s eines Käfigläufers aus, dann erhält man mit der Nutdurchflutung des Ankers (Nutenzahl N_A)

$$\Theta_{An} = \frac{I_A}{2a} \frac{z_A}{N_A} \tag{6.20}$$

als gesamte in den Ankernuten gespeicherte magnetische Energie

$$W_{mAn} = N_A \frac{1}{2} L_s \Theta_{An}^2 \quad .$$

Durch Vergleich mit der Definitionsgleichung für die A n k e r n u t f e l d i n d u k t i v i t ä t

$$W_{mAn} = \frac{1}{2} L_{A\sigma n} I_A^2$$

ergibt sich dann mit (6.20) und (4.33), (4.34)

$$L_{A\sigma n} = N_A \mu_0 l \left(\frac{w_s}{a}\right)^2 \lambda_{nA} \quad ,$$

wobei w_s die Windungszahl pro Ankerspule bedeutet,

$$w_s = \frac{z_A}{2 N_A} \quad ,$$

wenn sich zwei Spulenseiten in jeder Nut befinden.

Analog ergibt sich die K o m p e n s a t i o n s n u t f e l d i n d u k t i v i t ä t.

Aus der Energie

$$W_{mKn} = N_K \frac{1}{2} L_s \left(\frac{I_K z_K}{N_K}\right)^2$$

mit der Kompensationsnutenzahl N_K folgt durch Vergleich mit der Definitionsbeziehung

$$W_{mKn} = \frac{1}{2} L_{K\sigma} I_K^2$$

die Induktivität

$$L_{K\sigma n} = \mu_0 l \frac{z_K^2}{N_K} \lambda_{nK} \quad .$$

Die Zahlen λ_{nA} und λ_{nK} sind gemäß (4.34) aus den Abmessungen der Anker- und der Kompensationsnut zu ermitteln.

Um die Ankerkreisinduktivität L_A gemäß (6.10) aus den Einzelinduktivitäten bestimmen zu können, wird vorher noch der durch die Forderungen (6.1) und (6.2) festgelegte Zusammenhang zwischen der Kompensationsstabzahl z_K bzw. der Wendepolwindungszahl w_{Wp} und der Ankerleiterzahl z_A ermittelt. Aus (6.1) folgt

$$z_K = \frac{z_A}{2a} \alpha_p \tag{6.21}$$

und aus (6.2)

$$w_{Wp} = \frac{1}{4p} \frac{z_A}{2a} (\vartheta - \alpha_p) \quad . \tag{6.22}$$

Beziehung (6.10) liefert dann mit den oben ermittelten Eigen- und Wechselinduktivitäten unter Beachtung von (6.21) und (6.22) für die Ankerkreisinduktivität:

$$L_A = L_0 [\frac{1}{3} \alpha_W^3 + \alpha_W(\vartheta - 1)(\vartheta + \alpha_W - 1)] + L_{A\sigma} + L_{W\sigma} + L_{K\sigma} \quad .$$

mit L_0 nach (6.13). Für $\alpha_W = 0,2$ und $\vartheta = 1,2$ ist die so berechnete Ankerkreisinduktivität um $0,0186\ L_0$ größer als die Summe der Streufeldinduktivitäten.

Zur Vervollständigung der Spannungsgleichung (6.9) ist es noch notwendig, die im Anker rotatorisch induzierte Spannung U_i zu berechnen. Es wird vorweggenommen, daß bei der festgelegten Bürstenstellung und der daraus resultierenden Achsenlage der Anker-, Wendepol- und Kompensationsdurchflutung nur von der Hauptpolerregerwicklung (f) in der Ankerwicklung rotatorisch (infolge Rotation des Ankers) eine Spannung induziert werden kann. Zur analytischen Berechnung dieser Spannung ist in Abb. 6.7 ein Polpaar einer Ankerwicklung zusammen mit der Erregerwicklung abgewickelt dargestellt. In der Ankerwicklung ist die räumlich fixierte Lage der jeweils von den Bürsten kurzgeschlossenen Spulen gekennzeichnet, durch die die Wicklung in zwei gleiche parallele Ankerzweige geteilt wird. Während bei einer eingängigen Schleifenwicklung die einzelnen Polpaare und damit auch die in ihnen rotatorisch induzierten Spannungen parallel geschaltet sind (2a = 2p), sind sie bei der eingängigen Wellenwicklung in Reihe geschaltet (2a = 2). In Abb. 6.7 ist eine der sich bewegenden Ankerspulen (Durchmesserspule s) mit dem Positionswinkel

γ_R gegenüber der Hauptpolachse gesondert dargestellt. Für die Wechselinduktivität zwischen der Ankerspule s und der als Sehnenspule mit der Weite $\alpha_p \tau_p$ bzw. $\alpha_p \pi$ betrachteten Erregerwicklung erhält man durch Anwendung von Gl. (3.25) und (3.19)

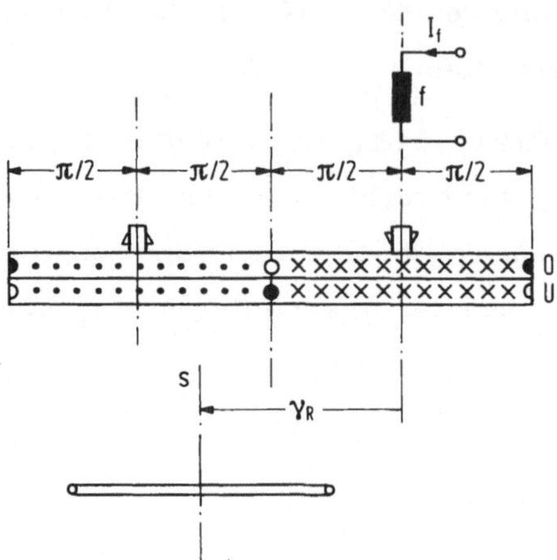

Abb. 6.7 Ein Polpaar der Anker- und der Erregerwicklung einer Gleichstrommaschine (O, Oberschicht; U, Unterschicht; s, eine Durchmesserspule der Ankerwicklung)

mit dem Hauptpolersatzluftspalt δ_p'':

$$L_{sf} = \frac{8}{\pi^2} \mu_0 w_s w_{fp} \frac{l \tau_p}{\delta_p''} \sum_{\nu=1}^{\nu=\infty} \frac{1}{\nu^2} \sin \nu \alpha_p \frac{\pi}{2} \sin^2 \nu \frac{\pi}{2} \cos \nu \gamma_R \quad . \tag{6.23}$$

In der Spule s der Ankerwicklung wird somit von der Erregerwicklung die Spannung

$$U_{is} = - \frac{d}{dt} (L_{sf} I_f) \tag{6.24}$$

induziert. Die in den beiden Wicklungszweigen eines Polpaars induzierten Spannungen U_{ip} gewinnt man durch Addition der in den in Reihe geschalteten Spulen induzierten Spannungen. Aus der Addition wird eine Integration, wenn man näherungsweise mit einem kontinuierlichen Spulenbelag $k/2p\pi$ rechnet, wobei k als Zahl der Kommutatorsegmente gleich der Gesamtzahl der Spulen ist:

$$U_{ip} = \int_{\gamma_R=0}^{\gamma_R=\pi} \frac{k}{2p\pi} U_{is} \, d\gamma_R \quad . \tag{6.25}$$

Für die resultierende rotatorisch induzierte Spannung der Ankerwicklung

$$U_i = \frac{p}{a} U_{ip}$$

ergibt sich dann durch Ausrechnung von (6. 25) unter Beachtung von (6. 24) und (6. 23):

$$U_i = \frac{p}{a} \frac{k}{2p\pi} \frac{16}{\pi^2} \mu_0 w_s w_{fp} \frac{l\tau_p}{\delta''_p} \sum_{\nu=1}^{\nu=\infty} \left(\frac{\sin \nu \alpha_p \frac{\pi}{2}}{\nu^2} \sin \nu \frac{\pi}{2} \right) \dot{\gamma}_R I_f \quad . \tag{6. 26}$$

Wie das Ergebnis zeigt, wird von der Erregerwicklung im Anker transformatorisch keine resultierende Spannung induziert. Setzt man in (6. 26)

$$2 k w_s = z_A \quad ,$$

$$\sum_{\nu=1}^{\nu=\infty} \left(\frac{\sin \nu \alpha_p \frac{\pi}{2}}{\nu^2} \sin \nu \frac{\pi}{2} \right) = \frac{\pi^2}{8} \alpha_p \quad ,$$

und gemäß der Anwendung des Durchflutungsgesetzes im Hauptpolkreis

$$w_{fp} I_f = \frac{B_L}{\mu_0} \delta''_p \quad ,$$

und mit der Winkelgeschwindigkeit Ω des Rotors

$$\dot{\gamma}_R = p\Omega \quad ,$$

dann erhält man mit dem Hauptpolfluß

$$\Phi = \alpha_p B_L \tau_p l \tag{6. 27}$$

und der Abkürzung

$$c = \frac{z_A}{2\pi} \frac{p}{a} \tag{6. 28}$$

für die rotatorisch induzierte Spannung

$$U_i = c \Phi \Omega \quad . \tag{6. 29}$$

Diesen einfachen Ausdruck kann man direkt erhalten, wenn man davon ausgeht, daß sich jeweils $\alpha_p z_A/2a$ in Reihe geschaltete Leiter eines Ankerzweigs im Bereich der Induktion B_L unter den Hauptpolen mit der Geschwindigkeit v_A bewegen:

$$U_i = \alpha_p \frac{z_A}{2a} B_L l v_A \tag{6. 30}$$

mit der Ankerumfangsgeschwindigkeit

$$v_A = \frac{p\tau_p}{\pi}\Omega \quad . \tag{6.31}$$

Mit (6.31) und den Beziehungen (6.27) und (6.28) folgt aus (6.30) direkt die einfache Beziehung (6.29) für die induzierte Spannung.

Der bei konstanter Winkelgeschwindigkeit durch Gl. (6.26) bestimmten Proportionalität zwischen U_i und I_f liegt die Voraussetzung zugrunde, daß die magnetische Spannung im Eisen durch eine pauschale Vergrößerung des geometrischen Luftspalts berücksichtigt wird. Die Beziehung (6.29) mit der Definition (6.27) des Hauptflusses enthält diese Voraussetzung nicht, wie die direkte Herleitung zeigt. Wegen des nichtlinearen Charakters des magnetischen Kreises ist der exakte Zusammenhang zwischen Φ und I_f eine Funktion, die das Sättigungsverhalten des magnetischen Kreises wiederspiegelt. Im Leerlauf ($I_A = 0$) wird dieser Zusammenhang der Messung zugänglich, denn mit (6.9) und (6.29) ist die Leerlaufspannung

$$U_{A0} = c\,\Omega\,\Phi(I_f)$$

bei konstanter Winkelgeschwindigkeit Ω eine Funktion des Erregerstroms, wie sie Abb. 6.8 zeigt.

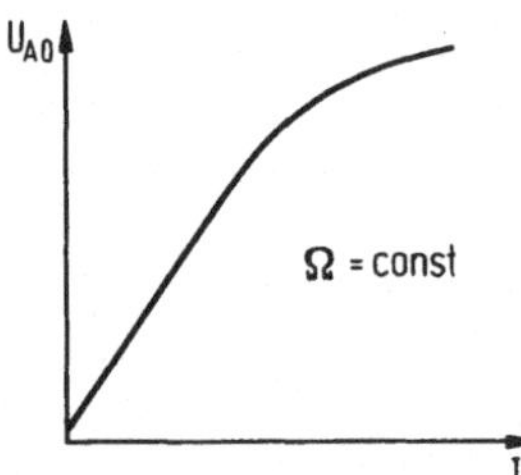

Abb. 6.8 Leerlaufkennlinie der Gleichstrommaschine ($I_A = 0$)

Zur Berechnung des inneren Drehmoments der Gleichstrommaschine wird ausgehend von dem mittels Gl. (6.9) reduzierten System (6.7)

$$\begin{bmatrix} U_A \\ U_f \end{bmatrix} = \begin{bmatrix} R_A & \\ & R_f \end{bmatrix} \cdot \begin{bmatrix} I_A \\ I_f \end{bmatrix} + \begin{bmatrix} L_A & \\ & L_{ff} \end{bmatrix} \frac{d}{dt} \begin{bmatrix} I_A \\ I_f \end{bmatrix} + \begin{bmatrix} U_i \\ 0 \end{bmatrix} \tag{6.32}$$

gemäß Gl. (1.1) eine Leistungsbilanz aufgestellt:

$$P_{el} = U_A I_A + U_f I_f = R_A I_A^2 + R_f I_f^2 + L_A \frac{dI_A}{dt} I_A + L_{ff} \frac{dI_f}{dt} I_f + U_i I_A \quad . \tag{6.33}$$

Dabei bleiben voraussetzungsgemäß die Eisenverluste und die Verluste in den kommutierenden Spulen unberücksichtigt. Da die Stromwärmeverluste durch

$$V_{el} = R_A I_A^2 + R_f I_f^2$$

und die gespeicherte magnetische Energie durch

$$W_m = \frac{1}{2} L_A I_A^2 + \frac{1}{2} L_{ff} I_f^2$$

gegeben sind, ergibt ein Vergleich mit (1. 1) für die innere mechanische Leistung

$$P_{mech\,1} = U_i I_A \quad ,$$

woraus mit (6. 29) für das innere Drehmoment folgt

$$M_{i1} = c \, \Phi \, I_A \quad . \tag{6.34}$$

6.2 Stark vereinfachte Erklärung der Stromwendung

Für die beiden kommutierenden, von den Bürsten kurzgeschlossenen Spulen der in Abb. 6. 2 dargestellten eingängigen Schleifenwicklung erhält man folgende Spannungsgleichungen, wenn man diesen Kreisen für die Zeit des Kurzschlusses einen konstanten Widerstand und konstante Induktivitäten zuordnet:

$$- u_W = R_K i_1 + L_K \frac{d i_1}{dt} + L_{K12} \frac{d i_2}{dt} \quad ,$$

$$- u_W = R_K i_2 + L_K \frac{d i_2}{dt} + L_{K12} \frac{d i_1}{dt} \quad .$$

Dabei ist unter u_W die vom resultierenden Wendepolfeld in den kurzgeschlossenen Spulen rotatorisch induzierte Spannung zu verstehen. Wegen der Symmetrie der Anordnung und der Gleichheit der Anfangswerte der beiden Ströme zu Beginn des Kurzschlusses ist

$$i_1 = i_2 \equiv i_K$$

und damit

$$- U_W = R_K i_K + (L_K + L_{K12}) \frac{d i_K}{dt} \quad . \tag{6.35}$$

Mit dem Anfangswert

$$i_K(t=0) = \frac{I_A}{2a}$$

erhält man als Lösung der Differentialgleichung (6. 35)

$$i_K = \frac{I_A}{2a}\, e^{-t/\tau_K} - \frac{u_W}{R_K}\,(1 - e^{-t/\tau_K}) \tag{6.36}$$

mit der Zeitkonstanten

$$\tau_K = \frac{L_K + L_{K12}}{R_K} \quad .$$

Nach Beendigung des Kurzschlusses soll der Strom i_K, um hohe Spannungen infolge einer von außen erzwungenen Stromänderung zu vermeiden, den Wert des Leiterstroms

$$i_K(t=T_K) = -\frac{I_A}{2a} \tag{6.37}$$

erreicht haben. Die Zeitdauer, während der die Bürste eine Spule kurzschließt, ist

$$T_K = \frac{2(b_B - b_I)}{D_K}\,\frac{1}{\Omega} \quad , \tag{6.38}$$

wobei b_B die Bürstenbreite, b_I die Breite der Isolation zwischen zwei Kommutatorsegmenten und D_K der Kommutatordurchmesser ist. Aus Bedingung (6. 37) folgt mit (6. 36) die erforderliche Stromwendespannung zu

$$u_W = R_K\,\frac{I_A}{2a}\,\frac{1 + e^{-T_K/\tau_K}}{1 - e^{-T_K/\tau_K}} \quad . \tag{6.39}$$

Unter der Voraussetzung $\tau_K > T_K$ resultiert aus (6. 39) die Näherung

$$u_W \approx \frac{2(L_K + L_{K12})}{T_K}\,\frac{I_A}{2a}$$

und mit (6. 38)

$$u_W \approx D_K\,\frac{L_K + L_{K12}}{(b_B - b_I)\,2a}\,I_A\,\Omega \quad . \tag{6.40}$$

Da für u_W bei Annahme einer mittleren Wendefeldinduktion B_W

$$u_W = 2\, w_s\, B_W\, l\, v_A$$

gilt, woraus mit (6.6), (6.3) und (6.31)

$$u_W = \frac{1}{2\pi}\,\mu_0\, w_s\, \frac{z_A}{2a}\, \frac{l\tau_p}{\delta''_W}\,(\vartheta - 1)\, I_A\, \Omega \tag{6.41}$$

folgt, kann die durch (6.40) formulierte Forderung durch entsprechende Wahl des Faktors ϑ und des Wendepolluftspalts erfüllt werden. Wichtig ist im Interesse einer störungsfreien Kommutierung ein möglichst ungesättigter Wendepolkreis, sodaß die Proportionalität zwischen Wendepolinduktion und Ankerstrom gemäß Beziehung (6.6) gilt und damit die durch Beziehung (6.40) geforderte Proportionalität zwischen u_W und I_A erfüllt werden kann. Der Stromverlauf in einem Ankerleiter während der Kommutierung unter den idealisierenden Voraussetzungen und der Annahme $\tau_K > T_K$ geht aus Abb. 6.9 hervor.

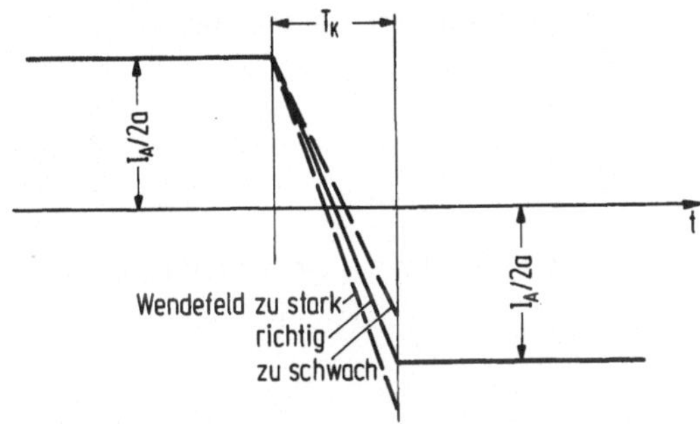

Abb. 6.9 Ankerleiterstrom während der Kommutierung

In der realen Maschine sind die Systemparameter R_K, L_K und L_{K12} nicht konstant und außerdem überdecken die Bürsten gleichzeitig mehr als zwei Kommutatorsegmente [6, S. 424 bis 445]. Besondere Schwierigkeiten bereitet eine ausreichend genaue Beschreibung des Kontaktes zwischen den Kommutatorsegmenten und der Bürste und die Aufstellung der Spannungsdifferentialgleichung der kommutierenden Spule unter Berücksichtigung der bei den praktisch auftretenden Stromänderungsgeschwindigkeiten nicht mehr zu vernachlässigenden Stromverdrängungseffekte.

6.3 Stationärer Vierquadrantenbetrieb der fremderregten Gleichstrommaschine

Stationärer Betrieb der fremderregten kompensierten Gleichstrommaschine ist gekennzeichnet durch zeitlich konstante Betriebsgrößen:

$$\frac{d\,I_A}{dt} = 0 \;, \qquad \frac{d\Omega}{dt} = 0 \;, \qquad \frac{d\Phi}{dt} = 0 \;. \tag{6.42}$$

Aus (6.32) folgen damit die beiden Spannungsgleichungen

$$U_A = R_A\, I_A + c\Phi\,\Omega \;, \tag{6.43}$$

$$U_f = R_f\, I_f$$

und aus (1.6) mit (4.109) die Drehmomentbeziehung

$$M_{i1} = M_W$$

mit M_{i1} nach (6.34). Für den Zusammenhang zwischen der Winkelgeschwindigkeit und dem inneren Drehmoment erhält man mit (6.43) und (6.34)

$$\Omega = \frac{U_A}{c\Phi} - \frac{R_A}{(c\Phi)^2}\, M_{i1} \;, \tag{6.44}$$

woraus als ideelle Leerlaufwinkelgeschwindigkeit

$$\Omega_0 = \frac{U_A}{c\Phi}$$

resultiert. Zur Steuerung der Drehzahl der Gleichstrommaschine bieten sich gemäß (6.44) als Stellgrößen die Ankerspannung U_A, der Hauptfluß Φ und der Ankerkreiswiderstand R_A an. Bei konstanter Ankerspannung, konstantem Hauptfluß und konstantem Drehmoment M_{i1} bedeutet eine Vergrößerung des Ankerkreiswiderstandes R_A im Fall des Motorbetriebs eine Verringerung und im Fall des Generatorbetriebs eine Vergrößerung der Drehzahl. Diese Verstellmethode, bei der die Leerlaufdrehzahl unverändert bleibt, ist mit einer Erhöhung der Stromwärmeverluste verbunden und deshalb unwirtschaftlich.

Bei Konstanz der Größen U_A, R_A, M_{i1} im Bereich der Nennwerte bewirkt eine Verringerung des Hauptflusses Φ bzw. des Erregerstroms I_f (gegenüber den Nennwerten) eine Erhöhung der Drehzahl, die jedoch mit einer Vergrößerung des Ankerstroms I_A verbunden ist. Diese Verstellmethode (sog. Feldschwächung), bei der eine Erhöhung der Leerlaufdrehzahl und der Differenz zwischen Leerlaufdrehzahl und Drehzahl erfolgt, macht mit Rücksicht auf den zulässigen Ankerstrom eine Reduktion des zulässigen Drehmoments erforderlich.

Bei Konstanz der Größen Φ, R_A, M_{i1} bewirkt eine Veränderung der Ankerspannung U_A eine gleichsinnige Drehzahländerung. Bei dieser Verstellmethode wird die Leerlaufdrehzahl proportional zu U_A geändert, während die Differenz zwischen Leerlaufdrehzahl und Drehzahl unter obigen Voraussetzungen konstant bleibt.

Wird bei einem Gleichstrommaschinenantrieb ein möglichst großer Drehzahlstellbereich verlangt, dann kombiniert man die Methode der Ankerspannungsverstellung mit der Methode der Feldschwächung. Bis zur Nenndrehzahl (Grunddrehzahl) wird bei konstantem Fluß (Nennfluß Φ_N) die Ankerspannung verstellt und darüber hinaus bis zur zulässigen Maximaldrehzahl bei konstanter Ankerspannung (Nennspannung U_N) der Hauptfluß. Die Nenngrößen U_N, Φ_N, I_N der Gleichstrommaschine stehen gemäß (6.34) und (6.43) miteinander in folgenden Zusammenhängen:

$$M_{iN} = c\,\Phi_N\,I_N \tag{6.45}$$

$$U_N = R_A\,I_N + c\,\Phi_N\,\Omega_N$$

mit

$$\Omega_N = 2\pi n_N$$

(n_N, Nenndrehzahl). Die ideelle Leerlaufwinkelgeschwindigkeit bei Nennspannung und Nennfluß ist dann

$$\Omega_{0N} = \frac{U_N}{c\Phi_N} \quad . \tag{6.46}$$

Die erwähnte Kombination der Drehzahlverstellmethoden führt zu den in Abb. 6.10 dargestellten Grenzkennlinien für den Motorbetrieb. Bei der Drehzahl n_K ist der maximal zulässige Wert der in der kommutierenden Spule induzierten Stromwendespannung erreicht, der sich aus deren unvollständiger Kompensation durch die vom Wendepolfeld rotatorisch induzierte Spannung nach (6.41) erklärt.

Eine weitere Erhöhung der Drehzahl über n_K hinaus bis zu der aus mechanischen Gründen zu beachtenden Höchstdrehzahl n_{max} ist unter Einhaltung des durch I_N und n_K bestimmten zulässigen Höchstwertes der Spannung (6.41) möglich. Für $n_K < n < n_{max}$ muß folglich der zulässige Ankerstrom gemäß der Funktion

$I_A = I_N\, n_K/n$ reduziert werden.

Ist eine Spannungsquelle mit einem Verstellbereich $-U_N \leqq U_A \leqq U_N$ und der Möglichkeit beider Stromrichtungen vorhanden, dann ist der sog. Vierquadrantenbetrieb der Gleichstrommaschine möglich, d. h. bei beiden Drehrichtungen sind beide Momentenrichtungen realisierbar, also Generator- und Motorbetrieb. Im Diagramm von Abb. 6.11 sind die verschiedenen Betriebsbereiche dargestellt, die sich bei Anwendung der Steuerverfahren Spannungsverstellung und Flußverstellung (Feldschwächung) ergeben. Die stationären Betriebskennlinien dieses Diagramms sind in der bezogenen Darstellung angegeben, die aus (6.44) mit den Definitionen (6.45), (6.46) und der Abkürzung

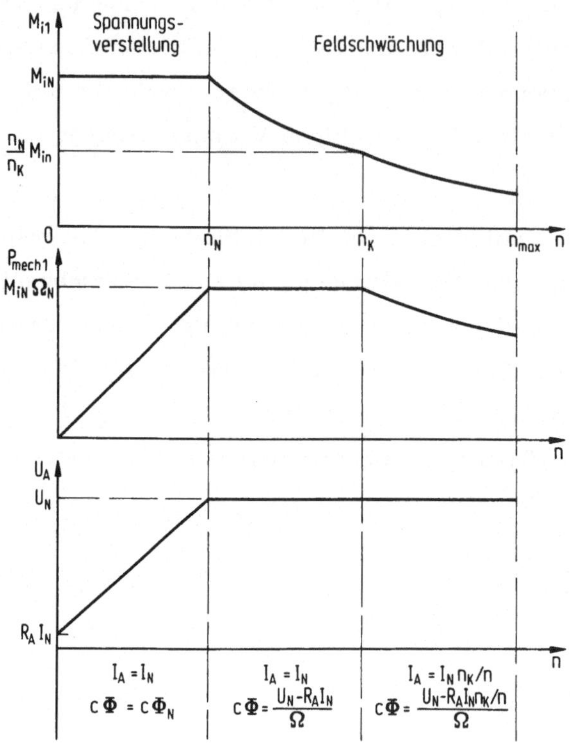

Abb. 6.10 Grenzkennlinien der fremderregten Gleichstrommaschine für Motorbetrieb

$$r = \frac{R_A I_N}{U_N} \tag{6.47}$$

resultiert:

$$\frac{\Omega}{\Omega_{0N}} = \frac{U_A/U_N}{\Phi/\Phi_N} - r\,\frac{M_{i1}/M_{iN}}{(\Phi/\Phi_N)^2}$$

In das Diagramm sind außerdem die Grenzkurven für $I_A = \pm I_N$ eingetragen, die

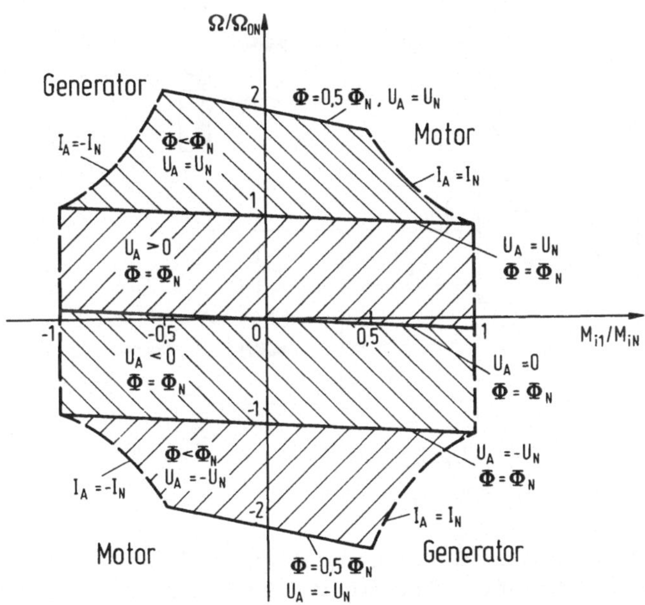

Abb. 6.11 Vierquadrantenbetrieb der fremderregten Gleichstrommaschine

für den Feldschwächbereich ($\Phi < \Phi_N$, $U_A = \pm U_N$) die Form von Hyperbeln gemäß

$$\frac{\Omega}{\Omega_{0N}} = \frac{1}{M_{i1}/M_{iN}}\,(\pm 1 - r)$$

annehmen.

Zur Realisierung des Vierquadrantenbetriebs der Gleichstrommaschine wird als Spannungsquelle entweder ein Maschinenumformer oder eine Umkehrstromrichteranlage verwendet. Der Maschinenumformer (sog. Leonardsatz) besteht gemäß Abb. 6.12a aus einer am Drehstromnetz betriebenen Asynchronmaschine, die mit einer Gleichstrommaschine (sog. Steuergenerator GM 2) mechanisch gekuppelt ist, deren Ankerspannung bei praktisch konstanter Drehzahl mittels der Erregung (Φ bzw. I_f) verstellt werden kann. Die Umkehrstromrichteranlage besteht aus zwei Stromrichtern, die z. B. gemäß Abb. 6. 12b in Antiparallelschaltung beide Spannungs- und Stromrichtungen ermöglichen. Die Spannungsverstellung erfolgt hier durch Verstellen der Steuerwinkel der Stromrichter. Entweder ist nur jeweils ein Stromrichter im Eingriff (kreisstromfreie Schaltung) oder die Aussteuerungen der beiden Stromrichter müssen gekoppelt werden (kreisstrom-

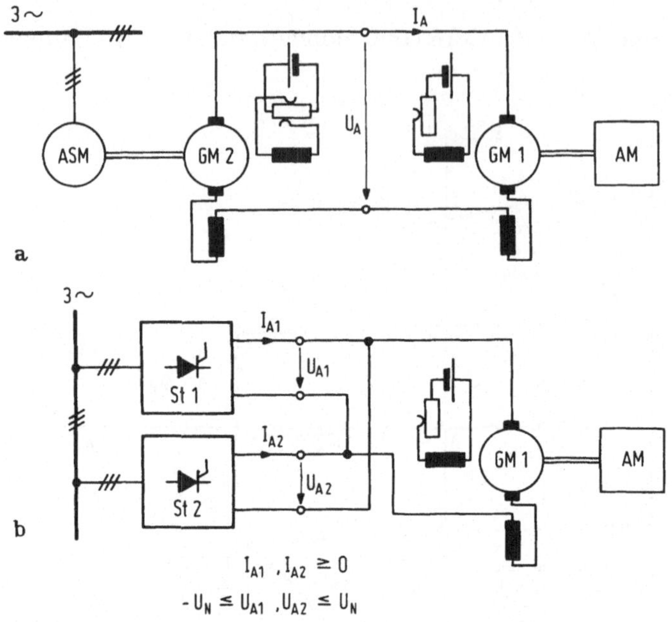

Abb. 6.12 Umkehrantrieb mit a) Maschinenumformer (Leonardsatz) und b) Umkehrstromrichter (Antiparallelschaltung zweier Stromrichter) (ASM, Drehstromasynchronmaschine; GM, Gleichstrommaschine; AM, Arbeitsmaschine; St, gesteuerter Stromrichter)

behaftete Schaltung). Für den Betrieb mit Feldschwächung ist im Erregerkreis der Gleichstrommaschine GM 1, deren Drehzahl verstellt werden soll, ein verstellbarer Vorwiderstand vorgesehen.

6.4 Dynamisches Verhalten der fremderregten kompensierten Gleichstrommaschine

Das Übergangsverhalten eines Antriebs mit einer fremderregten kompensierten Gleichstrommaschine wird unter Voraussetzung eines starren mechanischen Verbands durch die Spannungsgleichungen (6.32) mit U_i nach (6.29) und die mechanische Gleichung z.B. in der Form (4.145) mit M_{i1} nach (6.34) beschrieben. Bei konstantem Erregerstrom I_f und Hauptfluß Φ resultieren daraus die Gleichungen:

$$U_A = R_A I_A + L_A \frac{d I_A}{dt} + c\Phi\Omega \qquad (6.48)$$

$$c\Phi I_A = M_W + J \frac{d\Omega}{dt} \quad . \tag{6.49}$$

Normalerweise sind das Drehmoment $M_W(t)$ als Störfunktion und die Ankerspannung $U_A(t)$ als Steuerfunktion gegeben und die Ausgangsgrößen $\Omega(t)$ und $I_A(t)$ gesucht. Für die Winkelgeschwindigkeit Ω erhält man aus (6.48) und (6.49) die folgende inhomogene Differentialgleichung

$$\frac{d^2\Omega}{dt^2} + \frac{1}{\tau_A}\frac{d\Omega}{dt} + \frac{1}{\tau_A \tau_M}\Omega = \frac{1}{\tau_A \tau_M c\Phi} U_A - \frac{1}{J}\left(\frac{1}{\tau_A} M_W + \frac{d M_W}{dt}\right) \quad . \tag{6.50}$$

Für den Ankerstrom ergibt sich analog

$$\frac{d^2 I_A}{dt^2} + \frac{1}{\tau_A}\frac{d I_A}{dt} + \frac{1}{\tau_A \tau_M} I_A = \frac{1}{\tau_A R_A}\frac{d U_A}{dt} + \frac{1}{\tau_A \tau_M c\Phi} M_W \quad . \tag{6.51}$$

Als Abkürzungen sind in (6.50) und (6.51) die *Ankerzeitkonstante* der Gleichstrommaschine

$$\tau_A = \frac{L_A}{R_A}$$

und die *mechanische Zeitkonstante* des Antriebs

$$\tau_M = \frac{R_A J}{(c\Phi)^2}$$

enthalten. Zur Lösung der Gleichungen (6.50), (6.51) benötigt man außer den Eingangsgrößen $U_A(t)$ und $M_W(t)$ Anfangswerte von Ω und I_A. Die Anfangswerte von $d\Omega/dt$ und $d I_A/dt$ folgen daraus nach (6.48) und (6.49). Im Fall eines stationären Ausgangsbetriebszustands gilt (6.42).

Die Systemeigenschaften der Gleichstrommaschine enthält die *charakteristische Gleichung*, die sich durch Anwendung der Laplace-Transformation auf die homogene Differentialgleichung von (6.50) und (6.51) ergibt:

$$s^2 + \frac{1}{\tau_A} s + \frac{1}{\tau_A \tau_M} = 0 \quad .$$

Über die Eigenschwingungsfähigkeit des Systems geben die Wurzeln der charakteristischen Gleichung

$$s_{1,2} = -\frac{1}{2\tau_A} \pm j \frac{1}{2\tau_A}\sqrt{4\frac{\tau_A}{\tau_M} - 1}$$

Auskunft. Das System reagiert auf entsprechend schnelle Änderungen der Eingangsgrößen (U_A, M_W) mit gedämpften Eigenschwingungen der Ausgangsgrößen (Ω, I_A), wenn die Wurzeln $s_{1,2}$ konjugiert komplex sind, d.h. wenn gilt

$$4\,\tau_A > \tau_M \quad .$$

Die Eigenfrequenz des Systems, d.h. die Frequenz mit der es bei nichtvorhandener Dämpfung ($R_A = 0$) Dauerschwingungen ausführen würde, ist

$$\omega_e = \frac{1}{\sqrt{\tau_A\,\tau_M}} \quad .$$

Ein Vergleich mit der Eigenfrequenz eines RLC-Reihenschwingkreises liefert die Definitionsgleichung der sog. mechanischen Ersatzkapazität des Antriebs, C_M:

$$\omega_e = \frac{1}{\sqrt{L_A\,C_M}}$$

mit

$$C_M = \frac{J}{(c\Phi)^2} \quad .$$

Für den Fall $M_W = 0$ kann die fremderregte kompensierte Gleichstrommaschine bezüglich ihres Strom-Spannungsverhaltens, wie aus den Beziehungen (6.48), (6.49) oder (6.51) hervorgeht, durch einen aus den Elementen R_A, L_A, C_M bestehenden Reihenschwingkreis ersetzt werden. Die mögliche Schwingungsfähigkeit eines Gleichstrommaschinenantriebs erklärt sich physikalisch aus dem Vorhandensein von zwei Energiespeichern, dem von I_A abhängigen Anteil der magnetischen Energie und der kinetischen Energie der Drehmasse.

Führt man die folgenden Definitionen der bezogenen Größen,

$$u_A = \frac{U_A}{U_N} \;, \qquad i_A = \frac{I_A}{I_N} \;, \qquad \varphi = \frac{\Phi}{\Phi_N} \;, \qquad \omega = \frac{\Omega}{\Omega_{0N}} \;, \qquad m_W = \frac{M_W}{M_{iN}}$$

mit Ω_{0N} nach (6.46) und M_{iN} nach (6.45) in die Gleichungen (6.48), (6.49) ein, dann erhält man

$$u_A = r\,i_A + \tau_A\,r\,\frac{d\,i_A}{dt} + \varphi\,\omega \quad ,$$

$$\varphi\,i_A = m_W + \tau_M\,\frac{1}{r}\,\frac{d\omega}{dt} \quad .$$

Wendet man darauf die Laplace-Transformation an, dann ergibt sich im Bildbereich

$$\tilde{u}_A + \tau_A \, r \, i_A(0) = r(1 + \tau_A \, s) \, \tilde{i}_A + \varphi \tilde{\omega} \quad ,$$

$$\tilde{m}_W - \tau_M \frac{1}{r} \omega(0) = \varphi \tilde{i}_A - \tau_M \frac{1}{r} s \, \tilde{\omega} \quad .$$

Diese Gleichungen lassen sich durch das Strukturbild in Abb. 6.13 veranschaulichen. Setzt man die Anfangswerte $i_A(0)$ und $\omega(0)$ gleich Null, dann folgt aus dem

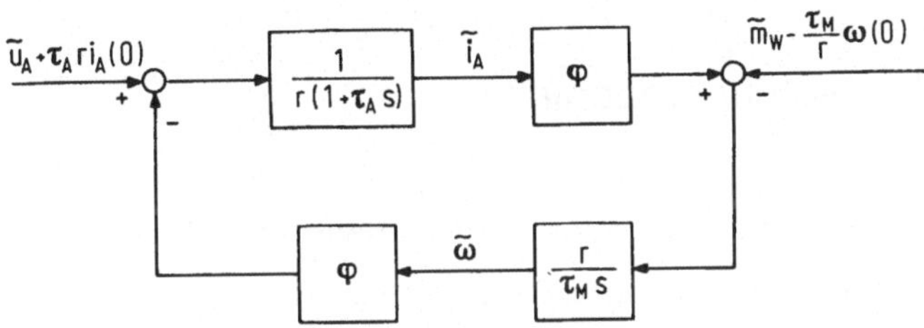

Abb. 6.13 Strukturbild der fremderregten Gleichstrommaschine

Strukturbild das in der Regelungstechnik übliche Blockschaltbild, das das Übertragungsverhalten des Antriebs wiedergibt.

Die Drehzahlregelung eines Gleichstrommaschinenantriebs wird, wie in dem Prinzipschaltbild von Abb. 6.14 gezeigt, mit unterlagerter Stromregelung ausgeführt, d.h. die Ausgangsgröße des Drehzahlreglers liefert den Sollwert des An-

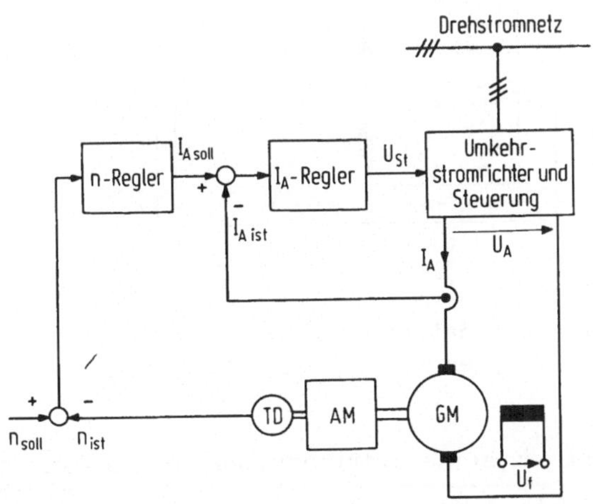

Abb. 6.14 Prinzipschaltbild der Drehzahlregelung der Gleichstrommaschine (GM, Gleichstrommaschine; AM, Arbeitsmaschine; TD, Tachodynamo)

Ankerstroms für den inneren Regelkreis. Die Regelstrecke besteht aus dem Stellglied, einem Umkehrstromrichter mit Steuersatz, und dem eigentlichen Antrieb, bestehend aus Gleichstrommaschine, Arbeitsmaschine und Tachodynamo für den Istwert der Drehzahl. Die Ausgangsgröße des Stromreglers ist die Steuerspannung U_{St} des Umkehrstromrichters, die zur Verstellung der Ankerspannung der Gleichstrommaschine dient. Der Stromrichter kann regelungstechnisch stark vereinfacht als Proportionalglied mit Totzeit angesehen werden, Drehzahl- und Stromregler werden normalerweise als PI-Regler ausgeführt [17].

6.5 Gleichstromreihenschlußmaschine

Die Gleichstromreihenschlußmaschine ist als kompensierte Maschine grundsätzlich genau so aufgebaut wie die fremderregte Gleichstrommaschine. Der Unterschied besteht darin, daß der Hauptpolkreis nicht von einem von außen einstellbaren Erregerstrom I_f, sondern vom Ankerstrom I_A selbst erregt wird, wie das Schaltbild in Abb. 6.15 zeigt. Der Gleichstromreihenschlußmotor ist für den Antrieb von Fahr-

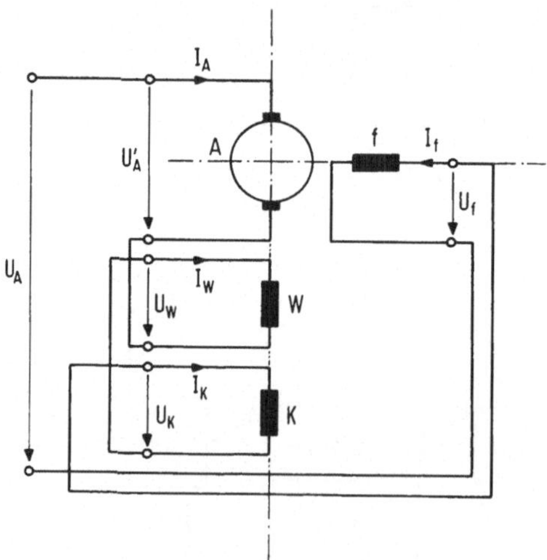

Abb. 6.15 Schaltung der kompensierten Gleichstromreihenschlußmaschine (A, Anker-; W, Wendepol-; K, Kompensations-; f, Erregerwicklung)

zeugen besonders geeignet, da seine Betriebskennlinie ein vom Stillstand aus mit zunehmender Drehzahl abnehmendes Drehmoment liefert. Das maximale Drehmoment steht also für den Anfahrvorgang zur Verfügung.

Das Betriebsverhalten der kompensierten Reihenschlußmaschine wird durch folgende Gleichungen beschrieben, die sich aus den Beziehungen (6. 29) und (6. 32) ergeben:

$$U_A = R_A I_A + L_A \frac{d I_A}{dt} + c \Phi(I_A) \Omega \quad , \tag{6.52}$$

$$M_{i1} = c \Phi(I_A) I_A \quad . \tag{6.53}$$

Dabei ist zu beachten, daß die Größen R_A und L_A außer der Anker-, Wendepol- und Kompensationswicklung noch die damit magnetisch nicht gekoppelte Erregerwicklung umfassen. Setzt man näherungsweise Proportionalität zwischen dem Hauptfluß und dem Ankerstrom an, vernachlässigt man also die Sättigung im Hauptpolkreis,

$$c \Phi(I_A) = k I_A \quad , \qquad k = \text{konst.}$$

dann ergibt sich damit aus (6. 52), (6. 53) für den stationären Betrieb bei konstanter Spannung U_A mit (6. 42) folgender Zusammenhang zwischen der Winkelgeschwindigkeit und dem inneren Drehmoment:

$$\Omega = \frac{U_A}{\sqrt{k M_{i1}}} - \frac{1}{k} R_A \quad . \tag{6.54}$$

Daraus resultiert für $\Omega = 0$ das theoretische Anzugsmoment (Kurzschlußmoment)

$$M_{ia} = k \left(\frac{U_A}{R_A}\right)^2 \quad . \tag{6.55}$$

Mit den Definitionen (6. 45) bis (6. 47) und

$$\varkappa = \frac{k}{c \Phi_N / I_N}$$

kann (6. 54) in die normierte Darstellung überführt werden:

$$\frac{\Omega}{\Omega_{0N}} = \frac{U_A / U_N}{\sqrt{\varkappa M_i / M_{iN}}} - \frac{1}{\varkappa} r \quad . \tag{6.56}$$

Ω_{0N} wird hier lediglich als Bezugsgröße verwendet; als theoretische Leerlaufwinkelgeschwindigkeit der Reihenschlußmaschine erhält man aus (6. 54) $\Omega = \infty$. Die Leerlaufwinkelgeschwindigkeit wird praktisch dadurch begrenzt, daß das innere Drehmoment der Maschine nicht unter den Wert des mit zunehmender Drehzahl wachsenden Verlustmoments (Reibungsverluste!) sinken kann. Trotzdem ist die vollständige Entlastung von Reihenschlußmotoren aus mechanischen Gründen unzulässig.

Die Größe $\varkappa$ ist identisch mit dem sog. Erregergrad. Es gilt $\varkappa = 1$, wenn der gesamte Ankerstrom I_A durch die Erregerwicklung fließt. Schaltet man zur Erregerwicklung (Widerstand R_f) einen Widerstand R_p parallel, dann wirkt im stationären Betrieb als Erregerstrom

$$I_f = \varkappa I_A$$

mit

$$\varkappa = \frac{R_p}{R_f + R_p} < 1 \quad .$$

Diese Schaltungsänderung macht auch eine Korrektur des Ankerkreiswiderstands R_A erforderlich.

In dem Diagramm von Abb. 6.16 sind die Betriebskennlinien eines Gleichstromrei-

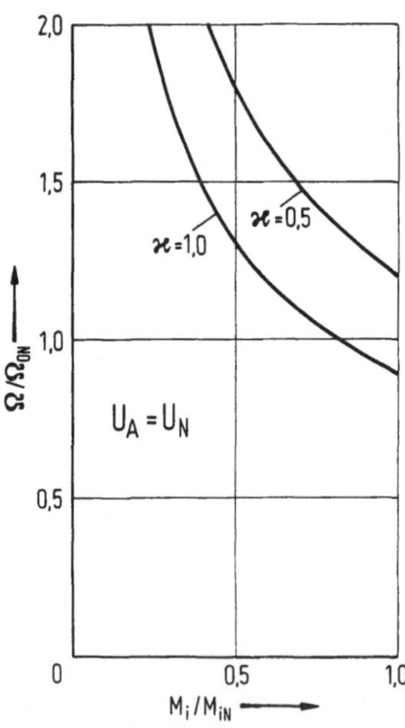

Abb. 6.16 Drehzahl-Drehmomentkennlinie eines Gleichstromreihenschlußmotors (r = 0,1) für zwei Erregergrade $\varkappa$

henschlußmotors gemäß (6.56) für $U_A = U_N$ und verschiedene Erregergrade dargestellt.

Für den Anfahrvorgang muß ein Vorwiderstand R_v in den Ankerkreis geschaltet werden, um den Strom auf seinen thermisch zulässigen Wert zu begrenzen. Um das wirkliche Anzugsmoment zu erhalten, muß dann in (6.55) an Stelle von R_A der Widerstand $R_A + R_v$ eingesetzt werden. Der bezogene Wert des inneren Anzugsmoments für $U_A = U_N$ folgt aus (6.56) zu

$$\frac{M_{ia}}{M_{iN}} = \frac{\varkappa}{r^2} \quad ,$$

wobei in der Definition von r nach (6.47) an Stelle von R_A der Widerstand $R_A + R_v$ zu setzen ist.

7. Transformator

7.1 Klassisches Ersatzschaltbild des Wechselstromtransformators

Das Schaltbild für zwei durch einen gemeinsamen Eisenkreis magnetisch gekoppelte Wicklungen zeigt Abb. 7. 1. Bei Vernachlässigung der Eisenverluste wird das Verhalten dieses Systems durch folgende Spannungsgleichungen beschrieben:

$$\begin{bmatrix} u_1 \\ u_2 \end{bmatrix} = \begin{bmatrix} R_1 & \\ & R_2 \end{bmatrix} \cdot \begin{bmatrix} i_1 \\ i_2 \end{bmatrix} + \frac{d}{dt} \begin{bmatrix} \Psi_1 \\ \Psi_2 \end{bmatrix} \qquad (7.1)$$

R_1 und R_2 sind die ohmschen Widerstände der Wicklungen. Ψ_1 und Ψ_2, die Spulenflüsse der beiden Wicklungen, sind im realen Fall nichtlineare Funktionen der Ströme i_1 und i_2.

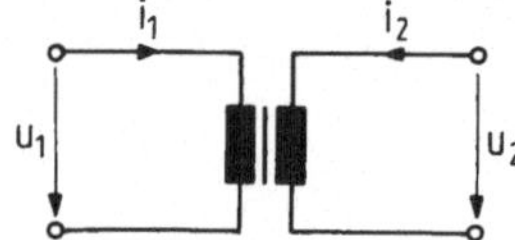

Abb. 7. 1 Wechselstromtransformator

Um eine einfache Berechnung des Betriebsverhaltens des Transformators zu ermöglichen, wird der magnetische Kreis linearisiert. Als Beispiel dient das in Abb. 7. 2 dargestellte Modell eines Manteltransformators. Die magnetischen Spannungen v_J der Joche und v_S der Säule werden auf Ersatzluftspalte δ_J und δ_S konzentriert und die Permeabilität des Eisens wird als unendlich groß angenommen. Die Ersatzluftspalte δ bestehen jeweils aus einem von evtl. vorhandenen Stoßfugen herrührenden Anteil δ_F und dem eigentlichen Ersatzluftspalt δ_{Fe} für das geblechte Eisen:

$$\delta = \delta_F + \delta_{Fe} \quad .$$

Die magnetische Spannung des Ersatzluftspalts δ_{Fe} soll gleich der magnetischen Spannung des entsprechenden Eisenwegs l_{Fe} sein:

$$H_{\delta_{Fe}} \delta_{Fe} = \overline{H}_{Fe} l_{Fe} \quad ,$$

wobei $\overline{H}_{Fe}$ die mittlere Feldstärke im Eisen bedeutet

$$\overline{H}_{Fe} = \frac{1}{l_{Fe}} \int_{s=0}^{l_{Fe}} H_{Fe} \, ds \quad .$$

Hieraus und aus der Bedingung gleicher Induktion im Ersatzluftspalt δ_{Fe} und im Eisen,

$$\mu_0 H_{\delta_{Fe}} = \mu_0 \mu_{Fe} \overline{H}_{Fe}$$

folgt für den Ersatzluftspalt

$$\delta_{Fe} = \frac{l_{Fe}}{\mu_{Fe}} \quad .$$

Für μ_{Fe} ist der geschätzte Wert der realen Eisenpermeabilität einzusetzen. Für

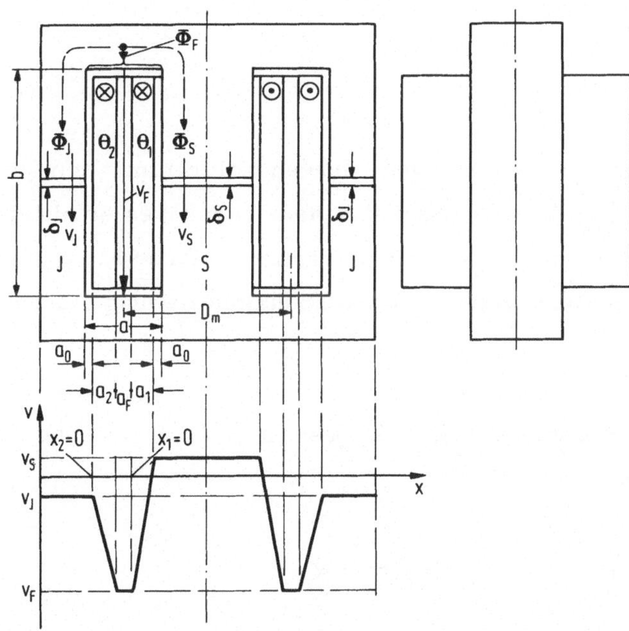

Abb. 7.2 Zur Linearisierung des magnetischen Kreises des Wechselstromtransformators (v, magnetische Spannung in den Ersatzluftspalten und Fenstern für $\Theta_1 > 0$, $\Theta_2 < 0$ und $|\Theta_1| > |\Theta_2|$)

die Joche und die Säule des Transformators gilt dann

$$\delta_{Fe,J} = \frac{l_J}{\mu_J} \; , \qquad \delta_{Fe,S} = \frac{l_S}{\mu_S} \; ,$$

wobei l_J und l_S die Eisenweglängen der Joche und der Säule sind und μ_J, μ_S die entsprechenden Permeabilitäten. Im allgemeinen nichtlinearen Fall sind die Ersatzluftspalte von der Induktion abhängig.

Für die hier konstant angenommenen Ersatzluftspalte und die Fenster des Transformatorkerns wird jeweils nur die mittlere axiale Komponente der magnetischen Feldstärke berücksichtigt. Außerdem soll das magnetische Feld des Fensters sich außerhalb des Fensters rotationssymmetrisch fortsetzen und außerhalb der Wicklung in den Eisenkern einmünden.

Zwischen den magnetischen Spannungen v_J im Ersatzluftspalt δ_J, v_S im Ersatzluftspalt δ_S, v_F im Kanal zwischen den beiden Zylinderwicklungen und den Durchflutungen

$$\Theta_1 = w_1 i_1 \quad , \qquad \Theta_2 = w_2 i_2 \tag{7.2}$$

bestehen nach dem Durchflutungsgesetz folgende Zusammenhänge:

$$\begin{aligned} -v_J + v_F &= \Theta_2 \quad , \\ -v_F + v_S &= \Theta_1 \quad . \end{aligned} \tag{7.3}$$

Die in Abb. 7.2 angegebenen Richtungen korrespondieren mit dem positiven Vorzeichen dieser Größen. Um die drei magnetischen Spannungen ermitteln zu können, muß als dritte Gleichung die für die magnetischen Flüsse (Φ_S, Säulenfluß; Φ_F, Fensterfluß; Φ_J, Jochfluß) geltende Knotenpunktsbeziehung aufgestellt werden:

$$\Phi_S + \Phi_F + \Phi_J = 0 \quad . \tag{7.4}$$

Mit Q_S als Säulenquerschnitt und Q_J als gesamtem Jochquerschnitt erhält man für Säulen- und Jochfluß:

$$\Phi_S = \mu_0 \frac{v_S}{\delta_S} Q_S \quad , \qquad \Phi_J = \mu_0 \frac{v_J}{\delta_J} Q_J \quad . \tag{7.5}$$

Um den Fensterfluß in Abhängigkeit von den magnetischen Spannungen angeben zu können, muß zunächst der Verlauf der magnetischen Spannung in den durchfluteten Bereichen in Abhängigkeit von der Koordinate x ermittelt werden (Abb. 7.2). Gemäß dem Durchflutungsgesetz ändert sich die magnetische Spannung in den durchfluteten Bereichen linear zwischen den beiden Randwerten, wie folgende Rechnung zeigt:

$$0 \leqq x_1 \leqq a_1 \qquad\qquad 0 \leqq x_2 \leqq a_2$$

$$dv_1 = \frac{\Theta_1}{a_1} dx_1 \qquad\qquad dv_2 = \frac{\Theta_2}{a_2} dx_2$$

$$v_1 = \frac{\Theta_1}{a_1} x_1 + C_1 \qquad\qquad v_2 = \frac{\Theta_2}{a_2} x_2 + C_2$$

$$v_1(x_1 = a_1) = v_S \qquad\qquad v_2(x_2 = a_2) = v_F$$

$$C_1 = v_S - \Theta_1 = v_F \qquad\qquad C_2 = v_F - \Theta_2 = v_J$$

$$v_1 = \frac{\Theta_1}{a_1} x_1 + v_F \qquad\qquad v_2 = \frac{\Theta_2}{a_2} x_2 + v_J \quad .$$

In Abb. 7. 2 ist der Verlauf der magnetischen Spannung v in einem Diagramm für den Fall $\Theta_1 > 0$, $\Theta_2 < 0$, $|\Theta_1| > |\Theta_2|$ angegeben. Rechnet man im Fensterbereich mit einem mittleren Umfang $U_m = \pi D_m$, was bei den üblichen Transformatorkonstruktionen zulässig ist, dann erhält man für den Fensterfluß

$$\Phi_F = \frac{\mu_0 U_m}{b} [v_J a_0 + \frac{1}{2}(v_F + v_J) a_2 + v_F a_F + \frac{1}{2}(v_F + v_S) a_1 + v_S a_0]. \qquad (7.6)$$

Aus den Beziehungen (7. 3) bis (7. 6) gewinnt man folgenden Zusammenhang zwischen den magnetischen Spannungen v_F, v_J, v_S und den Durchflutungen Θ_1, Θ_2, wenn man vereinfachend für die Ersatzluftspalte $\delta_S = \delta_J = \delta$ und für die Querschnitte $Q_S = Q_J = Q_{Fe}$ setzt:

$$\begin{aligned} v_F &= \frac{1}{C} (-A \Theta_1 + B \Theta_2) \ , \\ v_J &= - \frac{1}{C} [A \Theta_1 + (C - B) \Theta_2] \ , \\ v_S &= \frac{1}{C} [(C - A) \Theta_1 + B \Theta_2] \end{aligned} \qquad (7.7)$$

mit den Abkürzungen

$$A = \frac{Q_{Fe}}{\delta} + \frac{U_m}{b} (\frac{1}{2} a_1 + a_0) \ ,$$

$$B = \frac{Q_{Fe}}{\delta} + \frac{U_m}{b} (\frac{1}{2} a_2 + a_0) \ ,$$

$$C = 2 \frac{Q_{Fe}}{\delta} + \frac{U_m}{b} a \ .$$

Im Fall gleicher Wicklungsbreiten ($a_1 = a_2$) folgt wegen A = B aus (7. 7) z. B. :

$$\text{für } \Theta_1 = \Theta_2 : \qquad v_F = 0 , \qquad v_J = - v_S$$

$$\text{für } \Theta_1 = - \Theta_2 : \qquad v_F \neq 0 , \qquad v_J = v_S \quad .$$

Die Spulenflüsse des durch Linearisierung gewonnenen Transformatormodells können als lineare Funktionen der Ströme angeschrieben werden (vgl. (2. 2)) :

$$\begin{bmatrix} \Psi_1 \\ \Psi_2 \end{bmatrix} = \begin{bmatrix} L_{11} & L_{12} \\ L_{12} & L_{22} \end{bmatrix} \cdot \begin{bmatrix} i_1 \\ i_2 \end{bmatrix} \quad . \tag{7. 8}$$

Die in (7. 8) als konstante Koeffizienten auftretenden Induktivitäten können über die magnetische Energie nach (2. 9) berechnet werden:

$$W_m = \frac{1}{2} L_{11}\, i_1^2 + L_{12}\, i_1\, i_2 + \frac{1}{2} L_{22}\, i_2^2 \quad . \tag{7. 9}$$

Stellt man die magnetische Energie außerdem gemäß (3. 1) in Abhängigkeit der magnetischen Spannungen bzw. der Ströme dar, dann kann man durch Koeffizientenvergleich mit (7. 9) die Induktivitäten ermitteln. Für den Fensterbereich erhält man aus (3. 1) mit der mittleren axialen Feldstärke

$$H(x) = \frac{v(x)}{b}$$

und dem Volumenelement

$$dV = b\, U_m\, dx$$

die magnetische Energie

$$W_{mF} = \frac{\mu_0\, U_m}{2b} \int v^2\, dx \quad . \tag{7. 10}$$

In den durchfluteten Bereichen linearer Änderung von v(x) gemäß Abb. 7. 3 wird das Wegintegral des Quadrats der magnetischen Spannung:

$$\int_{x=0}^{x=\Delta x} v^2(x)\, dx = \Delta x \left[\frac{1}{3} (v_b - v_a)^2 + (v_b - v_a) v_a + v_a^2 \right] \quad .$$

Damit kann man die gesamte in dem Transformatormodell gespeicherte magnetische Energie anschreiben:

$$W_m = \frac{\mu_0}{2} Q_{Fe} \frac{1}{\delta} (v_J^2 + v_S^2) + \frac{\mu_0}{2} \frac{U_m}{b} \left[a_0 (v_J^2 + v_S^2) + a_F \, v_F^2 + a_2 (\frac{1}{3} \Theta_2^2 - \Theta_2 \, v_J + v_J^2) + a_1 (\frac{1}{3} \Theta_1^2 - \Theta_1 \, v_F + v_F^2) \right] .$$

Setzt man die magnetischen Spannungen (7. 7) ein, dann liefert der Vergleich mit

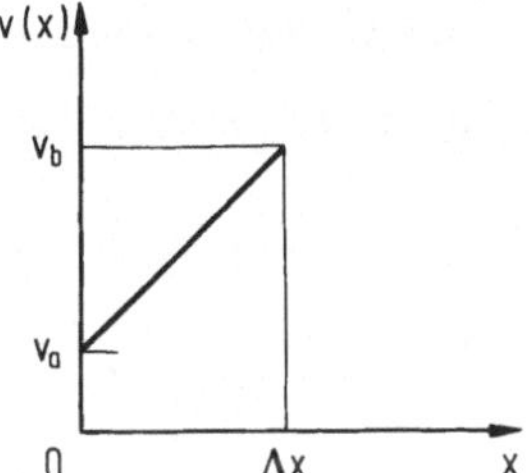

Abb. 7. 3 Verlauf der magnetischen Spannung in den durchfluteten Bereichen des Transformatorfensters

(7. 9) unter Beachtung von (7. 2) die gesuchten Induktivitäten. Unter der praktisch meist erfüllten Voraussetzung

$$\frac{\delta}{b} \approx \frac{1}{\mu_{Fe}} \leqq 0,01$$

ergibt dieser Koeffizientenvergleich die folgenden Näherungen (Zähler und Nenner der Induktivitäten werden als Polynome in δ/b geschrieben und die quadratischen und kubischen Glieder vernachlässigt):

$$L_{11} = \frac{\mu_0 \, w_1^2 \, Q_{Fe}}{2\delta} \; \frac{1 + (6\, a_0 + 3\, a_2 + 3\, a_F + \frac{7}{3}\, a_1) \dfrac{\delta \, U_m}{2\, b\, Q_{Fe}}}{1 + \dfrac{\delta \, U_m}{b \, Q_{Fe}} \, a} ,$$

$$L_{22} = \frac{\mu_0 \, w_2^2 \, Q_{Fe}}{2\delta} \; \frac{1 + (6\, a_0 + \frac{7}{3}\, a_2 + 3\, a_F + 3\, a_1) \dfrac{\delta \, U_m}{2\, b\, Q_{Fe}}}{1 + \dfrac{\delta \, U_m}{b \, Q_{Fe}} \, a} , \qquad (7.11)$$

$$L_{12} = \frac{\mu_0 \, w_1 \, w_2 \, Q_{Fe}}{2\delta} \; \frac{1 + (6\, a_0 + 2\, a_2 + a_F + 2\, a_1) \dfrac{\delta \, U_m}{2\, b\, Q_{Fe}}}{1 + \dfrac{\delta \, U_m}{b \, Q_{Fe}} \, a} .$$

Als Hauptinduktivitäten (Index h) werden die auf w_1 bzw. w_2 bezogenen

Wechselinduktivitäten definiert:

$$L_{1h} = \frac{w_1}{w_2} L_{12} \quad ,$$
$$L_{2h} = \frac{w_2}{w_1} L_{12} = \left(\frac{w_2}{w_1}\right)^2 L_{1h} \quad . \qquad (7.12)$$

Als Differenzen zwischen Eigeninduktivität und Hauptinduktivität definiert man die Streuinduktivitäten (Index σ):

$$L_{1\sigma} = L_{11} - L_{1h} \quad ,$$
$$L_{2\sigma} = L_{22} - L_{2h} \quad .$$

Mit (7.11) und (7.12) folgt daraus

$$L_{1\sigma} = \frac{\mu_0 w_1^2 U_m}{4 b} \frac{a_2 + 2 a_F + \frac{1}{3} a_1}{1 + \frac{\delta U_m}{b Q_{Fe}} a} \quad , \quad L_{2\sigma} = \frac{\mu_0 w_2^2 U_m}{4 b} \frac{\frac{1}{3} a_2 + 2 a_F + a_1}{1 + \frac{\delta U_m}{b Q_{Fe}} a} \quad . \qquad (7.13)$$

Mit diesen Definitionen nimmt das Spannungsgleichungssystem (7.1), (7.8) folgende Form an:

$$\begin{bmatrix} u_1 \\ u_2 \end{bmatrix} = \begin{bmatrix} R_1 & \\ & R_2 \end{bmatrix} \cdot \begin{bmatrix} i_1 \\ i_2 \end{bmatrix} + \begin{bmatrix} L_{1h} + L_{1\sigma} & \frac{w_2}{w_1} L_{1h} \\ \frac{w_2}{w_1} L_{1h} & \left(\frac{w_2}{w_1}\right)^2 L_{1h} + L_{2\sigma} \end{bmatrix} \frac{d}{dt} \begin{bmatrix} i_1 \\ i_2 \end{bmatrix} \quad .$$

Mit der leistungsinvarianten Transformation

$$\begin{bmatrix} i_1 \\ i_2 \end{bmatrix} = \begin{bmatrix} 1 & \\ & w_1/w_2 \end{bmatrix} \cdot \begin{bmatrix} i_1 \\ i'_2 \end{bmatrix} \quad , \quad \begin{bmatrix} u_1 \\ u_2 \end{bmatrix} = \begin{bmatrix} 1 & \\ & w_2/w_1 \end{bmatrix} \cdot \begin{bmatrix} u_1 \\ u'_2 \end{bmatrix} \qquad (7.14)$$

ergibt sich daraus für den Wechselstromtransformator das transformierte Gleichungssystem

$$\begin{bmatrix} u_1 \\ u'_2 \end{bmatrix} = \begin{bmatrix} R_1 & \\ & R'_2 \end{bmatrix} \cdot \begin{bmatrix} i_1 \\ i'_2 \end{bmatrix} + \begin{bmatrix} L_{1h} + L_{1\sigma} & L_{1h} \\ L_{1h} & L_{1h} + L'_{2\sigma} \end{bmatrix} \frac{d}{dt} \begin{bmatrix} i_1 \\ i'_2 \end{bmatrix} \quad . \qquad (7.15)$$

mit den Ersatzparametern

$$R_2' = \left(\frac{w_1}{w_2}\right)^2 R_2 \quad , \qquad L_{2\sigma}' = \left(\frac{w_1}{w_2}\right)^2 L_{2\sigma} \quad . \tag{7.16}$$

Wie aus (7.13) ersichtlich, sind die beiden Streuinduktivitäten $L_{1\sigma}$ und $L_{2\sigma}'$ im Fall gleicher Wicklungsbreiten ($a_1 = a_2$) identisch. Das Spannungsgleichungssystem (7.15) führt zu dem galvanisch gekoppelten Transformatorersatzschaltbild von Abb. 7.4. Durch die beiden Maschen des Ersatzschaltbilds gemeinsame Hauptinduktivität fließt

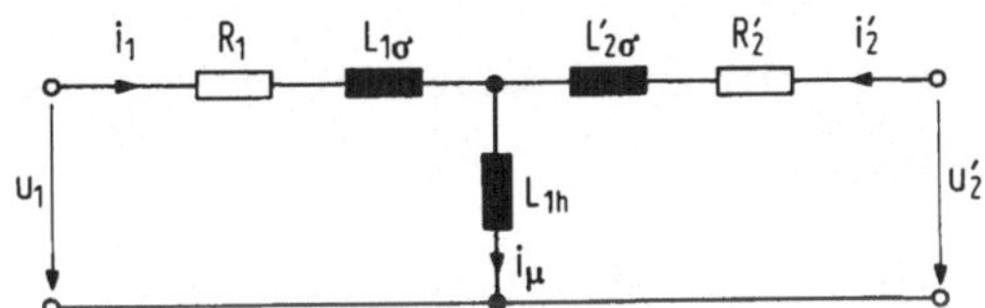

Abb. 7.4 Ersatzschaltbild des Wechselstromtransformators

der Magnetisierungsstrom:

$$i_\mu = i_1 + i_2' = \frac{1}{w_1}\Theta_\mu$$

mit der Magnetisierungsdurchflutung

$$\Theta_\mu = \Theta_1 + \Theta_2 = v_S - v_J \quad . \tag{7.17}$$

Setzt man die Ersatzluftspalte $\delta = 0$, dann verschwinden die magnetischen Spannungen v_S und v_J nach (7.5) und nach (7.17) wird $\Theta_\mu = 0$. Unter dieser Voraussetzung, die praktisch im Fall $|\Theta_\mu| \ll |\Theta_1|$, $|\Theta_2|$ erfüllt ist, ergeben sich die Induktivitäten des Ersatzschaltbilds gemäß (7.12), (7.11), (7.13), (7.16) zu

$$L_{1h} = \infty$$

$$L_{1\sigma} = \frac{\mu_0 w_1^2 U_m}{4b}\left(a_2 + 2\,a_F + \frac{1}{3}a_1\right) \quad ,$$

$$L_{2\sigma}' = \frac{\mu_0 w_1^2 U_m}{4b}\left(\frac{1}{3}a_2 + 2\,a_F + a_1\right) \quad .$$

Das Ersatzschaltbild des Transformators reduziert sich dann mit den folgenden Definitionen der **Kurzschlußinduktivität** L_k und des **Kurzschlußwiderstands** R_k auf die einfache Schaltung von Abb. 7.5:

$$L_k = L_{1\sigma} + L_{2\sigma}' = \frac{\mu_0 w_1^2 U_m}{b}\left(a_F + \frac{a_1 + a_2}{3}\right) \quad ,$$
$$R_k = R_1 + R_2' \quad . \tag{7.18}$$

Dieses vereinfachte Ersatzschaltbild gibt gemäß obiger Voraussetzung das Verhalten eines realen Transformators immer dann genügend genau wieder, wenn die Magnetisierungsdurchflutung Θ_μ gegenüber den Durchflutungen Θ_1 und Θ_2 betragsmäßig

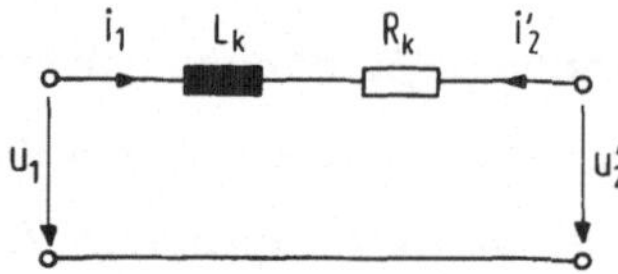

Abb. 7.5 Vereinfachtes Ersatzschaltbild des Wechselstromtransformators

vernachlässigbar klein ist, was z. B. im Nennbetrieb und im Kurzschluß bei Nennstrom zutrifft, nicht jedoch im Leerlauf.

Das klassische Ersatzschaltbild des Transformators hat den entscheidenden Nachteil, daß es keine mit den magnetischen Flüssen in der Säule und im Joch (Φ_S, Φ_J) korrespondierende Spannungen enthält und somit keine differenzierte Aussage über die magnetische Beanspruchung des Eisenkreises ermöglicht. Für die nachträgliche Bestimmung der Eisenverluste wäre eine solche Aussage wünschenswert. Ein Ersatzschaltbild, dem dieser Nachteil nicht eigen ist, wird im folgenden erläutert.

7.2 Ersatzschaltbild des Wechselstromtransformators nach Schlosser

Der Herleitung dieses Ersatzschaltbilds wird wiederum das in Abb. 7.2 dargestellte Transformatormodell zugrunde gelegt. Die magnetische Spannung im Eisenkreis und damit die Magnetisierungsdurchflutung werden jedoch vernachlässigt ($v_S = 0$, $v_J = 0$):

$$\Theta_\mu = \Theta_1 + \Theta_2 = 0 \quad . \qquad (7.19)$$

Für die drei Flüsse (Säulenfluß, Fensterfluß und Jochfluß) gilt wiederum die Knotenpunktsbeziehung (7.4).

Um die in den beiden Zylinderwicklungen induzierten Spannungen berechnen zu können, muß die Flußverkettung in den durchfluteten Bereichen des Fensters näher untersucht werden. Die beiden auftretenden Teilverkettungsfälle, die in Abb. 7.6 veranschaulicht sind, ergeben folgende Spulenflüsse:

a) $$d\Psi(x) = \mu_0 U_m \frac{w_1}{a_1} x H_0 \frac{a_1 - x}{a_1} dx$$

mit dem Höchstwert der Feldstärke

$$H_0 = -\frac{i_1 w_1}{b} \quad ,$$

$$\Psi = \int_{x=0}^{x=a_1} d\Psi(x) = -K \frac{a_1}{6} i_1 \tag{7.20}$$

mit der Abkürzung

$$K = \mu_0 w_1^2 \frac{U_m}{b} \quad .$$

b) $$d\Psi(x) = \mu_0 U_m \frac{w_2}{a_2} x H_0 \frac{x}{a_2} dx$$

$$\Psi = \int_{x=0}^{x=a_2} d\Psi(x) = -\frac{w_2}{w_1} K \frac{a_2}{3} i_1 \quad ,$$

umgerechnet auf die Primärwindungszahl:

$$\Psi' = \frac{w_1}{w_2} \Psi = -K \frac{a_2}{3} i_1 \quad . \tag{7.21}$$

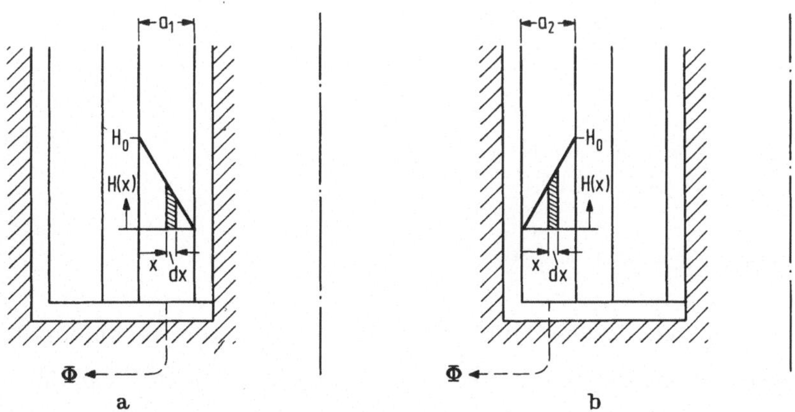

Abb. 7.6 Teilverkettungsfälle beim Wechselstromtransformator

Vergleicht man die Flußverkettungen (7.20) und (7.21) mit dem jeweils ins Eisen eintretenden Fluß

$$\Phi = -\frac{K}{w_1}\frac{a_i}{2}\, i_1 \quad , \qquad i = 1,2 \tag{7.22}$$

dann erkennt man, daß im Fall a) der Verkettungsfaktor 1/3 und im Fall b) 2/3 beträgt.

Mit den Definitionen

$$\Psi_S = w_1\,\Phi_S\,, \qquad \Psi_F = w_1\,\Phi_F\,, \qquad \Psi_J = w_1\,\Phi_J \tag{7.23}$$

und den Beziehungen (7.20), (7.21) und (7.4) erhält man für die resultierenden Spulenflüsse der beiden Zylinderwicklungen

$$\Psi_1 = \Psi_S - K\frac{a_1}{6}\, i_1 \,,$$

$$\Psi_2 = \frac{w_2}{w_1}\left[\,\Psi_S - K\left(\frac{a_1}{2} + a_F + \frac{a_2}{3}\right) i_1\,\right]$$

und außerdem

$$\Psi_F = -K\left(\frac{a_1}{2} + a_F + \frac{a_2}{2}\right) i_1 \,,$$

$$\Psi_S + \Psi_F + \Psi_J = 0 \quad .$$

Definiert man folgende Induktivitäten

$$L_{F11} = K\frac{a_1}{6} \,,$$

$$L_{F22} = K\frac{a_2}{6} \,,$$

$$L_{F12} = K\left(\frac{a_1}{2} + a_F + \frac{a_2}{2}\right) \,,$$

dann kann man mit obigen Flußbeziehungen gemäß (7.1) unter Beachtung der Transformationsbeziehungen (7.14) und der aus (7.19) resultierenden Identität $i_2' = -i_1$ folgende Spannungsgleichungen aufstellen:

$$u_1 = R_1\, i_1 + \frac{d\Psi_S}{dt} - L_{F11}\frac{d\,i_1}{dt}$$

$$u_2' = -R_2'\, i_1 - \frac{d\Psi_J}{dt} + L_{F22}\frac{d\,i_1}{dt}$$

mit

$$-\Psi_F = \Psi_S + \Psi_J = L_{F12}\, i_1 \quad .$$

Damit erhält man das in Abb. 7.7 dargestellte Ersatzschaltbild des Wechselstromtransformators, das die zeitlichen Ableitungen des Joch- und des Säulenflusses als

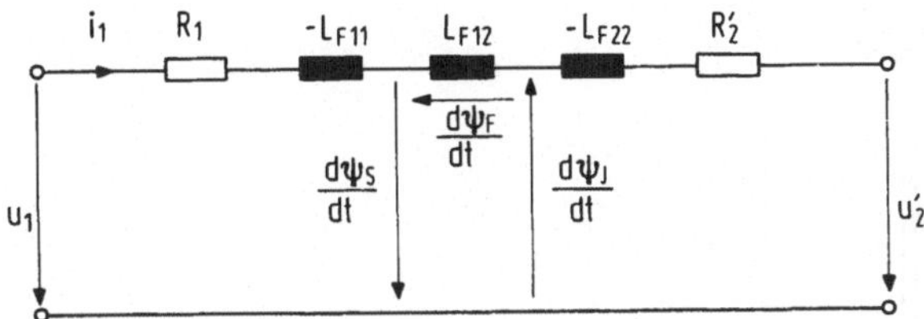

Abb. 7.7 Ersatzschaltbild des Wechselstromtransformators nach Schlosser

Spannungen enthält [18]. Dieses Ersatzschaltbild geht in das von Abb. 7.5 über, wenn man die Kurzschlußinduktivität nach (7.18) einführt

$$L_k = -L_{F11} + L_{F12} - L_{F22} \, .$$

Bei der Anwendung des Ersatzschaltbilds von Abb. 7.7 ist unbedingt zu beachten, daß die mit 1 indizierte Wicklung die innenliegende Zylinderwicklung ist.

7.3 Ersatzschaltbild des Mehrwicklungs-Wechselstromtransformators

Das im Abschn. 7.2 für den Zweiwicklungstransformator hergeleitete Ersatzschaltbild bietet außer dem bereits erwähnten Vorteil die Möglichkeit der Erweiterung zum Mehrwicklungstransformator [19]. An dem in Abb. 7.8 dargestellten Modell eines Vierwicklungstransformators soll das Ersatzschaltbild des Mehrwicklungstransformators erläutert werden.

Für die Flüsse gilt wiederum die Knotenpunktsbeziehung (7.4). Die Ströme der einzelnen Zylinderwicklungen werden auf die Windungszahl w_1 der innen liegenden Wicklung umgerechnet:

$$i_i' = \frac{w_i}{w_1}\, i_i \quad , \qquad i = 1,\ 2,\ 3,\ 4 \quad .$$

Aus der Vernachlässigung der Magnetisierungsdurchflutung

folgt für die umgerechneten Ströme

$$\sum_{i=1}^{i=n} i_i' = 0 \quad .$$

Jeder Betriebszustand des n-Wicklungstransformators kann unter dieser Voraussetzung als Superposition n(n-1)/2 möglicher Zweiwicklungsbetriebe gedeutet wer-

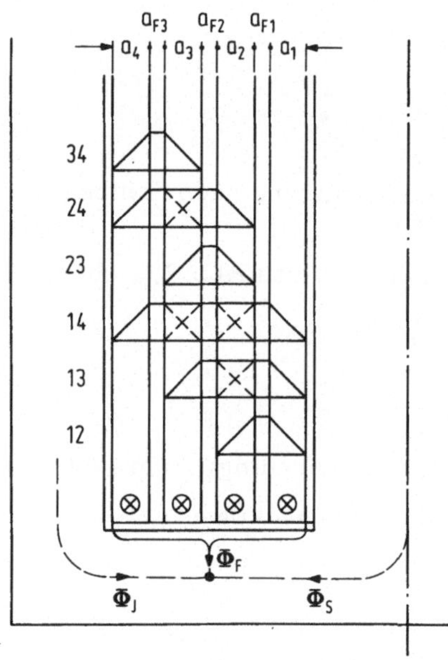

Abb. 7.8 Modell eines Mehrwicklungs-Wechselstromtransformators

den. Die beim Vierwicklungstransformator möglichen 6 Zweiwicklungsbetriebe (gekennzeichnet durch die Kombinationen ik) sind durch die trapezförmigen Feldstärkeverläufe im Fenster des Transformatormodells von Abb. 7.8 angedeutet. Die zu diesen Zweiwicklungsbetrieben gehörenden fiktiven Ströme, ebenfalls auf w_1 bezogen, sind:

$$\begin{matrix} i_{12} & & \\ & i_{23} & \\ i_{13} & & i_{34} \\ & i_{24} & \\ i_{14} & & \end{matrix} \quad .$$

Zwischen diesen fiktiven Strömen und den resultierenden Wicklungsströmen bestehen folgende Zusammenhänge:

$$\begin{aligned} i_1 &= i_{12} + i_{13} + i_{14}, \\ i_2' &= -i_{12} + i_{23} + i_{24}, \\ i_3' &= -i_{13} - i_{23} + i_{34}, \\ i_4' &= -i_{14} - i_{24} - i_{34}. \end{aligned} \qquad (7.24)$$

Positive Ströme sollen mit den positiven Durchflutungsrichtungen von Abb. 7.8 korrespondieren. Das System (7.24) ist nicht umkehrbar, d.h. die als Hilfsgrößen dienenden fiktiven Ströme können nicht eindeutig aus den echten Wicklungsströmen berechnet werden.

Um die Spulenflüsse, d.h. die Flußverkettungen der einzelnen Wicklungen angeben zu können, werden die bereits in Abschn. 7.2 hergeleiteten Spulenflüsse (7.20) und (7.21) der beiden Teilverkettungsfälle gemäß Abb. 7.6 für den Mehrwicklungstransformator verallgemeinert:

a) $$\psi = -K_i \frac{a_i}{6} i_{ik}$$

b) $$\psi = -K_i \frac{a_i}{3} i_{ik}$$

mit der Abkürzung

$$K_i = \mu_0 w_1^2 \frac{U_{mi}}{b} .$$

wobei U_{mi} der mittlere Umfang der Wicklung i (einschließlich a_{Fi}) sein soll. Der jeweils ins Eisen eintretende Fluß ist analog zu (7.22)

$$\Phi = -\frac{K_i}{w_1} \frac{a_i}{2} i_{ik} .$$

Der von dem Spalt a_{Fi} in das Eisen eintretende Fluß ist dann

$$\Phi = -\frac{K_i}{w_1} a_{Fi} i_{ik} .$$

Die auf w_1 bezogenen Flußverkettungen der einzelnen Zylinderwicklungen

$$\psi_i' = \frac{w_1}{w_i} \psi_i$$

können nun in Abhängigkeit von den fiktiven Strömen angegeben werden:

$$\Psi_1 = \Psi_S - K_1 \frac{a_1}{6}(i_{12} + i_{13} + i_{14}) ,$$

$$\Psi'_2 = \Psi_S - (K_1 \frac{a_1}{2} + K_1 a_{F1} + K_2 \frac{a_2}{3})(i_{12}+i_{13}+i_{14}) - K_2 \frac{a_2}{6}(i_{13}+i_{14}+i_{23}+i_{24}),$$

$$\Psi'_3 = \Psi_S - (K_1 \frac{a_1}{2} + K_1 a_{F1} + K_2 \frac{a_2}{2})(i_{12}+i_{13}+i_{14}) -$$
$$(K_2 \frac{a_2}{2} + K_2 a_{F2} + K_3 \frac{a_3}{3})(i_{13}+i_{14}+i_{23}+i_{24}) - K_3 \frac{a_3}{6}(i_{14}+i_{24}+i_{34}) ,$$

$$\Psi'_4 = \Psi_S - (K_1 \frac{a_1}{2} + K_1 a_{F1} + K_2 \frac{a_2}{2})(i_{12}+i_{13}+i_{14}) - (K_2 \frac{a_2}{2} + K_2 a_{F2} + K_3 \frac{a_3}{2}) \cdot$$
$$(i_{13}+i_{14}+i_{23}+i_{24}) - (K_3 \frac{a_3}{2} + K_3 a_F + K_4 \frac{a_4}{3})(i_{14}+i_{24}+i_{34}) , \tag{7.25}$$

wobei wiederum die Definitionen (7.23) gelten. Für den Fensterfluß erhält man

$$\Psi_F = \Psi'_4 - \Psi_S - K_4 \frac{a_4}{6}(i_{14}+i_{24}+i_{34}) , \tag{7.26}$$

womit nach (7.4) auch der Jochfluß resultiert:

$$\Psi_J = -\Psi'_4 + K_4 \frac{a_4}{6}(i_{14} + i_{24} + i_{34}) . \tag{7.27}$$

Mit den Strombeziehungen (7.24) und den folgenden Induktivitätsdefinitionen

$$L_{Fii} = K_i \frac{a_i}{6} , \tag{7.28}$$

$$L_{Fi,i+1} = K_i (\frac{a_i}{2} + a_{Fi}) + K_{i+1} \frac{a_{i+1}}{2} \tag{7.29}$$

folgt für die Flußverkettungen (7.25) bis (7.27):

$$\begin{aligned} \Psi_1 &= \Psi_S - L'_{F11} i_1 , \\ \Psi'_2 &= \Psi_S - L_{F12} i_1 - L_{F22} i'_2 , \\ \Psi'_3 &= \Psi_S - L_{F12} i_1 - L_{F23}(i_1+i'_2) - L_{F33} i'_3 , \\ \Psi'_4 &= \Psi_S - L_{F12} i_1 - L_{F23}(i_1+i'_2) - L_{F34}(i_1+i'_2+i'_3) - L_{F44} i'_4 , \end{aligned} \tag{7.30}$$

$$\psi_F = \psi_4' - \psi_S + L_{F44}\, i_4' \, , \tag{7.31}$$

$$\psi_J = -\psi_4' - L_{F44}\, i_4' \, .$$

Mit den umgerechneten Klemmenspannungen

$$u_i' = \frac{w_1}{w_i}\, u_i$$

und Widerständen

$$R_i' = \left(\frac{w_1}{w_i}\right)^2 R_i \tag{7.32}$$

der einzelnen Wicklungen kann man aus den Flußverkettungen nach (7. 30) die Spannungsgleichungen des Vierwicklungstransformators gewinnen:

$$u_i' = R_i' \, i_i' + \frac{d\psi_i'}{dt} \, , \qquad i = 1, 2, 3, 4. \tag{7.33}$$

Zur Veranschaulichung der Systemgleichungen des Vierwicklungstransformators dient das Ersatzschaltbild von Abb. 7. 9, in dem zur galvanischen Entkopplung der

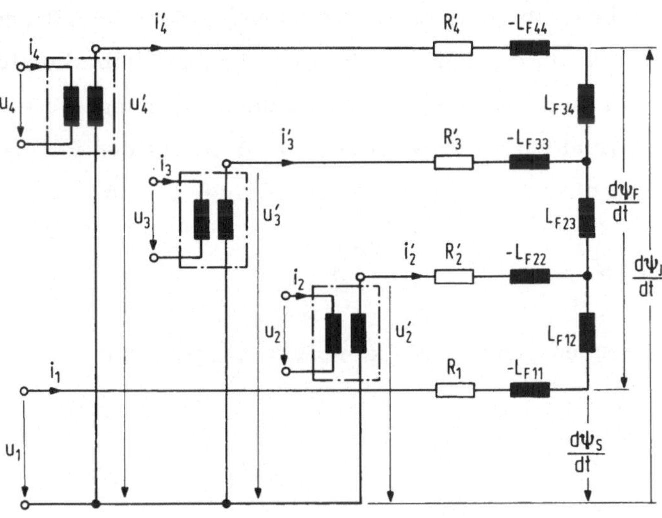

Abb. 7. 9 Ersatzschaltbild eines Mehrwicklungs-Wechselstromtransformators

einzelnen Wicklungen zusätzlich ideale Übertrager vorgesehen sind. Sind als Beispiel einer Aufgabenstellung die Spannungen u_1, u_2, u_3, u_4 direkt gegeben oder über Belastungswiderstände mit den Strömen verknüpft, dann liefert das System (7. 33) mit (7. 30), veranschaulicht durch das Ersatzschaltbild, die Lösung für die

Ströme i_1, i_2, i_3, i_4 und die Flüsse Ψ_S und Ψ_J, die eine differenzierte Aussage über die magnetische Beanspruchung des Eisens und damit die nachträgliche Bestimmung der Eisenverluste ermöglichen. Die erfolgreiche Anwendung dieses Verfahrens setzt jedoch die Zulässigkeit der eingangs getroffenen Annahmen voraus.

Die Systemparameter des Mehrwicklungstransformatorersatzschaltbilds können durch Kurzschlußmessungen nicht vollständig ermittelt werden. Aus den bei einem n - Wicklungstransformator möglichen $n(n-1)/2$ Kurzschlußmessungen können nur $(2n-3)$ Induktivitäten ermittelt werden, während das System $(2n-1)$ unbekannte Induktivitäten enthält. Beim Vierwicklungstransformator bedeutet dies, daß die 5 Induktivitäten $-L_{F11} + L_{F12}$, L_{F22}, L_{F23}, L_{F33} und $-L_{F44} + L_{F34}$ aus den 6 möglichen Kurzschlußmessungen gewonnen werden können. Eine Trennung von $-L_{F11}$ und L_{F12} bzw. $-L_{F44}$ und L_{F34} ist nur möglich, wenn man mittels besonderer Einrichtungen (Meßspulen) die Spannungen $d\Psi_S/dt$ und $d\Psi_J/dt$ meßtechnisch ermittelt.

7.4 Stationärer Betrieb des Wechselstromtransformators mit sinusförmigen Wechselspannungen

Legt man ein lineares Transformatormodell zugrunde, dann resultieren aus zeitlich sinusförmigen Spannungen im stationären Betrieb auch zeitlich sinusförmige Ströme. Es empfiehlt sich dann zur Aufstellung der Spannungsgleichungen die komplexe Zeigerschreibweise der Variablen zu verwenden. Am Beispiel des Primärstroms sei der Zusammenhang zwischen Momentanwert und Zeiger erläutert:

$$i_1 = \sqrt{2}\, I_1 \cos(\omega t + \alpha) = \mathrm{Re}\left\{ \sqrt{2}\, \underline{I}_1\, e^{j\omega t} \right\}. \qquad (7.34)$$

Dabei ist ω die Kreisfrequenz und $\underline{I}_1$ die komplexe Zeigergröße,

$$\underline{I}_1 = I_1\, e^{j\alpha} \quad ,$$

mit dem Effektivwert I_1.

Der "lineare" Transformator mit dem Ersatzschaltbild nach Abb. 7.4 kann, wenn er z.B. primärseitig mit einer Wechselspannung konstanter Frequenz und Amplitude gespeist und sekundärseitig linear belastet wird, im stationären Betrieb als Wechselspannungsquelle mit einer konstanten inneren Spannung und einer inneren Impedanz $\underline{Z}_k$ betrachtet werden. Diese innere Spannung ist als Leerlaufspannung $\underline{U}'_{20}$ direkt meßbar, während die innere Impedanz indirekt aus einer Kurzschlußmessung resultiert (Abb. 7.10):

$$\underline{Z}_k = -\frac{\underline{U}'_{20}}{\underline{I}'_{2k}} \quad .$$

Legt man das Abb. 7.4 entsprechende unter Verwendung der Reaktanzschreibweise

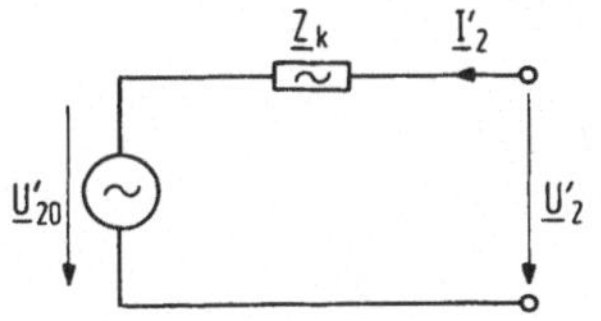

Abb. 7.10 Linearer Transformator als Wechselspannungsquelle

$X = \omega L$ erhaltene Ersatzschaltbild von Abb. 7.11 zugrunde, dann kann man mit Hilfe der Maschengleichungen

$$\underline{U}_1 = [R_1 + j\,(X_{1\sigma} + X_{1h})]\,\underline{I}_1 + j\,X_{1h}\,\underline{I}'_2 \quad ,$$

$$\underline{U}'_2 = [R'_2 + j\,(X'_{2\sigma} + X_{1h})]\,\underline{I}'_2 + j\,X_{1h}\,\underline{I}_1$$

die Leerlaufspannung $\underline{U}'_{20}$ und die innere Impedanz $\underline{Z}_k$ rechnerisch ermitteln:

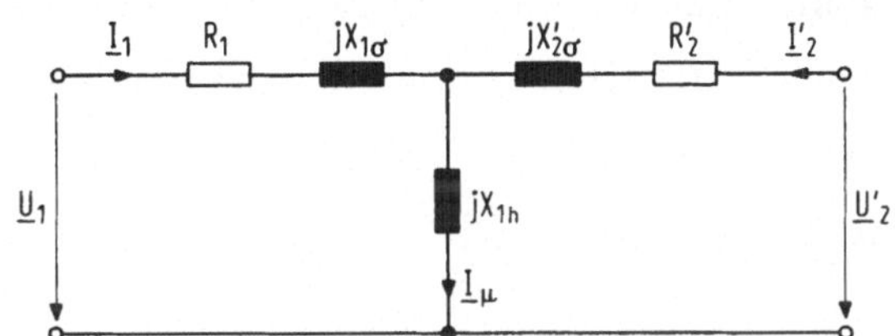

Abb. 7.11 Ersatzschaltbild des Wechselstromtransformators für die Zeigerschreibweise

$$\underline{U}'_{20} = \frac{(1+\sigma_1) + j\,\alpha_1}{(1+\sigma_1)^2 + \alpha_1^2}\,\underline{U}_1 \quad ,$$

$$\underline{Z}_k = \frac{1}{(1+\sigma_1)^2 + \alpha_1^2}\left\{(1+\sigma_1)(1+\sigma_2)\,R_1 + \left[\alpha_1^2 + (1+\sigma_1)^2\right] R'_2 - \alpha_1\left[(1+\sigma_1)\,X'_{2\sigma} + X_{1\sigma}\right] + j\left[(1+\sigma_1)(X_{1\sigma} + X'_{2\sigma} + \sigma_1 X'_{2\sigma} - \alpha_1 R'_2) + \alpha_1 (1+\sigma_1)\,R'_2 + \alpha_1 R_1 (1+\sigma_2)\right]\right\}$$

mit den Abkürzungen

$$\alpha_1 = \frac{R_1}{X_{1h}}, \qquad \alpha_2 = \frac{R_2'}{X_{1h}},$$

$$\sigma_1 = \frac{X_{1\sigma}}{X_{1h}}, \qquad \sigma_2 = \frac{X_{2\sigma}'}{X_{1h}}.$$

Bei Vernachlässigung des Magnetisierungsstroms ($X_{1h} \to \infty$) wird

$$\underline{U}_{20}' = \underline{U}_1$$

und mit (7.18)

$$\underline{Z}_k = R_k + j\,X_k \quad . \qquad (7.35)$$

Das dazugehörende, Abb. 7.5 entsprechende, vereinfachte Ersatzschaltbild ist in Abb. 7.12 zu sehen.

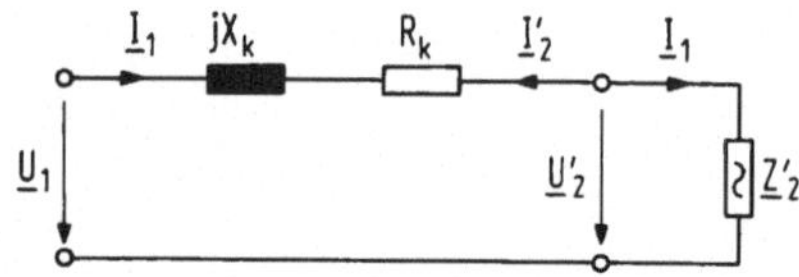

Abb. 7.12 Vereinfachtes Ersatzschaltbild des Wechselstromtransformators für die Zeigerschreibweise

Nimmt man an, daß der Transformator primärseitig Wirkleistung aufnimmt ($P_1 > 0$) und sekundärseitig Wirkleistung abgibt ($P_2 \leqq 0$), dann kann man eine auf die Primärseite umgerechnete Lastimpedanz

$$\underline{Z}_2' = \left(\frac{w_1}{w_2}\right)^2 \underline{Z}_2 = Z_2'\,e^{j\varphi_2}$$

definieren, die auch als Ersatz des von dem Transformator gespeisten Netzes gedeutet werden kann. Der Phasenwinkel φ_2 ist der Nacheilwinkel des Stroms $\underline{I}_1$ gegenüber der häufig als reell festgelegten Spannung $\underline{U}_2' = U_2'$:

$$\underline{I}_1 = \frac{\underline{U}_2'}{\underline{Z}_2'} = \frac{U_2'}{Z_2'}\,e^{-j\varphi_2} \quad .$$

Für den Fall sekundärer Wirkleistungsabgabe ergibt sich ein Phasenwinkelbereich

$$-\frac{\pi}{2} \leqq \varphi_2 \leqq \frac{\pi}{2} \quad .$$

Als oft vorkommende Aufgabenstellung wird der Fall untersucht, daß U_1 und $I_1 = I_2'$, die Effektivwerte der Primärspannung und des Stroms, und der Leistungsfaktor

$\cos\varphi_2$ gegeben und die Sekundärspannung U_2' und der primäre Leistungsfaktor $\cos\varphi_1$ gesucht sind. In Abb. 7.13 sind die zur graphischen Lösung benötigten Zeigerdiagramme für ohmsch-induktive und für ohmsch-kapazitive Last dargestellt. Zur Berechnung der Sekundärspannung kann für den Fall, daß der Betrag des Winkels $(\varphi_1 - \varphi_2)$ klein genug ist, was zwischen Leerlauf und Nennbetrieb bei primärer Nennspannung für normale Transformatoren immer erfüllt ist, folgende aus dem Zeigerdiagramm gewonnene Näherungsformel verwendet werden:

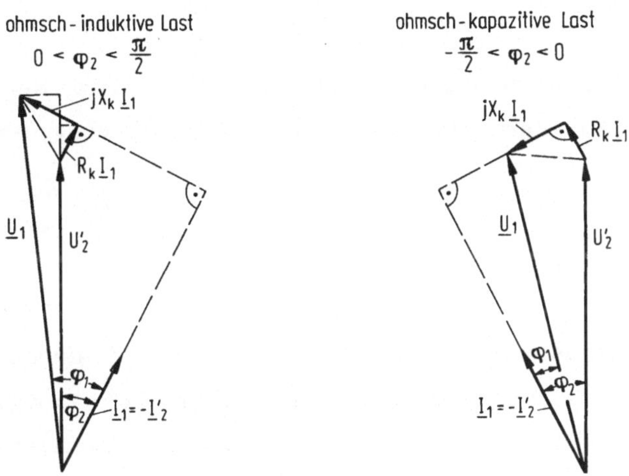

Abb. 7.13 Vereinfachtes Zeigerdiagramm des Wechselstromtransformators

$$U_2' \approx U_1 - X_k I_1 \sin\varphi_2 - R_k I_1 \cos\varphi_2 \quad . \tag{7.36}$$

Für die Wirkleistungen der beiden Transformatorwicklungen gilt ($P > 0$ Aufnahme, $P < 0$ Abgabe):

$$P_1 = \mathrm{Re}\{\underline{I}_1^* \underline{U}_1\} = U_1 I_1 \cos\varphi_1$$

mit

$$\underline{U}_1 = U_1 e^{j(\varphi_1 - \varphi_2)}$$

und

$$P_2 = \mathrm{Re}\{\underline{I}_2'^* \underline{U}_2'\} = - U_2 I_2 \cos\varphi_2 \quad .$$

Im folgenden werden die für Wechselstromtransformatoren definierten Nenngrößen zusammengestellt und erläutert. Unter der Nennleistung versteht man die Scheinleistung

$$S_N = U_{1N} I_{1N} = U_{2N} I_{2N} \quad . \tag{7.37}$$

Dabei ist U_{1N} die im Nennbetrieb anliegende Primärspannung, während U_{2N} als die bei primärer Nennspannung auftretende sekundäre Leerlaufspannung definiert ist, sodaß gilt

$$\frac{U_{1N}}{U_{2N}} = \frac{w_1}{w_2} \quad . \tag{7.38}$$

I_{1N} bzw. I_{2N} ist der im Nennbetrieb auftretende Primär- bzw. Sekundärstrom. Dieser Definition liegt die Vernachlässigung der Magnetisierungsdurchflutung zugrunde, sodaß gilt

$$\frac{I_{1N}}{I_{2N}} = \frac{w_2}{w_1} \quad . \tag{7.39}$$

Nennbetrieb des Transformators liegt vor, wenn bei Nennfrequenz primärseitig Nennspannung anliegt und sekundärseitig beim *Nennleistungsfaktor* $\cos\varphi_{2N}$ der Nennstrom fließt. Da der Nennleistungsfaktor meistens $\cos\varphi_{2N} = 0,8$ (ohmsch-induktive Last) beträgt, ist die Sekundärspannung im Nennbetrieb gemäß (7.36) immer kleiner als ihr Nennwert. Zur Beschreibung des Betriebsverhaltens eines Transformators mit bezogenen Größen dient die *relative Kurzschlußspannung*:

$$u_k = \frac{Z_k I_{1N}}{U_{1N}} \tag{7.40}$$

mit

$$Z_k = \sqrt{R_k^2 + X_k^2} \tag{7.41}$$

nach (7.35). Daraus resultieren die beiden Komponenten der relativen Kurzschlußspannungen: die ohmsche Komponente

$$u_R = \frac{R_k I_{1N}}{U_{1N}} = \frac{V_k}{S_N} \tag{7.42}$$

mit den sog. *Kurzschlußverlusten*, den Stromwärmeverlusten der Wicklungen im Nennbetrieb,

$$V_k = R_k I_{1N}^2 \quad , \tag{7.43}$$

die praktisch der im Kurzschluß bei Nennstrom vom Transformator aufgenommenen Wirkleistung entsprechen, und die induktive Komponente

$$u_X = \frac{X_k\, I_{1N}}{U_{1N}} \quad , \tag{7.44}$$

zwischen denen gemäß (7.40), (7.41) der Zusammenhang

$$u_k = \sqrt{u_R^2 + u_X^2} \tag{7.45}$$

besteht. Die Näherungsformel (7.36) für die Sekundärspannung erhält mit den Definitionen (7.42), (7.44) für den Fall primärer Nennspannung ($U_1 = U_{1N}$) die Form

$$U_2' \approx U_{1N} \left[1 - (u_X \sin\varphi_2 + u_R \cos\varphi_2) \frac{I_1}{I_{1N}} \right] \quad .$$

Die Verluste des Transformators im Nennbetrieb setzen sich zusammen aus den Kurzschlußverlusten und den Leerlaufverlusten V_0. Die bei Nennspannung und Nennfrequenz im Leerlauf gemessenen Leerlaufverluste sind praktisch gleich den Eisenverlusten V_{Fe}, die auch im Nennbetrieb auftreten. Eine differenziertere Ermittlung der Eisenverluste im Nennbetrieb ermöglicht das Ersatzschaltbild nach Abb. 7.7. Auf die Berechnung der Eisenverluste [20] wird hier nicht eingegangen.

7.5 Parallelschalten von Wechselstromtransformatoren (stationärer Betrieb)

Bei der Parallelschaltung von Transformatoren kommt es darauf an, daß die Summe der Übertragungsleistungen der beiden Transformatoren übertragen werden kann, ohne daß einer der beiden Transformatoren überlastet wird. Die Bedingungen hierfür werden erläutert.

Das Schaltbild zweier parallelgeschalteter Wechselstromtransformatoren zeigt Abb. 7.14. Sind die Übersetzungsverhältnisse der beiden Transformatoren A und B,

$$ü_A = \frac{w_{1A}}{w_{2A}} \quad , \qquad ü_B = \frac{w_{1B}}{w_{2B}} \quad ,$$

nicht gleich, dann fließt bereits im Leerlauf ein Ausgleichsstrom, der unter Anwendung des Ersatzschaltbilds nach Abb. 7.12 ermittelt werden kann. Im

Ersatzschaltbild der Parallelschaltung von Abb. 7.15 wird angenommen, daß zunächst nur die Sekundärwicklungen parallelgeschaltet sind:

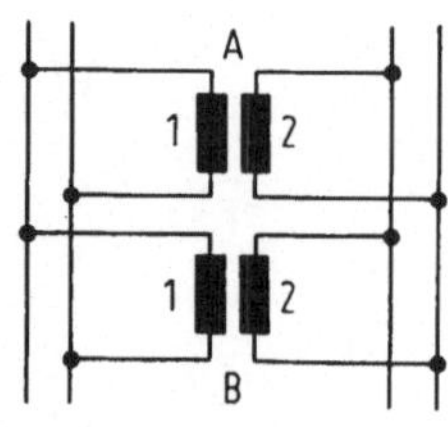

Abb. 7.14 Parallelschaltung zweier Wechselstromtransformatoren

$$U_{2A} = U_{2B} = U_2 \quad .$$

Mittels zweier Transformationsglieder ("ideale Übertrager") folgen daraus die Spannungen

$$U'_{2A} = ü_A \, U_2 \quad , \qquad U'_{2B} = ü_B \, U_2 \quad .$$

Verbindet man im Ersatzschaltbild Abb. 7.15 zur Vervollständigung der Parallel-

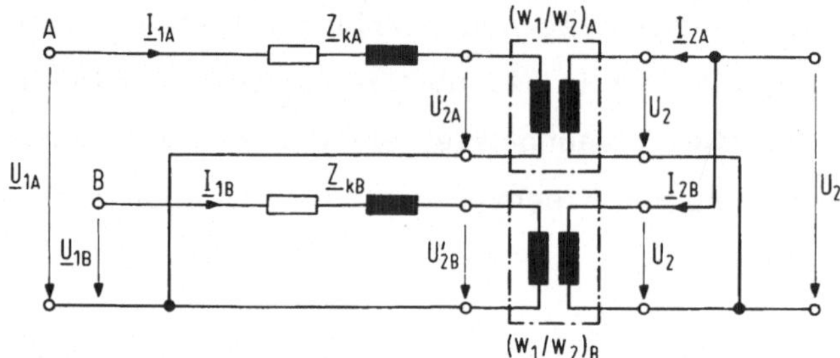

Abb. 7.15 Ersatzschaltbild der Parallelschaltung zweier Wechselstromtransformatoren

schaltung auf der Primärseite die Klemmen A und B, dann erkennt man, daß die Differenzspannung

$$\Delta U = (ü_A - ü_B) \, U_2 \tag{7.46}$$

einen Ausgleichsstrom

$$\underline{I}_{1B} = - \underline{I}_{1A} = \frac{\Delta U}{\underline{Z}_{kA} + \underline{Z}_{kB}} \tag{7.47}$$

treibt. Der Zusammenhang zwischen Primär- und Sekundärspannung ist dann im Leerlauf

$$\underline{U}_{1A} = \underline{U}_{1B} = \underline{I}_{1A}\,\underline{Z}_{kA} + U'_{2A} \quad ,$$

woraus mit (7.47) folgt

$$\underline{U}_{1A} = \underline{U}_{1B} = -\,\Delta U \frac{\underline{Z}_{kA}}{\underline{Z}_{kA} + \underline{Z}_{kB}} + U'_{2A} \quad .$$

Der Ausgleichsstrom im Leerlauf verschwindet gemäß (7.47) und (7.46), wenn die Übersetzungsverhältnisse der beiden Transformatoren gleich sind.

Sind die Übersetzungsverhältnisse und die Nennspannungen der beiden Transformatoren gleich, dann muß zusätzlich eine Stromaufteilung im Verhältnis ihrer Nennleistungen erfolgen, damit die Summe der beiden Nennleistungen ausgenutzt werden kann, ohne einen der beiden Transformatoren zu überlasten. Die Punkte A und B im Ersatzschaltbild sind verbunden und es gilt wegen $ü_A = ü_B$

$$U'_{2A} = U'_{2B} = U'_2 \quad .$$

Aus dem Ersatzschaltbild folgt weiter

$$\underline{I}_{1A}\,\underline{Z}_{kA} = \underline{I}_{1B}\,\underline{Z}_{kB}$$

und daraus mit

$$\underline{Z}_{ki} = Z_{ki}\, e^{j\varphi_{ki}} \quad , \qquad i = A,\ B$$

und den Definitionen (7.37) und (7.40)

$$\frac{\underline{I}_{1A}}{\underline{I}_{1B}} = \frac{u_{kB}\, e^{j\varphi_{kB}}\, S_{NA}}{u_{kA}\, e^{j\varphi_{kA}}\, S_{NB}} \quad .$$

Phasengleichheit der Ströme und ihre Aufteilung im Verhältnis der Nennleistungen,

$$\frac{\underline{I}_{1A}}{\underline{I}_{1B}} = \frac{S_{NA}}{S_{NB}} \quad ,$$

erfordert, daß

$$u_{kA} = u_{kB} \qquad \text{und} \qquad \varphi_{kA} = \varphi_{kB}$$

gilt, was bedeutet, daß sowohl die ohmschen als auch die induktiven Komponenten der relativen Kurzschlußspannungen beider Transformatoren übereinstimmen müssen.

7.6 Wechselstrom – Spartransformator

Spartransformatoren sind Transformatoren, die bei gleicher Bauleistung wegen der zusätzlich vorhandenen galvanischen Kopplung der beiden Kreise eine größere Leistung zu übertragen vermögen als Transformatoren mit rein magnetischer Kopplung. Sie werden überall dort eingesetzt, wo die galvanische Kopplung zwischen Primär- und Sekundärseite in Kauf genommen werden kann und keine stark von 1 abweichenden Übersetzungsverhältnisse auftreten.

Das Schaltbild des Spartransformators zeigt Abb. 7.16. Das Verhalten des lineari-

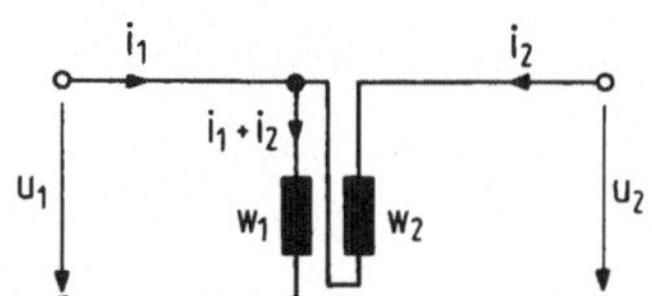

Abb. 7.16 Wechselstrom-Spartransformator

sierten Modells beschreibt das Gleichungssystem

$$\begin{bmatrix} u_1 \\ u_2 \end{bmatrix} = \begin{bmatrix} R_1 & R_1 \\ R_1 & R_1+R_2 \end{bmatrix} \cdot \begin{bmatrix} i_1 \\ i_2 \end{bmatrix} + \begin{bmatrix} L_{11} & L_{11}+L_{12} \\ L_{11}+L_{12} & L_{11}+2L_{12}+L_{22} \end{bmatrix} \frac{d}{dt} \begin{bmatrix} i_1 \\ i_2 \end{bmatrix}, \qquad (7.48)$$

wobei für die Induktivitäten die Beziehungen (7.11) gelten. Wendet man die leistungsinvariante Transformation

$$\begin{bmatrix} u_1 \\ u_2 \end{bmatrix} = \begin{bmatrix} 1 & \\ & 1/ü \end{bmatrix} \cdot \begin{bmatrix} u_1 \\ u_2' \end{bmatrix}, \qquad \begin{bmatrix} i_1 \\ i_2 \end{bmatrix} = \begin{bmatrix} 1 & \\ & ü \end{bmatrix} \cdot \begin{bmatrix} i_1 \\ i_2' \end{bmatrix}$$

mit

$$ü = \frac{w_1}{w_1 + w_2} \qquad (7.49)$$

auf das System (7.48) an, dann erhält man mit den Induktivitätsdefinitionen (7.12), (7.13):

$$\begin{bmatrix} u_1 \\ u_2' \end{bmatrix} = \begin{bmatrix} R_1 & ü R_1 \\ ü R_1 & ü^2(R_1+R_2) \end{bmatrix} \cdot \begin{bmatrix} i_1 \\ i_2' \end{bmatrix} + \begin{bmatrix} L_{1h}+L_{1\sigma} & L_{1h}+üL_{1\sigma} \\ L_{1h}+üL_{1\sigma} & L_{1h}+ü^2(L_{1\sigma}+L_{2\sigma}) \end{bmatrix} \frac{d}{dt} \begin{bmatrix} i_1 \\ i_2' \end{bmatrix}.$$

Veranschaulicht wird dieses Spannungsgleichungssystem durch das Ersatzschaltbild von Abb. 7.17. Dabei wurde als Magnetisierungsstrom definiert

$$i_\mu = \frac{\Theta_\mu}{w_1}$$

mit der Magnetisierungsdurchflutung

$$\Theta_\mu = w_1 (i_1 + i_2') \quad .$$

Durch Vernachlässigung der magnetischen Spannung im Eisen ($i_\mu = 0$) entsteht aus

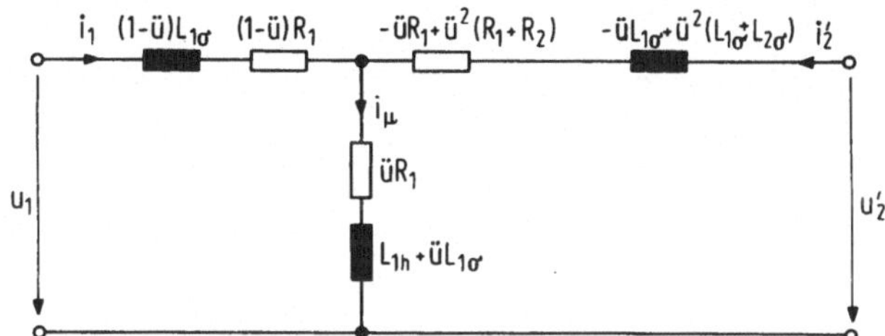

Abb. 7.17 Ersatzschaltbild des Wechselstrom-Spartransformators

dem Ersatzschaltbild von Abb. 7.17 das vereinfachte von Abb. 7.18 mit folgenden Definitionen des Kurzschlußwiderstands und der Kurzschlußinduktivität

$$R_{kS} = (1-ü)^2 R_1 + ü^2 R_2 \quad ,$$

$$L_{kS} = (1-ü)^2 L_{1\sigma} + ü^2 L_{2\sigma} \quad .$$

Die aus den primären oder sekundären Nennwerten von Strom und Spannung gebil-

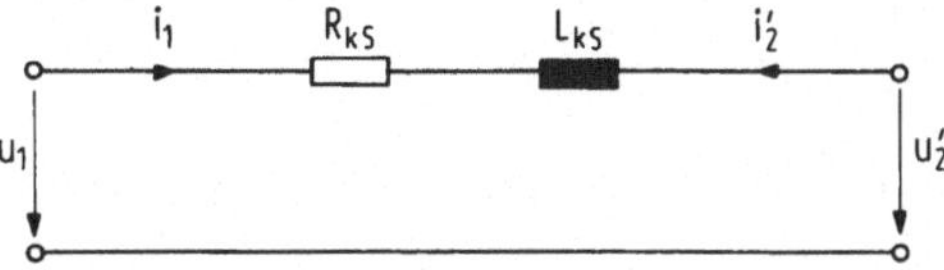

Abb. 7.18 Vereinfachtes Ersatzschaltbild des Wechselstrom-Spartransformators

dete Scheinleistung des Spartransformators wird als Durchgangsleistung bezeichnet:

$$S_D = U_{2N} I_{2N} = U_{1N} I_{1N} \tag{7.50}$$

mit

$$\frac{U_{1N}}{U_{2N}} = ü \quad , \qquad \frac{I_{1N}}{I_{2N}} = \frac{1}{ü} \quad .$$

Die Durchgangsleistung ist ein Maß für die übertragbare Leistung. Für die Bemessung des Spartransformators ist die Bauleistung oder Typenleistung maßgebend, d. h. die Scheinleistung, die der durch magnetische Kopplung allein übertragbaren Leistung entspricht:

$$S_T = I_{2N}\, U_{2N}\, \frac{w_2}{w_1 + w_2} \quad . \tag{7.51}$$

Bezieht man die Durchgangsleistung (7.50) auf die Bauleistung (7.51), dann erhält man mit (7.49)

$$\frac{S_D}{S_T} = \frac{1}{1-ü} \quad .$$

Diese in Abb. 7.19 dargestellte Funktion zeigt, daß der Vorteil des Spartransformators gegenüber einem Transformator gleicher Bauleistung mit galvanisch getrenn-

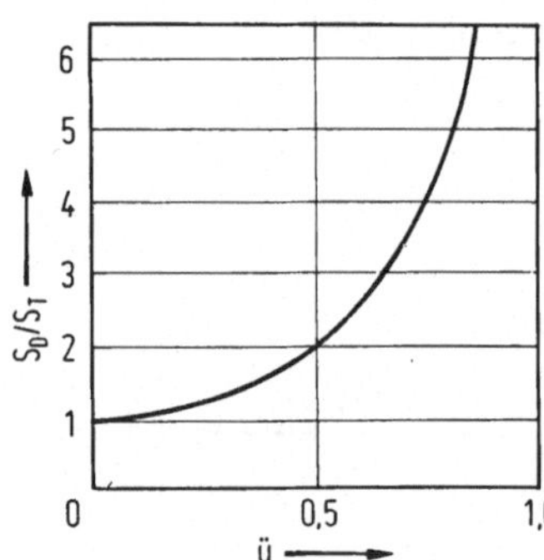

Abb. 7.19 Verhältnis der Durchgangsleistung zur Bauleistung eines Spartransformators

ten Wicklungen dann besonders groß ist, wenn das Übersetzungsverhältnis nur wenig von Eins abweicht.

7.7 Drehstromtransformator (stationärer Betrieb)

Drei Wechselstromtransformatoren kann man zu einer Drehstromeinheit mit gemeinsamem magnetischen Rückschluß (Joch) zusammenfassen (Abb. 7.20). Im stationären Betrieb bei völliger Symmetrie der primären und sekundären Drehspannungs- und Drehstromsysteme bilden auch die drei Jochflüsse ein symmetrisches dreiphasiges System, d.h. die Summe der drei Jochflüsse im gemeinsamen Rückschluß ergibt in jedem Augenblick Null, sodaß dieser Rückschluß entfallen kann.

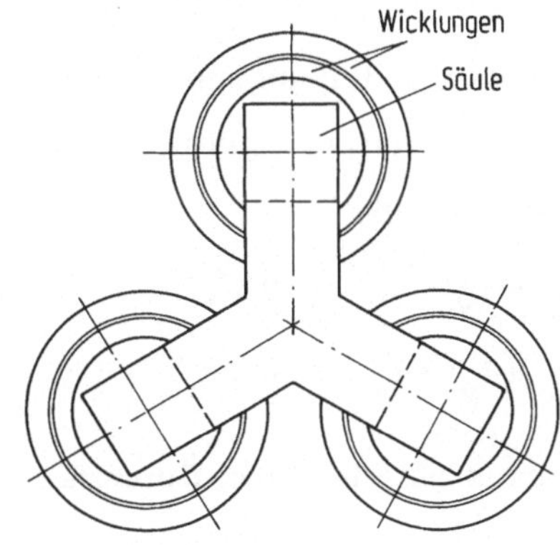

Abb. 7.20 Magnetisch symmetrischer Drehstromtransformator (Draufsicht)

Dadurch entsteht der m a g n e t i s c h s y m m e t r i s c h e Drehstromtransformator. Unter Voraussetzung elektrischer Symmetrie können die drei Säulen mit ihren Wicklungssträngen im stationären Betrieb als Wechselstromtransformatoren mit dem gleichen Ersatzschaltbild gemäß Abb. 7.11 betrachtet werden.

Ordnet man die drei Säulen des magnetisch symmetrischen Drehstromtransformators, der von einem Hersteller unter Verwendung eines sog. Evolventenkerns für mittlere Leistungen gebaut wird [21], in einer Ebene an, dann entsteht die übliche Bauform des m a g n e t i s c h u n s y m m e t r i s c h e n D r e h s t r o m t r a n s f o r m a t o r s (Abb. 7.21). Elektrische Symmetrie dieses Transformators ist nur möglich, wenn die magnetische Spannung im Eisenkern vernachlässigt und somit magnetische

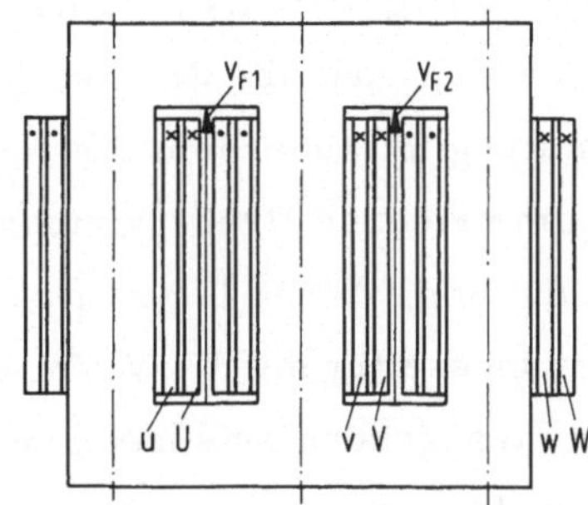

Abb. 7.21 Magnetisch unsymmetrischer Drehstromtransformator

Symmetrie angenommen werden kann. Die Durchflutungen in den Fenstern des Transformatorkerns müssen dann verschwinden:

$$(\Theta_U + \Theta_u) - (\Theta_V + \Theta_v) = 0 \quad ,$$

$$(\Theta_V + \Theta_v) - (\Theta_W + \Theta_w) = 0 \quad .$$

Daraus folgt die Gleichheit der Durchflutungen

$$(\Theta_U + \Theta_u) = (\Theta_V + \Theta_v) = (\Theta_W + \Theta_w) \quad . \tag{7.52}$$

Aus der wegen der angenommenen magnetischen Symmetrie vorhandenen elektrischen Symmetrie des primären und sekundären Drehstromsystems folgt für stationären Betrieb

$$\begin{aligned} i_U + i_V + i_W &= 0 \quad , \\ i_u + i_v + i_w &= 0 \end{aligned} \tag{7.53}$$

und daraus für die Durchflutungen

$$(\Theta_U + \Theta_u) + (\Theta_V + \Theta_v) + (\Theta_W + \Theta_w) = 0 \quad . \tag{7.54}$$

Aus den Bedingungen (7.52) und (7.54) ergibt sich dann

$$(\Theta_U + \Theta_u) = 0, \qquad (\Theta_V + \Theta_v) = 0, \qquad (\Theta_W + \Theta_w) = 0 \, , \tag{7.55}$$

d.h. die magnetischen Spannungen in den Fenstermitten, v_{F1} und v_{F2} in Abb. 7.21 müssen ebenfalls verschwinden. Unter dieser Voraussetzung darf auf die Wicklungsstränge jeder Säule des magnetisch unsymmetrischen Drehstromtransformators das vereinfachte Ersatzschaltbild des Wechselstromtransformators angewendet werden. Die Magnetisierungsdurchflutungen der drei Säulen verschwinden gemäß (7.55) nur, wenn nach (7.53) sowohl das primäre als auch das sekundäre Drehstromsystem keinen Nullstrom besitzt.

Für die Schaltung der drei primären bzw. sekundären Wicklungsstränge bieten sich die Dreieck- und die Sternschaltung an. Zur vollständigen Charakterisierung der Schaltung ist außerdem die Angabe der Phasenlage des primären und sekundären symmetrischen Drehspannungssystems für den Leerlauffall notwendig. Hierzu dient die sog. Schaltgruppe. Die Anfänge der Wicklungsstränge werden oberspannungsseitig mit U, V, W und unterspannungsseitig mit u, v, w bezeichnet, die Strangenden entsprechend mit X, Y, Z bzw. x, y, z. Zeichnet man für Leerlauf und Nennspannung die Spannungsdreiecke der Oberspannungsseite (U, V, W) und der Unterspannungsseite (u, v, w oder x, y, z) so in das Zifferblatt einer Uhr ein, daß V auf die Zahl 12 fällt, dann gibt die Zahl, auf die v oder y fällt, die Kennzahl der Schaltgruppe des Drehstromtransformators an [22]. Als Beispiel ist in Abb. 7.22 die Schaltung Dy5 erläutert (D: oberspannungsseitig Dreieckschaltung; y: unterspannungsseitig Sternschaltung).

Will man dem Verbraucher oder Abnehmer zwei Spannungen zur Verfügung stellen (z. B. 380/220 V), dann muß der Sternpunkt der sekundären Sternschaltung über den angeschlossenen Mittelpunktsleiter belastet werden können. Im Falle unsymmetrischer Last ist dann Bedingung (7.53) nicht mehr erfüllt, da dann im Sekundärsystem ein Nullstrom auftritt. Läßt die Schaltung des Primärsystems ebenfalls einen

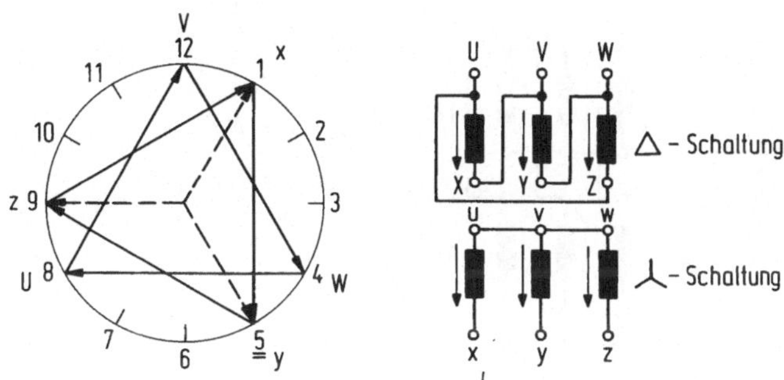

Abb. 7.22 Schaltungsbeispiel eines Drehstromtransformators (Dy 5)

Nullstrom zu, dann ist trotz Sternpunktbelastung der Durchflutungsausgleich je Säule des Drehstromtransformators gemäß (7.55) möglich. Mit

$$i_U + i_V + i_W = - i_0 \frac{w_2}{w_1} \quad ,$$

$$i_u + i_v + i_w = i_0$$

(w_1, Primärwindungszahl; w_2, Sekundärwindungszahl) sind also die Bedingungen (7.54) und (7.55) wieder erfüllt. Während die Schaltung Dy nach diesen Überlegungen eine nur durch die zulässige thermische Beanspruchung der Wicklungen begrenzte Sternpunktbelastung ermöglicht, trifft dies für die Schaltung Yy bei isoliertem primären Sternpunkt nicht zu. Durch eine Modifikation der Schaltung Yy, d. h. durch Umwandlung der sekundären Sternschaltung in eine sog. Zick-Zack-Schaltung, kann dieser Mangel beseitigt werden. Diese modifizierte Schaltung Yz wird im folgenden behandelt.

Die in Abb. 7.23 dargestellte Schaltung Yz 5 zeichnet sich dadurch aus, daß die Wicklungsstränge der sekundären Sternschaltung jeweils in zwei Hälften unterteilt und zwei verschiedenen Säulen des Transformators zugeordnet sind. Jede Transformatorsäule trägt dann gemäß Abb. 7.24 drei koaxiale Zylinderwicklungen, eine Primärwicklung (Windungszahl w_a) und zwei Sekundärwicklungshälften (Windungszahl je $w_b/2$). Verwendet man für die drei Transformatorsäulen die Indizes A, B,

C und für die drei Zylinderwicklungen pro Säule von innen nach außen gezählt die Indizes 1, 2, 3, dann gelten mit den in Abb. 7.23 enthaltenen Bezeichnungen fol-

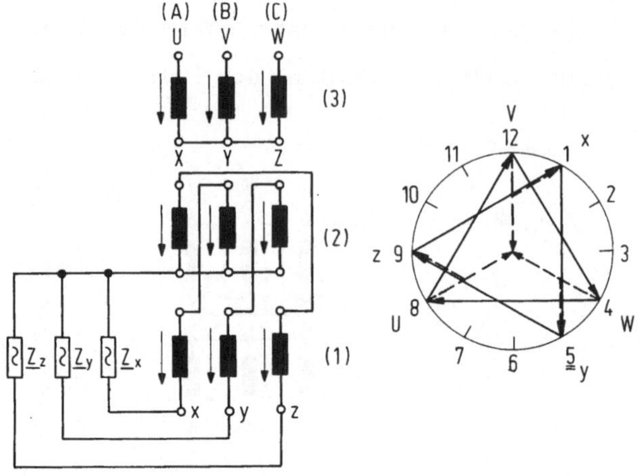

Abb. 7.23 Zick-Zack-Schaltung eines Drehstromtransformators (Yz 5)

gende Beziehungen für die Spannungen und Ströme:

Primärseite:

$$u_U = u_{A3} \qquad i_U = i_{A3}$$
$$u_V = u_{B3} \qquad i_V = i_{B3} \quad ,$$
$$u_W = u_{C3} \qquad i_W = i_{C3}$$

Sekundärseite:

$$u_x = u_{A1} - u_{B2} \qquad i_x = i_{A1} = - i_{B2}$$
$$u_y = u_{B1} - u_{C2} \qquad i_y = i_{B1} = - i_{C2} \quad . \tag{7.56}$$
$$u_z = u_{C1} - u_{A2} \qquad i_z = i_{C1} = - i_{A2}$$

Die Spannungen und Ströme der Primärseite (Index 3) werden wie bei der Beschreibung des Mehrwicklungstransformators auf die mit 1 und 2 indizierten Wicklungen bezogen:

$$u'_{U,V,W} = \frac{w_b/2}{w_a}\, u_{U,V,W} \quad ,$$

$$i'_{U,V,W} = \frac{w_a}{w_b/2}\, i_{U,V,W} \quad . \tag{7.57}$$

Aus der primären Sternpunktbedingung

$$i_U + i_V + i_W = 0$$

und der Bedingung verschwindender Fensterdurchflutungen

$$i_{A1} + i_{A2} + i'_U - i_{B1} - i_{B2} - i'_V = 0 \quad ,$$

$$i_{B1} + i_{B2} + i'_V - i_{C1} - i_{C2} - i'_W = 0$$

folgt unter Beachtung von (7.56) und (7.57) die Strombeziehung

$$\begin{bmatrix} i'_U \\ i'_V \\ i'_W \end{bmatrix} = \begin{bmatrix} -1 & & 1 \\ 1 & -1 & \\ & 1 & -1 \end{bmatrix} \begin{bmatrix} i_x \\ i_y \\ i_z \end{bmatrix} \quad , \tag{7.58}$$

die zum Ausdruck bringt, daß die resultierende Durchflutung jeder Säule verschwin-

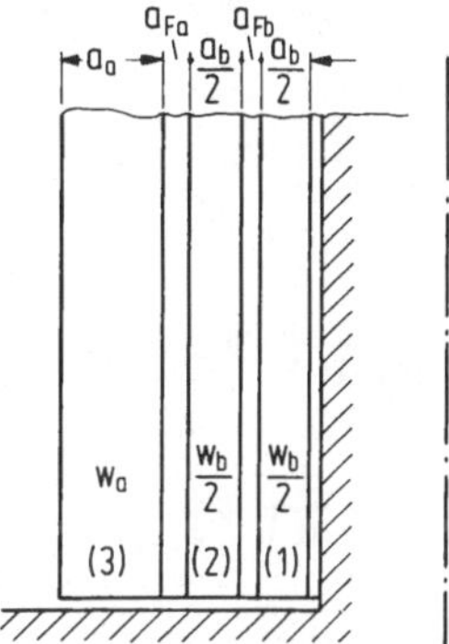

Abb. 7.24 Anordnung der Wicklungen beim Drehstromtransformator Yz 5

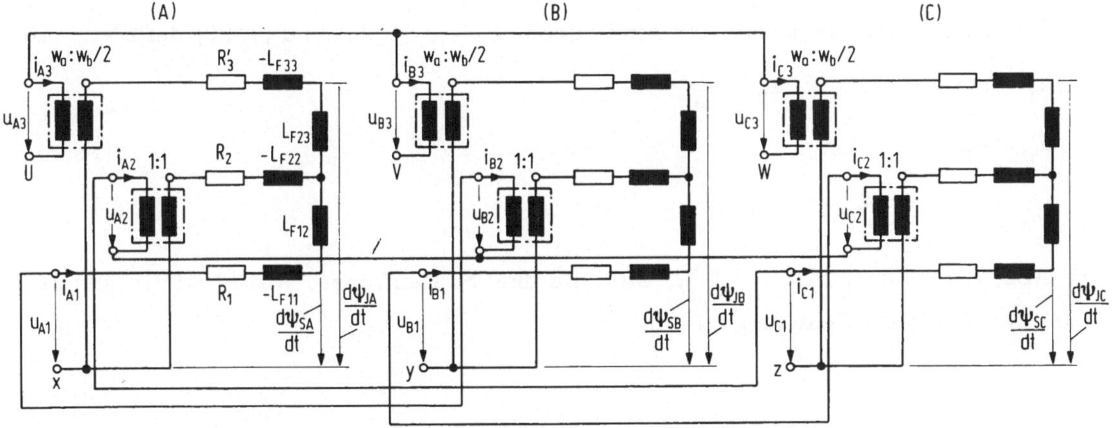

Abb. 7.25 Anwendung des Ersatzschaltbilds des Mehrwicklungstransformators auf den Drehstromtransformator Yz 5

det. Aufgrund dieser Tatsache darf das Ersatzschaltbild des Mehrwicklungstransformators gemäß Abb. 7. 9 auf jede Säule des Drehstromtransformators angewendet werden, sodaß das Schaltbild von Abb. 7. 25 entsteht.

Nach (7. 33) und (7. 30) erhält man für die drei Säulen folgende Spannungsgleichungssysteme:

$$\begin{aligned} u_{A1} &= R_1 i_x + \frac{d}{dt}\{\Psi_{SA} - L_{F11} i_x\} \\ u_{A2} &= R_2 i_z + \frac{d}{dt}\{\Psi_{SA} - L_{F12} i_x + L_{F22} i_z\} \\ u'_U &= R'_3 i'_U + \frac{d}{dt}\{\Psi_{SA} - L_{F12} i_x - L_{F23}(i_x - i_z) - L_{F33} i'_U\} \end{aligned} \quad , \qquad (7.59)$$

$$\begin{aligned} u_{B1} &= R_1 i_y + \frac{d}{dt}\{\Psi_{SB} - L_{F11} i_y\} \\ u_{B2} &= -R_2 i_x + \frac{d}{dt}\{\Psi_{SB} - L_{F12} i_y + L_{F22} i_x\} \\ u'_V &= R'_3 i'_V + \frac{d}{dt}\{\Psi_{SB} - L_{F12} i_y - L_{F23}(i_y - i_x) - L_{F33} i'_V\} \end{aligned} \quad , \qquad (7.60)$$

$$\begin{aligned} u_{C1} &= R_1 i_z + \frac{d}{dt}\{\Psi_{SC} - L_{F11} i_z\} \\ u_{C2} &= -R_2 i_y + \frac{d}{dt}\{\Psi_{SC} - L_{F12} i_z + L_{F22} i_y\} \\ u'_W &= R'_3 i'_W + \frac{d}{dt}\{\Psi_{SC} - L_{F12} i_z - L_{F23}(i_z - i_y) - L_{F33} i'_W\} \end{aligned} \qquad (7.61)$$

Die Widerstände und Induktivitäten sind durch (7. 32), (7. 28) und (7. 29) definiert mit

$$\begin{aligned} a_1 &= a_2 = a_b/2, & a_3 &= a_a \\ a_{F1} &= a_{Fb}, & a_{F2} &= a_{Fa} \\ w_1 &= w_2 = w_b/2, & w_3 &= w_a \end{aligned} \qquad (7.62)$$

(vgl. Abb. 7. 24). Ψ_{SA}, Ψ_{SB}, Ψ_{SC} sind die drei Säulenflüsse. Mit (7. 56) folgen aus (7. 59) bis (7. 61) die Spannungsgleichungen

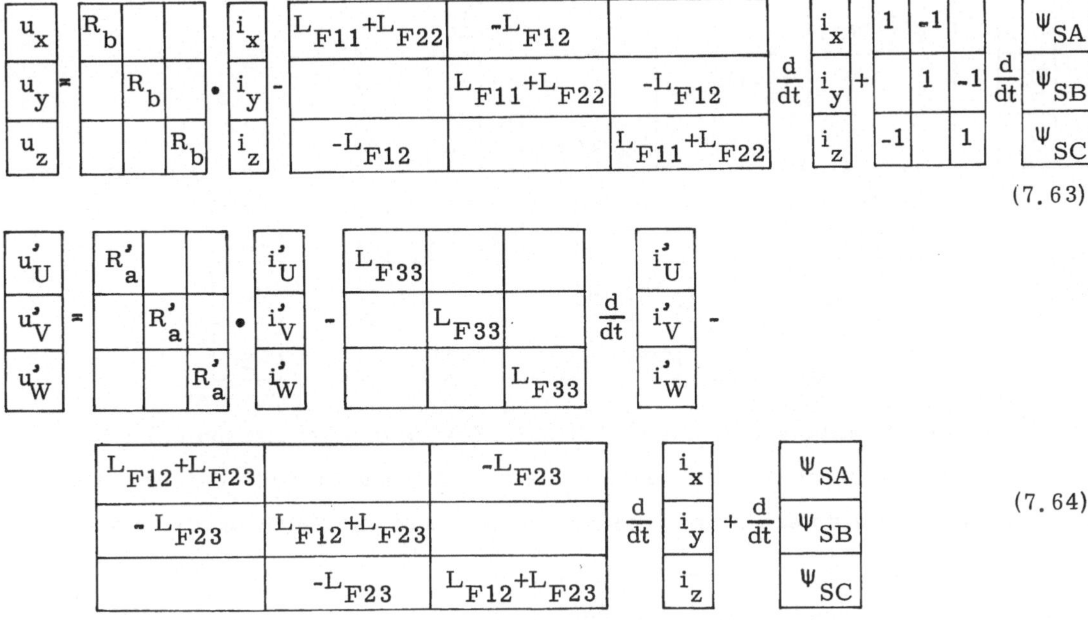

$$\begin{bmatrix} u_x \\ u_y \\ u_z \end{bmatrix} = \begin{bmatrix} R_b & & \\ & R_b & \\ & & R_b \end{bmatrix} \bullet \begin{bmatrix} i_x \\ i_y \\ i_z \end{bmatrix} - \begin{bmatrix} L_{F11}+L_{F22} & -L_{F12} & \\ & L_{F11}+L_{F22} & -L_{F12} \\ -L_{F12} & & L_{F11}+L_{F22} \end{bmatrix} \frac{d}{dt} \begin{bmatrix} i_x \\ i_y \\ i_z \end{bmatrix} + \begin{bmatrix} 1 & -1 & \\ & 1 & -1 \\ -1 & & 1 \end{bmatrix} \frac{d}{dt} \begin{bmatrix} \Psi_{SA} \\ \Psi_{SB} \\ \Psi_{SC} \end{bmatrix} \tag{7.63}$$

$$\begin{bmatrix} u'_U \\ u'_V \\ u'_W \end{bmatrix} = \begin{bmatrix} R'_a & & \\ & R'_a & \\ & & R'_a \end{bmatrix} \bullet \begin{bmatrix} i'_U \\ i'_V \\ i'_W \end{bmatrix} - \begin{bmatrix} L_{F33} & & \\ & L_{F33} & \\ & & L_{F33} \end{bmatrix} \frac{d}{dt} \begin{bmatrix} i'_U \\ i'_V \\ i'_W \end{bmatrix} - \begin{bmatrix} L_{F12}+L_{F23} & & -L_{F23} \\ -L_{F23} & L_{F12}+L_{F23} & \\ & -L_{F23} & L_{F12}+L_{F23} \end{bmatrix} \frac{d}{dt} \begin{bmatrix} i_x \\ i_y \\ i_z \end{bmatrix} + \frac{d}{dt} \begin{bmatrix} \Psi_{SA} \\ \Psi_{SB} \\ \Psi_{SC} \end{bmatrix} \tag{7.64}$$

mit den Widerständen

$$R_b = R_1 + R_2 \quad , \qquad R'_a = R'_3 = \left(\frac{w_b/2}{w_a}\right)^2 R_3 \quad .$$

Für stationären Betrieb mit sinusförmigen Spannungen und Strömen der Frequenz ω werden die Differentialgleichungssysteme (7.63), (7.64) mit Hilfe der komplexen Zeigerschreibweise gemäß (7.34) in folgende algebraische Gleichungssysteme überführt:

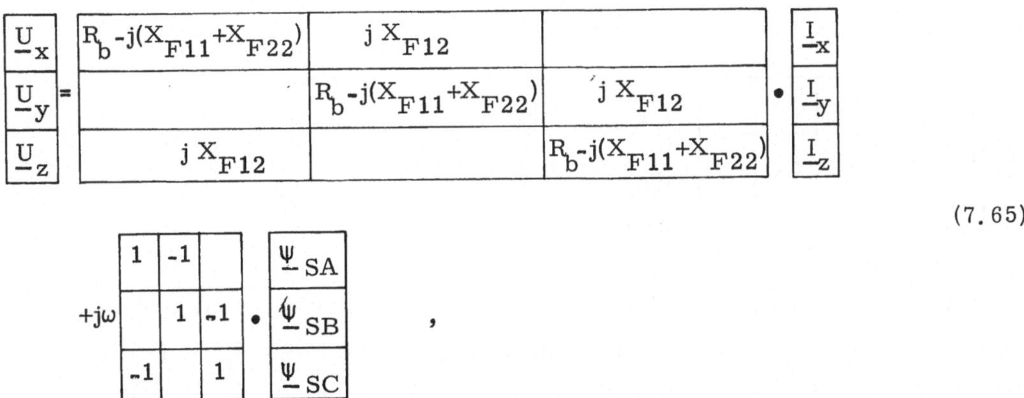

$$\begin{bmatrix} \underline{U}_x \\ \underline{U}_y \\ \underline{U}_z \end{bmatrix} = \begin{bmatrix} R_b-j(X_{F11}+X_{F22}) & j\,X_{F12} & \\ & R_b-j(X_{F11}+X_{F22}) & j\,X_{F12} \\ j\,X_{F12} & & R_b-j(X_{F11}+X_{F22}) \end{bmatrix} \bullet \begin{bmatrix} \underline{I}_x \\ \underline{I}_y \\ \underline{I}_z \end{bmatrix} + j\omega \begin{bmatrix} 1 & -1 & \\ & 1 & -1 \\ -1 & & 1 \end{bmatrix} \bullet \begin{bmatrix} \underline{\Psi}_{SA} \\ \underline{\Psi}_{SB} \\ \underline{\Psi}_{SC} \end{bmatrix} , \tag{7.65}$$

$$\begin{bmatrix} \underline{U}'_U \\ \underline{U}'_V \\ \underline{U}'_W \end{bmatrix} = \begin{bmatrix} R'_a - jX_{F33} & & \\ & R'_a - jX_{F33} & \\ & & R'_a - jX_{F33} \end{bmatrix} \bullet \begin{bmatrix} \underline{I}'_U \\ \underline{I}'_V \\ \underline{I}'_W \end{bmatrix}$$

$$-j \begin{bmatrix} X_{F12}+X_{F23} & & -X_{F23} \\ -X_{F23} & X_{F12}+X_{F23} & \\ & -X_{F23} & X_{F12}+X_{F23} \end{bmatrix} \bullet \begin{bmatrix} \underline{I}_x \\ \underline{I}_y \\ \underline{I}_z \end{bmatrix} + j\omega \begin{bmatrix} \underline{\Psi}_{SA} \\ \underline{\Psi}_{SB} \\ \underline{\Psi}_{SC} \end{bmatrix} \quad . \tag{7.66}$$

Setzt man den Säulenflußvektor aus (7.66) in (7.65) ein und ersetzt man gleichzeitig die Primärströme durch die Sekundärströme nach der auch für die Zeiger geltenden Beziehung (7.58), dann erhält man das komplexe Spannungsgleichungssystem:

$$\begin{bmatrix} -\underline{U}'_U + \underline{U}'_V \\ -\underline{U}'_V + \underline{U}'_W \\ -\underline{U}'_W + \underline{U}'_U \end{bmatrix} = - \begin{bmatrix} \underline{U}_x \\ \underline{U}_y \\ \underline{U}_z \end{bmatrix} + \begin{bmatrix} \underline{Z}_P & \underline{Z}_Q & \underline{Z}_Q \\ \underline{Z}_Q & \underline{Z}_P & \underline{Z}_Q \\ \underline{Z}_Q & \underline{Z}_Q & \underline{Z}_P \end{bmatrix} \bullet \begin{bmatrix} \underline{I}_x \\ \underline{I}_y \\ \underline{I}_z \end{bmatrix} \tag{7.67}$$

mit

$$\underline{Z}_P = 2R'_a + R_b + j[2(X_{F23} - X_{F33}) - X_{F11} - X_{F22} + X_{F12}] ,$$

$$\underline{Z}_Q = -R'_a - j(X_{F23} - X_{F33}) .$$

Sind die Sekundärspannungen durch ein unsymmetrisches System von Lastimpedanzen mit den Sekundärströmen verknüpft,

$$\begin{bmatrix} \underline{U}_x \\ \underline{U}_y \\ \underline{U}_z \end{bmatrix} = - \begin{bmatrix} \underline{Z}_x & & \\ & \underline{Z}_y & \\ & & \underline{Z}_z \end{bmatrix} \bullet \begin{bmatrix} \underline{I}_x \\ \underline{I}_y \\ \underline{I}_z \end{bmatrix} , \tag{7.68}$$

dann ist es zweckmäßig, zur Berechnung der Ströme aus den Primärspannungen das System (7.67) zu verwenden. Eine Entkopplung des Systems (7.67) ist nur möglich, wenn die drei Lastimpedanzen nach (7.68) identisch sind

$$\underline{Z}_x = \underline{Z}_y = \underline{Z}_z \equiv \underline{Z}_L \quad . \tag{7.69}$$

Auf die Koeffizientenmatrix des Spannungsgleichungssystems (7.67) mit (7.68) und (7.69),

$$(\underline{U}) = \{(\underline{Z}_L) + (\underline{Z}_T)\} \quad (\underline{I}) \quad ,$$

wird dann die Transformation (2. 35) mit (X) nach (2. 34) angewendet:

$$\frac{1}{\sqrt{3}}(X)^{*\prime} \; (\underline{U}) = (X)^{*\prime} \{ (\underline{Z}_L) + (\underline{Z}_T)\} \; (X) \; \frac{1}{\sqrt{3}} (X)^{*\prime} \; (\underline{I})$$

mit

$$(\underline{U}) = \begin{bmatrix} -\underline{U}'_U + \underline{U}'_V \\ -\underline{U}'_V + \underline{U}'_W \\ -\underline{U}'_W + \underline{U}'_U \end{bmatrix} = \begin{bmatrix} \underline{U}'_{UV} \\ \underline{U}'_{VW} \\ \underline{U}'_{WU} \end{bmatrix} , \quad (\underline{I}) = \begin{bmatrix} \underline{I}_x \\ \underline{I}_y \\ \underline{I}_z \end{bmatrix} \tag{7. 70}$$

$$(\underline{Z}_L) = \begin{bmatrix} \underline{Z}_L & & \\ & \underline{Z}_L & \\ & & \underline{Z}_L \end{bmatrix} , \quad (\underline{Z}_T) = \begin{bmatrix} \underline{Z}_P & \underline{Z}_Q & \underline{Z}_Q \\ \underline{Z}_Q & \underline{Z}_P & \underline{Z}_Q \\ \underline{Z}_Q & \underline{Z}_Q & \underline{Z}_P \end{bmatrix} .$$

Dadurch werden die Spannungs- und Stromzeiger (7. 70) analog zu (4. 64) in die symmetrischen Komponenten und die Koeffizientenmatrix in Diagonalform überführt:

$$\begin{bmatrix} \underline{U}_{v,m} \\ \underline{U}_{v,g} \\ \underline{U}_{v,0} \end{bmatrix} = \begin{bmatrix} \underline{Z}_L + \underline{Z}_1 & & \\ & \underline{Z}_L + \underline{Z}_1 & \\ & & \underline{Z}_L + \underline{Z}_0 \end{bmatrix} \cdot \begin{bmatrix} \underline{I}_m \\ \underline{I}_g \\ \underline{I}_0 \end{bmatrix} \tag{7. 71}$$

mit

$$\underline{Z}_1 = 3\,R'_a + R_b + j(3X_{F23} + X_{F12} - X_{F11} - X_{F22} - 3X_{F33}) \quad , \tag{7. 72}$$

$$\underline{Z}_0 = R_b + j(X_{F12} - X_{F11} - X_{F22})$$

und den symmetrischen Komponenten:

$$\begin{bmatrix} \underline{U}_{v,m} \\ \underline{U}_{v,g} \\ \underline{U}_{v,0} \end{bmatrix} = \frac{1}{\sqrt{3}} (X)^{*\prime} (\underline{U}) \quad , \quad \begin{bmatrix} \underline{I}_m \\ \underline{I}_g \\ \underline{I}_0 \end{bmatrix} = \frac{1}{\sqrt{3}} (X)^{*\prime} (\underline{I}) \quad . \tag{7. 73}$$

Da die Summe der Spannungszeiger nach (7. 70) und somit $\underline{U}_{v,0}$ verschwindet, folgt aus der 3. Gleichung von (7.71) auch $\underline{I}_0 = 0$.

Mit Hilfe des Gleichungssystems (7.71) und der Transformationsbeziehungen (7.73) können für den Fall symmetrischer Belastung die sekundären Stromzeiger aus den gegebenen primären Spannungszeigern ermittelt werden. Die primären Stromzeiger können dann aus den sekundären gemäß (7.58) gewonnen werden.

Die Lösung des Systems (7.67) für den Fall unsymmetrischer Belastung gemäß (7.68) ergibt durch Inversion der Impedanzmatrix

$$\begin{bmatrix} \underline{I}_x \\ \underline{I}_y \\ \underline{I}_z \end{bmatrix} = \frac{1}{Y} \begin{bmatrix} \underline{Z}_Q^2-(\underline{Z}_y+\underline{Z}_P)(\underline{Z}_z+\underline{Z}_P) & -\underline{Z}_Q(\underline{Z}_Q-\underline{Z}_z-\underline{Z}_P) & -\underline{Z}_Q(\underline{Z}_Q-\underline{Z}_y-\underline{Z}_P) \\ -\underline{Z}_Q(\underline{Z}_Q-\underline{Z}_z-\underline{Z}_P) & \underline{Z}_Q^2-(\underline{Z}_z+\underline{Z}_P)(\underline{Z}_x+\underline{Z}_P) & -\underline{Z}_Q(\underline{Z}_Q-\underline{Z}_x-\underline{Z}_P) \\ -\underline{Z}_Q(\underline{Z}_Q-\underline{Z}_y-\underline{Z}_P) & -\underline{Z}_Q(\underline{Z}_Q-\underline{Z}_x-\underline{Z}_P) & \underline{Z}_Q^2-(\underline{Z}_x+\underline{Z}_P)(\underline{Z}_y+\underline{Z}_P) \end{bmatrix} \bullet \begin{bmatrix} -\underline{U}'_U+\underline{U}'_V \\ -\underline{U}'_V+\underline{U}'_W \\ -\underline{U}'_W+\underline{U}'_U \end{bmatrix}$$

mit der Determinanten

$$Y = -\underline{Z}_Q(\underline{Z}_Q-\underline{Z}_x-\underline{Z}_P)(\underline{Z}_Q-\underline{Z}_y-\underline{Z}_P)-(\underline{Z}_Q-\underline{Z}_z-\underline{Z}_P)\left[\underline{Z}_Q^2-(\underline{Z}_x+\underline{Z}_P)(\underline{Z}_y+\underline{Z}_P)\right] .$$

Im folgenden wird, ausgehend von den vorausgegangenen allgemeinen Betrachtungen, für den symmetrisch gespeisten und belasteten Drehstromtransformator der Schaltgruppe Yz 5 ein Ersatzschaltbild hergeleitet, das auch Auskunft über die Flußaufteilung gibt. Analog zu Beziehung (7.31), die für den Vierwicklungstransformator gilt, kann für den Dreiwicklungstransformator aus den Spulenflüssen der jeweils dritten Wicklung nach (7.59) bis (7.61) für die Fensterflüsse eine Beziehung gewonnen werden, die in Zeigerschreibweise folgendermaßen lautet:

$$\omega \begin{bmatrix} \underline{\Psi}_{FA} \\ \underline{\Psi}_{FB} \\ \underline{\Psi}_{FC} \end{bmatrix} = - \begin{bmatrix} X_{F12}+X_{F23} & & -X_{F23} \\ -X_{F23} & X_{F12}+X_{F23} & \\ & -X_{F23} & X_{F12}+X_{F23} \end{bmatrix} \bullet \begin{bmatrix} \underline{I}_x \\ \underline{I}_y \\ \underline{I}_z \end{bmatrix} . \qquad (7.74)$$

Wegen der Knotenpunktsbeziehung (7.4) gilt für die Zeiger der Joch-, Fenster- und Säulenflüsse der Zusammenhang

$$\begin{bmatrix} \underline{\Psi}_{FA} \\ \underline{\Psi}_{FB} \\ \underline{\Psi}_{FC} \end{bmatrix} + \begin{bmatrix} \underline{\Psi}_{JA} \\ \underline{\Psi}_{JB} \\ \underline{\Psi}_{JC} \end{bmatrix} = - \begin{bmatrix} \underline{\Psi}_{SA} \\ \underline{\Psi}_{SB} \\ \underline{\Psi}_{SC} \end{bmatrix} \quad . \qquad (7.75)$$

Aus (7.66) folgt mit (7.74) und (7.75), wenn man gemäß (7.58) die Primärströme durch die Sekundärströme ersetzt:

$$\begin{bmatrix} \underline{U}'_U \\ \underline{U}'_V \\ \underline{U}'_W \end{bmatrix} = \begin{bmatrix} -R'_a + j\,X_{F33} & & R'_a - j\,X_{F33} \\ R'_a - j\,X_{F33} & -R'_a + j\,X_{F33} & \\ & R'_a - j\,X_{F33} & -R'_a + j\,X_{F33} \end{bmatrix} \bullet \begin{bmatrix} \underline{I}_x \\ \underline{I}_y \\ \underline{I}_z \end{bmatrix} - j\omega \begin{bmatrix} \underline{\Psi}_{JA} \\ \underline{\Psi}_{JB} \\ \underline{\Psi}_{JC} \end{bmatrix} \quad . \qquad (7.76)$$

Da die Summe der Jochflüsse des Drehstromtransformators verschwindet, muß wegen (7.76) und (7.58) auch die Summe der Strangspannungen verschwinden,

$$\underline{U}'_U + \underline{U}'_V + \underline{U}'_W = 0 \quad ,$$

sodaß die Strangspannungen aus den verketteten Spannungen (7.76) ermittelt werden können:

$$\begin{bmatrix} \underline{U}'_U \\ \underline{U}'_V \\ \underline{U}'_W \end{bmatrix} = \frac{1}{3} \begin{bmatrix} -1 & & 1 \\ 1 & -1 & \\ & 1 & -1 \end{bmatrix} \bullet \begin{bmatrix} \underline{U}'_{UV} \\ \underline{U}'_{VW} \\ \underline{U}'_{WU} \end{bmatrix} \quad . \qquad (7.77)$$

Bei Speisung mit einem symmetrischen Drehspannungssystem,

$$\underline{U}'_{UV} = \sqrt{3}\,U' \, , \qquad \underline{U}'_{VW} = \underline{a}^2 \sqrt{3}\,U' \, , \qquad \underline{U}'_{WU} = \underline{a}\,\sqrt{3}\,U' \, ,$$

folgt aus (7.77)

$$\underline{U}'_U = \frac{\underline{a} - 1}{\sqrt{3}}\,U' \, , \qquad \underline{U}'_V = \underline{a}^2\,\underline{U}'_U \, , \qquad \underline{U}'_W = \underline{a}\,\underline{U}'_U \quad . \qquad (7.78)$$

Für die symmetrischen Komponenten der verketteten Spannungen nach (7.73) erhält man damit

$$\underline{U}_{v,m} = \sqrt{3}\,U' \quad , \qquad \underline{U}_{vg} = 0 \quad . \qquad (7.79)$$

Mit (7.79) folgt aus (7.71)

$$\underline{I}_g = 0 \tag{7.80}$$

und daraus nach (7.73)

$$\underline{I}_x = \underline{I}_m \quad , \qquad \underline{I}_y = \underline{a}^2 \underline{I}_x \quad , \qquad \underline{I}_z = \underline{a}\,\underline{I}_x \quad . \tag{7.81}$$

Gemäß (7.74) bis (7.76) überträgt sich die Symmetrie der Spannungen (7.78) und Ströme (7.81) auch auf die Flüsse:

$$\underline{\Psi}_{FB} = \underline{a}^2 \underline{\Psi}_{FA} \quad , \qquad \underline{\Psi}_{FC} = \underline{a}\,\underline{\Psi}_{FA} \quad ,$$

$$\underline{\Psi}_{JB} = \underline{a}^2 \underline{\Psi}_{JA} \quad , \qquad \underline{\Psi}_{JC} = \underline{a}\,\underline{\Psi}_{JA} \quad ,$$

$$\underline{\Psi}_{SB} = \underline{a}^2 \underline{\Psi}_{SA} \quad , \qquad \underline{\Psi}_{SC} = \underline{a}\,\underline{\Psi}_{SA} \quad .$$

Für den Fall symmetrischer Belastung und symmetrischer Speisung genügt es somit, die gesuchten Größen für eine Säule bzw. einen Strang zu ermitteln. Aus (7.71), (7.74) und (7.76) folgen mit (7.78) bis (7.80) die Gleichungen

$$\sqrt{3}\,\underline{U}' = (\underline{Z}_L + \underline{Z}_1)\,\underline{I}_x \quad , \tag{7.82}$$

$$\omega\,\underline{\Psi}_{FA} = [-X_{F12} + (\underline{a}-1)\,X_{F23}]\,\underline{I}_x \quad ,$$

$$\frac{\underline{a}-1}{\sqrt{3}}\,\underline{U}' = (R_a' - j\,X_{F33})(\underline{a}-1)\,\underline{I}_x - j\,\omega\,\underline{\Psi}_{JA} \quad .$$

Hieraus resultiert das Ersatzschaltbild von Abb. 7.26, das bei gegebenem Spannungszeiger $\underline{U}_U'$ und bekannter Lastimpedanz $\underline{Z}_L$ den Stromzeiger $\underline{I}_x$ und die Zei-

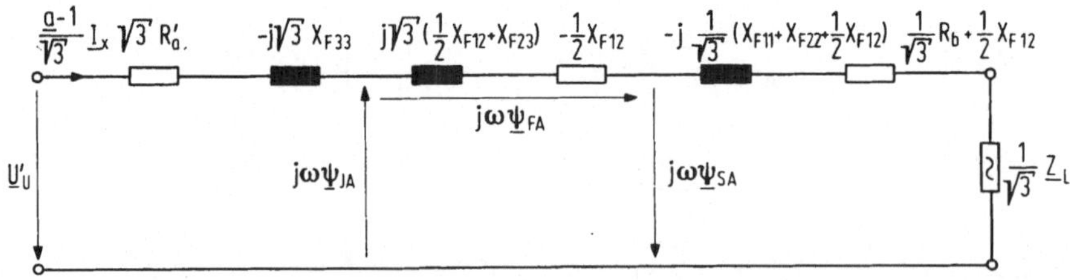

Abb. 7.26 Ersatzschaltbild des Drehstromtransformators Yz 5 im symmetrischen Betrieb nach Schlosser für einen Strang (Zeigerschreibweise)

ger der auf die Windungszahl $w_1 = w_b/2$ bezogenen Flüsse liefert. Interessiert man sich nur für den Strom bzw. die Sekundärspannung, dann empfiehlt sich die einfache Darstellung gemäß (7.82). Das sich dafür ergebende Ersatzschaltbild ist in Abb. 7.27

dargestellt. Als Übersetzungsverhältnis wurde

$$\ddot{u} = \frac{\sqrt{3}\, w_b/2}{w_a}$$

eingeführt, sodaß sich nach (7.72) folgende Ausdrücke für den Kurzschlußwider-

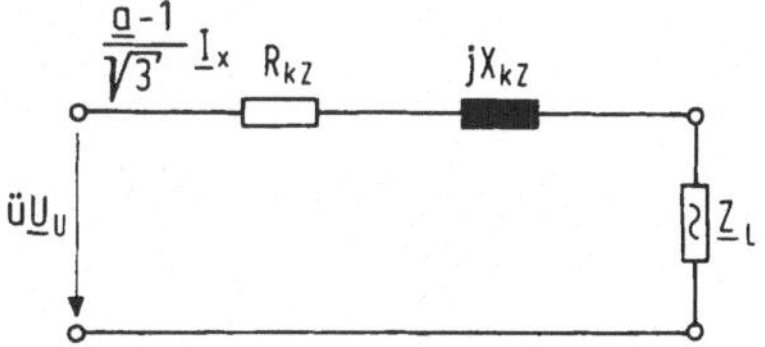

Abb. 7.27 Zusammengefaßtes Ersatzschaltbild des Drehstromtransformators Yz 5 im symmetrischen Betrieb für einen Strang (Zeigerschreibweise)

stand R_{kZ} und die Kurzschlußreaktanz X_{kZ} ergeben:

$$R_{kZ} = \ddot{u}^2 R_a + R_b \quad ,$$

$$X_{kZ} = 3\,X_{F23} + X_{F12} - X_{F11} - X_{F22} - 3\,X_{F33} \quad . \tag{7.83}$$

Für X_{kZ} erhält man, wenn man in (7.83) die Induktivitäten nach (7.28), (7.29) mit den Wicklungsabmessungen gemäß (7.62) einsetzt und allen Wicklungen den gleichen mittleren Umfang U_m zuordnet:

$$X_{kZ} = \omega\, K_Z\left(\frac{1}{3} a_a + a_{Fa} + \frac{13}{36} a_b + \frac{1}{3} a_{Fb}\right)$$

mit

$$K_Z = \mu_0 \left(\sqrt{3}\, w_b/2\right)^2 \frac{U_m}{b} \quad .$$

Die im Abschn. 7.4 aufgeführten charakteristischen Größen des Wechselstromtransformators (7.37) bis (7.45) können auf den Drehstromtransformator übertragen werden, wenn man sie auf die einzelnen Säulen bzw. Stränge bezieht. Zu beachten ist dabei, daß die auf dem Leistungsschild von Drehstromtransformatoren als Nennspannungen und Nennströme angegebenen Werte L e i t e r g r ö ß e n darstellen, d.h. Größen die an den am Transformator angeschlossenen Leitern gemessen werden können. Die N e n n l e i s t u n g des Drehstromtransformators drückt sich mit diesen Nenngrößen folgendermaßen aus:

$$S_N = \sqrt{3}\, U_N\, I_N \quad .$$

Bei Dreieckschaltung ist die Nennspannung U_N und bei Sternschaltung der Nennstrom I_N zugleich Stranggröße.

Bei der Parallelschaltung von Drehstromtransformatoren gilt außer den im Abschn. 7.5 für Wechselstromtransformatoren angegebenen Forderungen die Bedingung gleicher Schaltguppenkennzahl. Gleichnamige Klemmen sind beim Parallelschalten zu verbinden.

7.8 Wachstumsgesetze

Für den Transformator lassen sich auf einfache Weise Gesetzmäßigkeiten zwischen den elektrischen Kenngrößen und der Baugröße herleiten, die in ihrer Grundtendenz auch für die rotierenden elektrischen Maschinen gelten. Die Herleitung erfolgt hier am Beispiel des Wechselstromtransformators, die Ergebnisse sind jedoch auf den Drehstromtransformator übertragbar. Es wird ermittelt, wie sich die elektrischen Kenngrößen eines Transformators bei geometrisch ähnlicher Vergrößerung seiner Abmessungen und gleicher elektrischer und magnetischer Materialbeanspruchung ändern.

Setzt man für die primäre Nennspannung näherungsweise

$$U_{1N} = \frac{1}{\sqrt{2}} w_1 \omega_N B Q_{Fe} \tag{7.84}$$

und für den primären Nennstrom

$$I_{1N} = \frac{Q_{Cu1} S}{w_1} \tag{7.85}$$

mit B als mittlerem Induktionsscheitelwert im Eisenkreis, S als Stromdichteeffektivwert der Primär- und der Sekundärwicklung, Q_{Fe} als aktivem Eisenquerschnitt der Säule und Q_{Cu1} als aktivem Kupferquerschnitt der Primärwicklung, dann erhält man für die Nennleistung nach (7.37)

$$S_N \approx \frac{1}{\sqrt{2}} \omega_N B S Q_{Fe} Q_{Cu1} \quad .$$

Bei konstanter Induktion und Stromdichte ist somit die Nennleistung der 4. Potenz der mit L bezeichneten linearen Abmessung proportional.

$$S_N \sim L^4 \quad . \tag{7.86}$$

Für die auf das Volumen bezogene Nennleistung gilt dann

$$\frac{S_N}{L^3} \sim L \quad ,$$

d. h. die Nennleistung pro Volumeneinheit ist proportional zur linearen Abmessung, das Leistungsgewicht dagegen umgekehrt proportional. Da die Stromwärmeverluste in den Wicklungen bei konstanter Stromdichte S dem Volumen proportional sind, folgt mit (7. 86) und (7. 42) für die ohmsche Komponente der relativen Kurzschlußspannung

$$u_R \sim \frac{1}{L} \quad .$$

Für deren induktive Komponente ergibt sich dagegen mit (7. 18), (7. 84) und (7. 85) nach (7. 44)

$$u_X \sim L \quad .$$

Das Produkt $u_X\, u_R$ ändert sich folglich bei ähnlicher Vergrößerung des Transformators nicht. Da sowohl die Kurzschlußverluste als auch die Eisenverluste bei gleicher Stromdichte und Induktion dem Volumen proportional sind, nimmt der Wirkungsgrad des Transformators mit wachsender Baugröße zu, wie folgende Näherungsbetrachtung zeigt:

$$\eta_N \approx \frac{S_N}{S_N + V_k + V_0} \quad ,$$

$$\eta_N \approx \frac{1}{1 + \mathrm{const}\,\frac{1}{L}} \quad .$$

Der aufgrund der bisherigen Ergebnisse sinnvoll erscheinende Trend zu großen Nennleistungen macht jedoch erhöhten Aufwand bei der Kühlung, d. h. bei der Abfuhr der Verlustwärme erforderlich. Dies erklärt sich aus der Tatsache, daß die Verlustleistung mit der dritten, die kühlende Oberfläche des Ölkessels, in dem sich der Transformator befindet, jedoch nur mit der zweiten Potenz der linearen Abmessung wächst. Für den vom Kessel abzuführenden Wärmestrom, der gleich den Gesamtverlusten sein muß, gilt

$$V_W = \alpha_W\, O_k\, \Delta\vartheta_T$$

mit α_W als Wärmeübergangszahl, O_k als kühlende Oberfläche und $\Delta\vartheta_T$ als Temperaturdifferenz zwischen Oberfläche und äußerem Kühlmedium. Damit dieser Wärmestrom mit der Zunahme der Verluste Schritt halten kann, muß bei gleicher zur Verfügung stehender Temperaturdifferenz die kühlende Oberfläche vergrößert (Tiefwellenkessel) oder die Wärmeübergangszahl erhöht werden (Zwangsbelüftung).

Außerdem muß gegen die unerwünschte Zunahme der induktiven Komponente der relativen Kurzschlußspannung mit wachsender Bauleistung etwas unternommen werden. Eine Reduktion der Kurzschlußinduktivität L_k und damit der induktiven Kurzschlußspannung u_X kann man durch eine Verbesserung der Kopplung der beiden Wicklungen erreichen. Als erster Schritt wäre der Übergang von der Einfach- zur Zweifachröhrenwicklung gemäß Abb. 7.28 zu empfehlen. Da bei gleicher Durchflu-

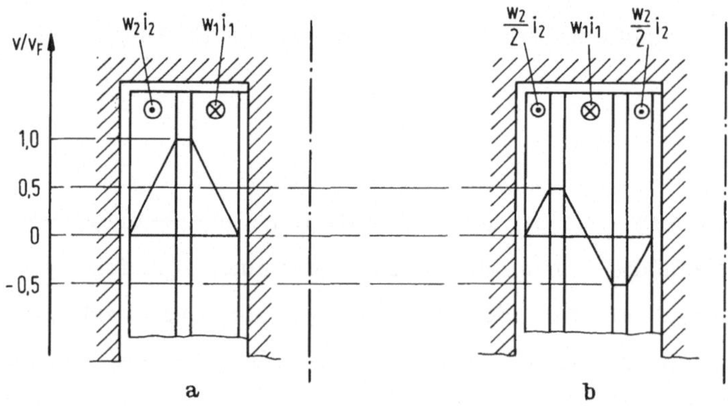

Abb. 7.28 Magnetische Spannung im Fenster des Zweiwicklungstransformators bei a) der Einfachröhrenwicklung und b) der Zweifachröhrenwicklung

tung und Vernachlässigung der magnetischen Spannung im Eisen die magnetische Energie im Fensterraum nach (7.10) ein Maß für die Kurzschlußinduktivität ist, ist deren Reduktion aus den in Abb. 7.28 angegebenen Verläufen der magnetischen Spannung im Fenster des Transformators ersichtlich.

Literaturverzeichnis

[1] Becker/Sauter: Theorie der Elektrizität, 1. Band, 17. Aufl. Stuttgart: Teubner 1962, S. 155 bis 157.

[2] R. Zurmühl: Matrizen und ihre technischen Anwendungen, 4. Aufl. Berlin, Heidelberg, New York: Springer 1964, S. 42 bis 45, 198 bis 202, 146 bis 154.

[3] K. Strubecker: Einführung in die Höhere Mathematik, Band I. München: Oldenbourg 1956, S. 242 bis 248.

[4] H. Wicker: Beitrag zur Analyse kommutatorloser Wechselstrommaschinen. Dissertation Karlsruhe 1965.

[5] G. Doetsch: Anleitung zum praktischen Gebrauch der Laplace-Transformation und der Z-Transformation. 3. Aufl. München: Oldenbourg 1967, S. 21, 215.

[6] R. Richter: Elektrische Maschinen, Band I. 3. Aufl. Basel: Birkhäuser 1967.

[7] Bronstein/Semendjajew: Taschenbuch der Mathematik. 7. Aufl. Frankfurt: Harri Deutsch 1967, S. 478, 254.

[8] Th. Bödefeld, H. Sequenz: Elektrische Maschinen. 8. Aufl. Wien, New York: Springer 1971, S. 276, 277, 737 bis 744.

[9] W. Schuisky: Berechnung elektrischer Maschinen. Wien: Springer 1960.

[10] A.-W. Kron, H.-W. Lorenzen: Die selbsterregten Pendelungen von Drehstrom-Asynchronmaschinen. ETZ-A 90 (1969) 200 bis 205.

[11] H.-W. Lorenzen: Die erzwungenen Schwingungen von Asynchronmotoren unter Berücksichtigung des Ständerwiderstands. ETZ-A 88 (1967) 195 bis 202.

[12] D. Naunin: Die Darstellung des dynamischen Verhaltens der spannungsgespeisten Asynchronmaschine durch ein komplexes VZ 2 -Glied. Wiss. Ber. AEG-Telefunken 42 (1969) 53 bis 57.

[13] R. Probst: Digitale und analoge Berechnung von dynamischen Vorgängen beim Drehstrommotor mit Hochstabläufer. Dissertation Karlsruhe 1971.

[14] J. Klamt: Berechnung und Bemessung elektrischer Maschinen. Berlin, Göttingen, Heidelberg: Springer 1962, S. 85 bis 90.

[15] Ch. V. Jones: The unified theory of electrical machines. London: Butterworths 1967, S. 275 bis 322.

[16] L. Hannakam: Entwicklung geschlossener Näherungsbeziehungen für unsymmetrische Stoßkurzschlüsse der synchronen Schenkelpolmaschine. Arch. f. Elektrotechn. 45 (1960) 118 bis 156.

[17] F. Kümmel: Elektrische Antriebstechnik. Berlin, Heidelberg, New York: Springer 1971, S. 408 bis 436.

[18] K. Schlosser: Zur Theorie des Transformators. BBC-Nachr. 47 (1965) 30 bis 44.

[19] K. Schlosser: Eine auf physikalischer Grundlage ermittelte Ersatzschaltung für Transformatoren mit mehreren Wicklungen. BBC-Nachr. 45 (1963) 107 bis 132.

[20] R. Küchler: Die Transformatoren. 2. Aufl. Berlin, Heidelberg, New York: Springer 1966, S. 1 bis 13.

[21] U. Grossen: Die Evolventenblechung, eine neue Kernbauform für Verteiltransformatoren. Brown Boveri Mitt. 49 (1962) 230 bis 236.

[22] Bestimmungen für Transformatoren und Drosselspulen Teil 1: Transformatoren VDE 0532 Teil 1/11. 71.

Namen- und Sachverzeichnis

Abgabe induktiver Blindleistung 112
aktives Netz 1
Analogrechner 81, 122
Anfangs-Kurzschlußwechselstrom 139
Anfangsreaktanz 131
Anfangswerte 90, 128, 156, 163
Anker 140
Ankerdurchflutung 140
Ankerkreisinduktivität 146, 151
Ankerkreiswiderstand 146
Ankerleiterzahl 144
Ankernutfeldinduktivität 150
Ankerspannung 158
Ankerspannungsverstellung 159
Ankerumfangsgeschwindigkeit 154
Ankerzeitkonstante 163
Ankerzweige 141
Antiparallelschaltung 161
Antriebsmaschine 1, 97
Antriebssystem 1
Anwurfmotor 107
Anzugsmoment 63, 69, 167
Arbeitsmaschine 1, 97
asynchroner Anlauf 107
asynchrones Moment 59, 106
Aufnahme induktiver Blindleistung 112
ausgeprägte Pole 96
Ausgleichsstrom 191
axiales Trägheitsmoment 3

Ballen 97
Bauleistung 196
Beschleunigungsdrehmoment 3
Betriebsbereich 66
Betriebsgrenzen 114
Betriebskennlinie 61, 168
bezogene Größen 164
bezogene Reaktanzen 114
Bezugsachse 39
Bezugssystem 39, 84
Bildbereich 90
Blindleistung 112
Blockschaltbild 165
Bohrungsdurchmesser 17
Bremse 1
Bürsten 5, 96, 140, 156
Bürstenübergangswiderstand 146

Cardanosche Formel 12
Carterscher Faktor 18, 33
charakteristische Gleichung 11, 91, 163

Dämpferwicklung 96
Dampfturbine 97
Dauerkurzschluß 113
Determinante 11, 91, 206
Diagonalform 11, 205
Diagonalmatrix 5
Differentialgleichungssystem 8
Drehfeld 23, 70
Drehfeldleistung 60
Drehmoment 2
Drehmomentenbilanz 4
Drehrichtungsumkehr 77

Drehstromasynchronmaschine 33
Drehstrommaschinen 23
Drehstromsynchrongenerator 113
Drehstromsynchronmaschine 96
Drehstromsynchronmotor 97
Drehstromtransformator 196
Drehstrom-Verbundnetz 97
Drehzahlregelung 165
Drehzahlregler 165
Drehzahlsteuerung 78
Drehzahlverstellung 73
Dreieckfunktion 23
Dreieckschaltung 41, 70, 198
dreipoliger Stoßkurzschluß 126
Durchflutungsgesetz 19, 29, 172
Durchgangsleistung 195
Durchmesserspule 16, 23, 151
dynamische Reaktanz 132
dynamisches Verhalten 81, 122, 162

ebenes Feld 19
Eigenfrequenz 91, 164
Eigenimpedanz 132
Eigenvektoren 11
Eigenvektormatrix 11
Eigenwertaufgabe 11
Eigenwerte 11
Eigenzeitkonstante 91
Einfachröhrenwicklung 212
eingängige Schleifenwicklung 141
eingängige Wellenwicklung 141
Einheitsmatrix 11
Einphasenmaschine 96
einpoliger Stoßkurzschluß 137
Einzelbetrieb 116
Eisenpermeabilität 171
Eisenverluste 70, 191, 211
elektrische Leistung 2
elektrische Verlustleistung 2, 60
elektrischer Winkel 17
elektromechanische Leistungsbilanz 3
Elimination der Dämpferwicklung 129
Elimination der Erregerwicklung 129
elliptisches Drehfeld 72
Energiefluß 2
Energiespeicher 164
Erregergrad 168
Erregerwicklung 96
Ersatzluftspalt 17, 98, 170
Ersatzschaltbild 170, 178
Eulersche Formel 71

Felderregerkurve 19, 25, 44, 70, 143
Feldschwächbereich 80
Feldschwächung 158
Feldverzerrung 143
Fensterfluß 172
Flußvektor 86
Flußverkettung 178
Fourieranalyse 21, 25, 43
fremderregte Gleichstrommaschine 140
Frequenzsteuerung 74

galvanische Kopplung 41, 194
galvanische Trennung 5
Gegenstrombremsbetriebsbereich 67, 74, 79
Gegensystem 54, 72, 94
Generator 1, 97, 110, 115
gesehnte Wicklung 24
Gleichstromglied 134
Gleichstrommaschine 140

Gleichstromreihenschlußmaschine 166
Grenzkennlinie 80, 159
Grunddrehzahl 159

Hauptinduktivität 38, 99, 175
Hauptpol 140
Hauptpolbogenbreite 143
Hauptpolfluß 153
Hauptpolkreis 144
Hebezeug 74
hermitesche Matrix 9
Hochstabläufer 92
Hüllenfluß 19
Hypermatrix 10

ideelle Leerlaufwinkelgeschwindigkeit 158
ideeller Leerlauf 69, 76
Impedanzmatrix 206
Impulsfunktion 16
Induktion 71, 210
induktive Blindleistung 112
Induktivitäten 16, 146, 174
Induktivitätsmatrix 5, 8
induzierte Spannung 5, 59, 73, 75, 152
innere Impedanz 186
inneres Drehmoment 2, 7, 13, 36, 39, 59, 75, 106, 154
instabiler Betriebspunkt 68, 111

Joch 170
Jochfluß 172, 196
Jochquerschnitt 172

Käfigläufer 33, 41, 73, 92
Käfigwicklung 33, 41

Kettenersatzschaltbild 94
kinetische Energie 2
Kippdrehfeldleistung 62
Kippmoment 75
Kippschlupf 62
klassisches Ersatzschaltbild des Transformators 170
Kloss'sche Formel 61
Kommutator 5, 140
Kommutatorwicklung 140
Kommutierung 141
Kompensationsdurchflutung 143
Kompensationsleiterzahl 144
Kompensationsnutfeldinduktivität 150
Kompensationswicklung 142
kompensierte Gleichstrommaschine 140
konjugiert transponierte Matrix 9
Kreisdrehfeld 73
kreisstrombehaftete Schaltung 162
kreisstromfreie Schaltung 162
kubische Gleichung 12
Kühlung 211
Kupplung 1
Kurzschlußinduktivität 177, 181, 195, 212
Kurzschlußmessung 186
Kurzschlußreaktanz 209
Kurzschlußverluste 190, 211
Kurzschlußwiderstand 177, 195, 209

Längsachse 143
Längsinduktivität 120
Läufer 1
Laplace-Transformation 81, 90, 128, 163
Lastimpedanz 119, 188, 204
Leerlauf 113, 154

Leerlaufdrehzahl 159, 167
Leerlaufkennlinie 154, 190
Leerlauf-Kurzschluß-Verhältnis 114
Leerlaufspannung 130, 154, 186
Leerlaufverluste 191
Leistung 2
Leistungsbilanz 1, 63, 154
Leistungsfaktor 69, 188
Leistungsgewicht 211
Leistungsgleichung 6, 13
leistungsinvariante Transformation 8, 9, 36, 81, 104, 127, 176
Leiterspannung 41, 70
Leiterstrom 70, 156
Leonardsatz 161
linearer Transformator 186
lineares Differentialgleichungssystem 8
lineare Transformation 8
Linearisierung 91
Luftspalt 16
Luftspaltfeldeigeninduktivität 21
Luftspaltfeldinduktivität 16, 34, 103, 147
Luftspaltfeldwechselinduktivität 21
Luftspaltfluß 75
Luftspaltinduktion 71, 143

magnetisch symmetrischer Drehstromtransformator 197
magnetisch unsymmetrischer Drehstromtransformator 197
magnetische Energie 2, 6, 14, 155
magnetische Energiedichte 17
magnetische Feldstärke 16
magnetische Spannung 16, 18
magnetischer Fluß 72
magnetischer Kreis 170
Magnetisierungsdurchflutung 177, 195
Magnetisierungsstrom 59, 71, 177
Maschinenumformer 161
mechanische Ersatzkapazität 164
mechanische Gleichung 86
mechanische Leistung 2, 7, 60
mechanische Leistungsbilanz 3
mechanische Verlustleistung 2
mechanische Zeitkonstante 163
mechanisches Verlustmoment 3, 8
Mehrwicklungs-Wechselstromtransformator 181, 200
Methode der kleinen Änderungen 87
Mitsystem 54, 72, 94
mittlere Radialkomponente 18
mittlerer Umfang 173
Motor 1, 110, 116, 160
Motorbetriebsbereich 67, 74, 78

Nacheilwinkel 109
Nennbetriebspunkt 69, 113, 190
Nenndrehzahl 159
Nennfluß 75, 159
Nennfrequenz 76
Nennleistung 69, 113, 189, 209, 210
Nennleistungsfaktor 70, 113, 190
Nennmoment 69
Nennspannung 159, 190
Nennstrom 190
Netz 1
nichtlineares Differentialgleichungssystem 8, 15, 125
Nichtlinearität 86
nichtsinguläre Matrix 9
nichttriviale Lösungen 11
normale Matrix 11
normierte Eigenvektoren 11

Nullinduktivitäten 38, 106
Nullkomponente 37, 73
Nullstrom 198
Nullsystem 54
Nutdurchflutung 16
Nutenwinkel 25, 46
Nutfeldinduktivitäten 28, 36, 150
Nutschrägung 22, 24
Nutteilung 24
Nutzbremsbetriebsbereich 67, 78

Oberschicht 23
Oberwellenstreukoeffizient 38, 51
ohmscher Widerstand 5
Originalsystem 5
orthogonale Matrix 9
orthogonale Transformationsmatrix 84

Parallelschalten von Transformatoren 191
Partialbruchzerlegung 91
passives Netz 1
Pendelmoment 59
Permeabilität 16, 171
Phasenfolge 77
Polpaarsymmetrie 18
Polpaarzahl 6, 73, 97
Polrad 96
Polradspannung 121
Polradwinkel 109
Polteilung 18
polumschaltbare Asynchronmaschine 73

Querachse 143
Querinduktivität 120
räumlicher Winkel 17

Raumzeiger 37, 52, 70, 82
Reaktionsmaschine 106
Reaktionsmoment 106, 110
Rechteckfunktion 23, 102
Regelkreis 166
Regelstrecke 166
reguläre Matrix 9
Regulierkurven 115, 122
Reihenschwingkreis 164
relative Hauptpolbedeckung 143
relative Kurzschlußspannung 190, 211
Reversiervorgang 79
Ringelement 41
rotatorisch induzierte Spannung 151
rotatorische Spannungen 39
Rotorfrequenz 75
Rotorkippfrequenz 76
Rotorpositionswinkel 6

Sättigung 154
Säule 170
Säulenfluß 172
Säulenquerschnitt 172
Schaltgruppe 198
Scheinleistung 189
Schenkelpolmaschine 96, 102
Schleifenwicklung 141, 155
Schleifringe 5, 33, 96
Schleifringläufer 33, 70, 74
Schlosser 178
Schlupf 55, 75
Schrägung 21
Schrägungsfaktor 27
Sehnenspule 152
Sehnung 26, 28
Selbstanlauf 96

Spannungsgleichungssystem 5, 34, 102, 146
Spannungsvektor 34, 82
Spannungszeiger 53
Spartransformator 194
Sprungfunktion 20
Spule 5
Spulenbelag 152
Spulenfluß 5, 170, 178
Stab 41
stabiler Betriebspunkt 68, 111
stationärer Betrieb 52, 64, 107, 120, 158, 186, 196
statische Stabilitätsgrenze 110, 115, 121
Stellglied 166
Sternpunkt 199
Sternpunktbelastung 199
Sternschaltung 40, 70, 198
Steuergenerator 161
Steuerspannung 166
Steuerwinkel 161
Stirnfeldinduktivität 32, 36
Störgröße 7, 86
Stoßkurzschluß 126
Stoßkurzschlußstrom 134
Strang 5
Strangachse 26
Strangspannung 5, 41
Strangstrom 5
Strangwiderstand 34
Streufeldinduktivitäten 149
Streuinduktivität 38, 106, 176
Streukoeffizient 85, 149
Strombelag 16
Stromdiagramm 114, 121
Stromdichte 210
Strom-Raumzeiger 70
Stromregelung 76
Stromregler 166
Stromrichter 161
Stromrichterschaltung 74
Stromverdrängungsläufer 92
Stromvektor 34, 82
Stromwärmeverluste 6, 155, 211
Stromwender 140
Stromwendespannung 156, 159
Stromwendung 141, 155
Strukturbild 165
subtransiente Reaktanz 131
subtransiente Zeitkonstante 131
Superpositionsgesetz 20, 55
symmetrische Komponenten 53, 205
symmetrische Matrix 9
symmetrischer Drehstromtransformator 197
symmetrisches Netz 64
symmetrisches Statorspannungssystem 84
synchrone Winkelgeschwindigkeit 40, 55, 73, 107
Synchronisieren 107
Systemanalyse 5, 33, 41, 96, 140
Systemparameter 7, 10

Tachodynamo 166
Thyristor 74
Tiefnutläufer 92
Tiefwellenkessel 212
Totzeit 166
Trägheitsmoment 3
Transformationsmatrix 8
Transformator 170
transformiertes Spannungsgleichungssystem 10

transiente Reaktanz 131
transiente Zeitkonstante 131
Trapezkurve 101
Turbogenerator 120, 134
Turborotor 96, 101
Typenleistung 196

übererregter Betrieb 112
Übergangsreaktanz 131
Übergangsvorgang 81, 86, 122
Übersetzungsverhältnis 37, 103, 191
übersynchroner Bereich 67
Umformersatz 1
Umkehrstromrichteranlage 161
Umrichter 74
ungetreppte Wicklung 141
unitäre Matrix 9
unitäre Transformationsmatrix 12, 36, 82
unsymmetrisches Netz 52
Unterbereich 130
untererregter Betrieb 112
unterlagerte Stromregelung 165
Unterschicht 23
untersynchroner Bereich 67

V-Kurven 115, 122
verkettete Spannung 41, 70
verketteter Strom 70
Verkettungsfaktor 180
Verlustleistung 2
Vierquadrantenbetrieb 158
Vierwicklungstransformator 182
Vollpolmaschine 96

Wachstumsgesetze 210
Wärmeübergangszahl 211
Wasserturbine 97
Wechselspannungsquelle 186
Wechselstrom-Spartransformator 194
Wechselstromtransformator 170
Welle 1
Wellenwicklung 141
Wendepol 142
Wendepoldurchflutung 143
Wendepolkreis 144
Wendepolluftspalt 157
Wicklung 5, 23
Wicklungsfaktor 25
Wicklungsstrang 23
Widerstandsmoment 68
Winkelgeschwindigkeit 2, 6, 153
Wirkleistung 188
wirksame Windungszahl 26, 100
Wirkungsgrad 69, 70, 211

Zahl der Kommutatorsegmente 152
Zeiger 53, 186
Zeigerdiagramm 112, 189
Zeigerschreibweise 186
zeitinvariante Transformation 14
Zeitkonstante 156
zeitvariante Transformation 14
Zick-Zack-Schaltung 199
Zone 23
Zonenplan 24
Zwangsbelüftung 211
Zwangskommutierung 74
Zweifachröhrenwicklung 212
zweipoliger Stoßkurzschluß 134
Zweischichtwicklung 23, 28, 33, 96
Zweispulenmodell 16
zyklische Matrix 11
Zylinderwicklungen 172